牛文元 | 主编

2015
世界可持续发展年度报告

Annual Report for World Sustainable Development 2015

《世界可持续发展年度报告》研究组

科学出版社

北京

内 容 简 介

《2015世界可持续发展年度报告》是全球首部关于"后发展议程"的专业研究报告。本报告以"可持续发展科学"作为基础理论，系统介绍了可持续发展的世界前沿及中国学派的观点。报告首次依据国家类型、发展阶段、优先次序对联合国开放工作组的目标设计提出了全面修正，拟定了世界可持续发展的全新目标体系。计算了世界主要国家实现可持续发展目标的时间表。在可持续发展内涵中凝练出全新的可持续发展指标体系并计算了全球192个国家（地区）的可持续发展能力。运用独创的理论与方法制定了全球可持续能力的"资产负债表"，明确指出各国可持续发展的比较优势与比较劣势。本报告是在中国科学院可持续发展研究组多年研究基础上，在2015"可持续发展年"对全球可持续发展的理论和行动作出的整体回应。

本报告可供全球可持续发展的决策者、执行者、管理者，以及教学、研究人员参考。

图书在版编目（CIP）数据

2015世界可持续发展年度报告 / 牛文元主编；《世界可持续发展年度报告》研究组编 . —北京：科学出版社，2015.7

ISBN 978-7-03-045322-8

Ⅰ.①世… Ⅱ.①牛…②世… Ⅲ.①可持续发展–研究报告–世界–2015
Ⅳ.①X22

中国版本图书馆 CIP 数据核字（2015）第 179296 号

责任编辑：李 敏 王 倩 / 责任校对：彭 涛
责任印制：张 倩 / 封面设计：黄华斌

科学出版社 出版

北京东黄城根北街 16 号
邮政编码：100717
http://www.sciencep.com

中国科学院印刷厂 印刷
科学出版社发行 各地新华书店经销

*

2015 年 8 月第 一 版 开本：889×1194 1/16
2015 年 8 月第一次印刷 印张：20
字数：680 000

定价：168.00 元
（如有印装质量问题，我社负责调换）

致　谢

　　《2015 世界可持续发展年度报告》在构思与编写过程中得到中国科学院院长白春礼院士、副院长李静海院士、副秘书长曹效业教授、科学传播局局长周德进的关怀与指导，并得到中国科学院科技政策与管理科学研究所王毅所长、穆荣平书记、张学成副所长、王铮研究员、陈锐研究员等的支持。期间，得到国家发展和改革委员会孙桢、夏成等老师的帮助。在此一并表示感谢。

Summary

After the report "Our Common Future" (Brundtland Report) was published by the UN in 1987, several countries throughout the world have made many notable achievements in sustainable development, at a quite steady pace. The scientific connotations of sustainable development can be summarized as three main points. First, overcoming the diminishing marginal benefits of economic growth by technological innovation (in other words, seeking the "drivers for development"). Second, growing wealth without causing some harm to the environment (maintaining the "quality of development"). Third, improving the social governance system to increase management rationality (embodying the "fairness of development"). When these three key points are carefully considered throughout the sustainable development process, the countries that implement them benefit considerably. The scholars, policymakers, and other rational thinkers agree that maximizing the intersection of these three sets is the most rational approach sustainable development.

The year 2015 has been called "the year of sustainable development", and the "Post-2015 UN Development Agenda" is its core mission. Two years prior, the UN specially mandated the "UNGA Open Working Group on Sustainable Development Goals" to protocol the "Post-2015 UN Development Agenda"; Secretary-General Ban Ki-Moon has called for a special summit on the UNGA goals in 2015. The Permanent Mission of China to the United Nations has proposed "China's Position Paper on the Post- Development Agenda Beyond 2015" for the summit, the action roadmap, and expected results of China's sustainable development over the next 15 years which have drawn global attention.

As early as 2012, to commemorate the 20th anniversary of the United Nations Conference on Environment and Development concerns, our team began planning to compile and publish the first global sustainable development report in the world. Through the joint efforts of the team, the report was completed as-scheduled.

The "Annual Report for World Sustainable Development 2015" was completed based on several years of research on sustainability science development at the Chinese Academy of

Science, applying the systematics theory and its methods, and focusing on both global and regional challenges. In the Report, the positive results were achieved in the following six aspects:

(1) We introduced a comprehensive sustainability system, used the Sustainability Science of Chinese Schools, and to give a complete interpretation.

(2) A novel, quantitative timetable was provided for countries to achieve sustainable development in the report.

(3) The Annual Report for World Sustainable Development 2015 lends its own opinions on the UNGA Open Working Group's Sustainable Development Goals (17 goals and 169 sub-goals). As detailed in our report, we assert that the UNGA goals are remiss in their negligence of the diversity that world nations, stages of development, priority selectivity, and other relevant factors affect sustainable development. In our report, all participating countries are placed into one of five groups: developed countries, emerging- economy countries, developing countries, least-developed countries, or small island countries. Based on the division, we proposed a more targeted, practical, and ordered combination of goals for different countries which will be helpful in the discussion regarding the "Post-2015 UN Development Agenda".

(4) For the first time, by studying sustainable development according to systematics theory, a scientific index set was developed and internationally available data applied to quantitatively calculate the sustainable development capability of 192 countries in the whole world.

(5) In another first, our report details a balance sheet which measures different world countries' levels of sustainability (called the sustainability Assets-Liabilities table). Based on the balance sheet, each country's strengths and weaknesses are plotted on a radar figure and balance sheet. In which, it can be used to do the priority order for the selecting goal by the nation.

(6) The report also projects important challenges that may face the sustainable development issue after 2015.

In the beginning of this century, statements made by the ICSU (International Council of Scientific Unions), IGBP (International Geosphere-Biosphere Program), IHDP (International Human Dimensions Programme), and WCRP (World Climate Research Program) called "the Birth Statement of Sustainability Science" have helped shift world consciousness of sustainable development from action-based to science-based. The scientific system of sustainable development includes both the utilitarian requirements of economic growth, social governance, and environmental safety, as well as a rational approach to differences in spirituality, philosophy, and other civilization structures. It is a complex and wide-reaching system that covers "natural, economic, and societal" rules and a four-in-one harmonious, dialectical relationship among "population, resources, environment, and development." The evolution of sustainable development into a scientific level also involves containing these rules and relationships as they affect overall trends.

Chinese scholars emphasize that the Sustainability Science has a focus attention to the three balances: the Nature Balance (the equilibriums between human activities and nature bearing capacity), the Economical Balance (the equilibrium between environment and development), and the Social Balance (the equilibrium between efficiency and fairness). Also, we put forward "the three elements" (the motive, the quality and the equality) to constitute the essence of sustainability Science.

After scientific review and comprehensive action planning, successful world sustainable development goals must not only possess solid theoretical basis and philosophical connotations, but must make careful consideration of national conditions, development stages, and cultural backgrounds. An enforceable roadmap should be selected and scheduled to form a strategic action in order to achieve satisfactory results both theoretical and practical.

The Annual Report for World Sustainable Development 2015 is the first annual report to apply "Sustainability Science" for the explanation of post-development agenda. The report contains four sections: Theory, Topic, Index, and Statistics. It is divided into seven chapters.

Chinese scholars have invested a great deal of effort in this field since 1983 (The establishment of UN Brundtland's Committee). Their research consistently focuses on the direction of "Sustainability Science" as they consideration of the world's sustainable development. The Annual Report for World Sustainable Development 2015 will become a consecutive, theoretical report which concerns actions, planning trends and progress of sustainable development throughout the world. We are willing to work with international researchers and managers in the field to make valuable contributions to secure the future of sustainable development.

序言 可持续发展：从行动到科学

1962 年《寂静的春天》问世，其后《增长的极限》、《只有一个地球》等相继发布，给传统发展模式敲响了警钟。1987 年联合国世界环境与发展委员会发布布伦特莱报告《我们共同的未来》，该报告作为纲领性文件奠定了可持续发展的全球行动框架。1992 年 6 月，联合国在巴西里约热内卢召开世界环境与发展大会，100 多位国家首脑共同签署了《里约宣言》和《21 世纪议程》，一种全新的发展观——可持续发展，正式成为人类的共识。其后，联合国千年发展目标、2012 年里约 20 年发展目标、联合国开放工作组提出"后发展议程" 17 项目标及国际科学理事会（ICSU）和国际社会科学理事会（ISSC）所作的专业评议等，在人类历史的发展进程中，把可持续发展推进到一个全新的层次，从认识到行动，从行动到科学，再进一步以科学指导行动，是全球"后发展议程"实现可持续发展目标的必然路径。

自布伦特莱报告提出到现在，近 30 年的可持续发展已经迈出了坚实的步伐，并在科学意义上总结出三大共识：①坚持以科技创新克服增长的边际效益递减（寻求发展的"动力"元素）；②坚持财富的增加不以牺牲生态环境为代价（维系发展的"质量"元素）；③坚持优化制度安排增加全球管理的理性程度（积累发展的"公平"元素），从而将可持续发展的行动提升到科学的新阶段，而求取三大元素的交集最大化，正成为可持续发展理性认知的科学方向。

可持续发展科学的"外部响应"，集中体现在对于"人与自然"之间关系的认识：人的生存和发展离不开各类物质与能量的供给，离不开环境容量和生态服务的保障，离不开自然演化进程所带来的挑战和压力，如果没有人与自然之间的协同进化，就没有可持续发展。

可持续发展科学的"内部响应"，集中体现在对于"人与人"之间关系的认识：可持续发展作为人类文明进程的新阶段，必须包括对于社会有序程度、组织水平、理性认知与社会和谐的推进能力，以及处理诸如当代与后代的关系、本地区和其他地区乃至全球之间的关系密切相连，只能在和衷共济、和平发展的氛围中，才能求得整体的可持续进步。

对于可持续发展的三大共识可用三段话加以叙述，并用其来概括对"可持续发展科学"的内涵认知：

（1）只有当人类对自然的索取与人类向自然的回馈相平衡；

（2）只有当人类在当代的努力与对后代的贡献相平衡；

（3）只有当人类思考本区域的发展能同时考虑到其他区域乃至全球的利益时，才能使得"可持续发展科学"具备坚实的基础。

相对于传统发展而言，"可持续发展科学"的突破性贡献，在哲学层次上已被提取为以下五项最基本的表征：

（1）可持续发展科学内蕴"整体、内生、综合"的系统本质；

（2）可持续发展科学揭示"发展、协调、持续"的哲学思考；

（3）可持续发展科学反映"动力、质量、公平"的有机耦合；

（4）可持续发展科学规范"和谐、有序、理性"的人文要求；

（5）可持续发展科学体现"速度、数量、质量"的内在统一。

可持续发展科学体系的整体构想，既从经济增长、社会进步和环境安全的功利性要求出发，也从哲学观念提升和文明进步的理性化总结出发，全方位地提取"自然、经济、社会"复杂巨系统的行为规则和"人口、资源、环境、发展"四位一体协调的辩证关系，并将此类规则与关系包含在整个时空演化的共性趋势之中。在科学和行动共同作用下，可持续发展目标体系的制定，必须具备坚实的理论基础和完备的哲学内涵，根据国情、发展阶段和具体要求，提出实施的方案和战略，从而组成一个完善的实施体系，在理论上和实证上寻求最大价值的"满意解"。

本报告是在中国科学院可持续发展研究组多年研究积累中，应用系统学的理论与方法，针对全球共同面对的挑战和时空分布的差异，在以下六个方面取得了积极的成果：

（1）整体推出了"可持续发展科学"（Sustainability Science）的中国学派和对于可持续发展科学体系的完整阐述。

（2）在世界上首次定量计算出各国实现可持续目标的时间表。

（3）针对"联合国可持续发展开放工作组"拟定提交联合国特别峰会的 17 项目标与 169 个子项，以及国际科学理事会和国际社会科学理事会对于该目标组合所做的专业评议报告，本报告提出了自己明确的判断。着重指出原目标设计中"不分国别、不考虑发展阶段、无选择性的排序、不明确共同而有区别责任"等缺失，重新对全球五大类国家（发达国家、新兴经济体国家、发展中国家、最不发达国家、小岛国家），提出了更有针对性的、更加符合各类国家实际的、具有优先次序排列的目标组合，这将对全球"后发展议程"的讨论与最终确定起到积极的作用。

（4）坚持可持续发展研究的"系统学方向"，独立设计出更为科学的指标体系，应用国际公认的权威数据，在全球首次定量计算出 192 个国家（地区）的可持续发展能力。

（5）首次推出独创的测算世界各个国家（地区）可持续能力的"资产负债表"，并据此具体分析各自可持续发展的比较优势和比较劣势，获得相应的"可持续净资产"雷达图，作为该国家（地区）优先选择可持续目标的定量依据。

（6）对世界"后发展议程"可能遭遇的全新挑战，进行了比较全面的梳理。

本报告系国际社会第一份系统研究可持续发展的年度报告。报告设计成四个板块：理论篇、主题篇、指标篇、统计篇，共有七章。

第一章为"理论篇"，凝练出中国在可持续发展科学中的独立见解，并深入诠释以系统科学为主旨的中国学派。同时应用从可持续发展内涵中所提取出的"动力、质量、公平"三大元素，制订了世界主要代表性国家实现可持续发展目标的时间表，特别提出了全球在"后发展议程"中，必须面对的四大新挑战。

第二章～第五章为"主题篇"，集中表达了世界后发展议程所涉及的战略行动、自然基础、人文基础，特别针对联合国开放工作组所拟"后发展议程"的 17 类目标和 169 项子目标，依照系统理论与比较层次方法进行了重新分类、重新排序并制订出新时期五大类型国家的目标组合与优先选择，以期可持续发展行动更具科学性、适宜性、针对性与可操作性。

第六章为"指标篇"，坚持系统学观点，依照逻辑次序从低到高将生存支持系统、发展支持系统、环境支持系统、社会支持系统、智力支持系统等五大系统，纳入到整体的定量思考之中。

第七章为"统计篇"。应用联合国统计局、世界银行、联合国开发计划署的三大数据源，依照所拟指标体系的要求，采取专用的计算方法，计算出全球 192 个国家（地区）的可持续发展能力。同时以全新的视角，独立提出全球尺度下表达它们可持续发展比较优势和比较劣势的"资产负债表"，深入研究各个国家和地区在可持续发展领域中的特别关怀与优先选择，由此可以对世界各个国家和地区可持续发展的目标设计、结构治理与制度安排，作出更为精确的判断。

参与本报告的研究者和编写者，来自中国科学院和北京大学的专业团队。其中第一章由牛文元撰写；第二章由杨多贵、周志田撰写；第三章由蔡运龙、张立超、黄远撰写；第四章由蔡运龙、姜景、沈乾撰写；第五章由刘怡君、王红兵、王光辉、马宁撰写；第六章和第七章由马宁、李倩倩、陈思佳撰写。刘学谦、匡海波、宋豫秦、赵作权、赵璐、郑爱丽和王军等为报告的编写和讨论贡献了学术评论和技术支持。

　　中国学者始终关注世界可持续发展的现状与未来，尤其对可持续发展从行动到科学的演进与归纳，投入了巨大的努力，对未来的研究纲要设置了独立的时间表与路线图。我们愿意同世界可持续发展领域的研究者、管理者、行动者一道，为全球可持续发展能力建设的良好前景，贡献自己的心智与劳动。

2015 年 6 月

目 录

Summary

序言 可持续发展：从行动到科学

第一章 总论 ……………………………………………………………………… 001

第一节 21 世纪是救赎的世纪 ……………………………………………… 001

第二节 人类不应成为自己的掘墓人 ……………………………………… 001

一、全球土地利用的巨大改变 …………………………………………… 002

二、全球城市化的迅速发展 ……………………………………………… 002

三、全球人类活动强度的非线性增大 …………………………………… 003

四、全球气候变暖的现实影响 …………………………………………… 003

五、全球网络化带来的全新挑战 ………………………………………… 004

第三节 可持续发展——从行动到科学 …………………………………… 004

一、可持续发展科学的源流 ……………………………………………… 004

二、可持续发展科学的两大主线 ………………………………………… 005

三、可持续发展科学的四大方向 ………………………………………… 006

四、可持续发展科学内涵三元素 ………………………………………… 007

五、可持续发展科学的五层次系统结构 ………………………………… 007

六、可持续发展科学的三维解释 ………………………………………… 008

七、可持续发展科学的定量模型 ………………………………………… 010

八、可持续发展科学的公理破缺 ………………………………………… 011

九、迎接"后发展议程"的四大挑战 …………………………………… 011

第四节 世界实现可持续发展时间表 ……………………………………… 012

第二章 世界后发展议程 ……………………………………………………… 020

第一节 可持续发展步入新阶段 …………………………………………… 020

一、可持续发展的思想萌芽 ……………………………………………… 020

二、可持续发展的理论形成 ……………………………………………… 023

　　三、可持续发展的战略共识 ……………………………………… 026

　第二节　可持续发展面临新挑战 ………………………………… 028

　　一、挑战之一：人与自然关系不和谐 …………………………… 028

　　二、挑战之二：人与人关系不和谐 ……………………………… 033

　　三、挑战之三：人类身心关系的不和谐 ………………………… 038

　　四、可持续发展十大挑战风险级别评估 ………………………… 045

　第三节　可持续发展迎来新机遇 ………………………………… 046

　　一、机遇之一：创新驱动引领发展动力升级 …………………… 046

　　二、机遇之二：世界治理体系的调整与完善 …………………… 049

　　三、机遇之三：由工业文明向生态文明转型 …………………… 052

第三章　人类足迹与自然资本 …………………………………… 054

　第一节　自然资源的消耗与供给潜力 …………………………… 054

　　一、水资源 ………………………………………………………… 054

　　二、耕地资源 ……………………………………………………… 059

　　三、森林资源 ……………………………………………………… 062

　　四、主要矿产资源 ………………………………………………… 067

　第二节　能源消费与生产 ………………………………………… 073

　　一、能源消费 ……………………………………………………… 073

　　二、传统能源生产与储量动态 …………………………………… 078

　　三、新能源发展 …………………………………………………… 082

　第三节　环境变化及其应对 ……………………………………… 087

　　一、温室气体排放与气候变暖 …………………………………… 087

　　二、共同应对气候变化 …………………………………………… 090

　　三、主要污染物排放与环境污染 ………………………………… 093

　第四节　生态足迹与生态系统服务 ……………………………… 099

　　一、生态足迹 ……………………………………………………… 099

　　二、生态承载力 …………………………………………………… 103

　　三、生态赤字与生态盈余 ………………………………………… 104

　　四、生态系统服务与生物多样性 ………………………………… 106

　第五节　走向人与自然和谐 ……………………………………… 110

　　一、经济增长与资源环境脱钩 …………………………………… 110

　　二、增强创新能力，突破自然极限 ……………………………… 116

　　三、能源结构转型 ………………………………………………… 117

　　四、绿色发展 ……………………………………………………… 120

第四章　社会难题与人文响应 ·· 123

　第一节　人口与健康 ·· 123

　　一、人口增长与结构 ·· 123

　　二、人口控制 ·· 130

　　三、健康 ·· 135

　第二节　社会冲突与社会治理 ·· 139

　　一、失业与就业 ·· 140

　　二、社会治理 ·· 143

　　三、社会和谐 ·· 145

　第三节　贫困与反贫困 ·· 148

　　一、贫困状况 ·· 148

　　二、贫困成因 ·· 152

　　三、贫困分布 ·· 153

　　四、未来目标 ·· 159

　第四节　教育与创新能力 ·· 161

　　一、教育状况 ·· 161

　　二、劳动力状况 ·· 163

　　三、创新能力 ·· 167

　第五节　走向社会和谐 ·· 169

　　一、社会和谐进程与未来情景 ·· 169

　　二、人类发展指数动态与未来情景 ···································· 172

第五章　未来 15 年后发展目标的重整 ·································· 176

　第一节　可持续发展目标的理论与生成 ································ 176

　　一、可持续发展的目标 ·· 176

　　二、可持续发展目标的理论 ·· 179

　　三、可持续发展目标的生成 ·· 182

　第二节　可持续发展目标的梳理与分析 ································ 183

　　一、21 世纪议程目标 ·· 183

　　二、联合国千年发展目标 ·· 185

　　三、约翰内斯堡可持续发展目标 ······································ 188

　　四、里约热内卢+20 峰会目标 ·· 189

　第三节　未来 15 年后可持续发展的目标选择 ·························· 197

　　一、可持续发展目标工作组建议目标 ·································· 197

　　二、可持续发展目标工作组建议目标评价 ······························ 198

四、可持续发展目标工作组建议目标的优先级汇总 ················ 211

五、本节小结 ······························· 211

第六章　可持续发展能力指标体系 ························ 215

第一节　指标体系的提取原则 ······················ 215

第二节　指标体系的框架设计 ······················ 216

第三节　指标体系的具体构建 ······················ 217

第四节　可持续发展能力统计分析 ···················· 219

第七章　可持续发展能力资产负债表 ······················ 226

第一节　可持续发展能力的资产负债理论与方法 ············· 226

一、可持续发展能力资产负债表的制定原理 ············· 226

二、可持续发展能力的资产负债矩阵的构建 ············· 226

三、可持续发展能力的资产负债算法基础 ··············· 238

四、可持续发展能力的总体资产负债分析 ··············· 239

第二节　代表性国家可持续发展能力的资产负债分析 ·········· 248

一、奥地利资产负债分析 ····················· 249

二、德国资产负债分析 ······················ 250

三、俄罗斯资产负债分析 ····················· 251

四、法国资产负债分析 ······················ 252

五、芬兰资产负债分析 ······················ 253

六、挪威资产负债分析 ······················ 254

七、瑞士资产负债分析 ······················ 255

八、意大利资产负债分析 ····················· 256

九、英国资产负债分析 ······················ 257

十、阿富汗资产负债分析 ····················· 258

十一、不丹资产负债分析 ····················· 259

十二、菲律宾资产负债分析 ···················· 260

十三、韩国资产负债分析 ····················· 261

十四、马尔代夫资产负债分析 ··················· 262

十五、孟加拉国资产负债分析 ··················· 263

十六、日本资产负债分析 ····················· 264

十七、土耳其资产负债分析 ···················· 265

十八、伊朗资产负债分析 ····················· 266

十九、印度资产负债分析 ····················· 267

二十、印度尼西亚资产负债分析 ·················· 268

二十一、中国资产负债分析 …………………………………………… 269

二十二、阿尔及利亚资产负债分析 …………………………………… 270

二十三、埃及资产负债分析 …………………………………………… 271

二十四、埃塞俄比亚资产负债分析 …………………………………… 272

二十五、喀麦隆资产负债分析 ………………………………………… 273

二十六、肯尼亚资产负债分析 ………………………………………… 274

二十七、利比亚资产负债分析 ………………………………………… 275

二十八、毛里求斯资产负债分析 ……………………………………… 276

二十九、摩洛哥资产负债分析 ………………………………………… 277

三十、莫桑比克资产负债分析 ………………………………………… 278

三十一、南非资产负债分析 …………………………………………… 279

三十二、尼日利亚资产负债分析 ……………………………………… 280

三十三、苏丹资产负债分析 …………………………………………… 281

三十四、中非资产负债分析 …………………………………………… 282

三十五、洪都拉斯资产负债分析 ……………………………………… 283

三十六、加拿大资产负债分析 ………………………………………… 284

三十七、美国资产负债分析 …………………………………………… 285

三十八、墨西哥资产负债分析 ………………………………………… 286

三十九、牙买加资产负债分析 ………………………………………… 287

四十、阿根廷资产负债分析 …………………………………………… 288

四十一、巴西资产负债分析 …………………………………………… 289

四十二、哥伦比亚资产负债分析 ……………………………………… 290

四十三、秘鲁资产负债分析 …………………………………………… 291

四十四、委内瑞拉资产负债分析 ……………………………………… 292

四十五、智利资产负债分析 …………………………………………… 293

四十六、澳大利亚资产负债分析 ……………………………………… 294

四十七、斐济资产负债分析 …………………………………………… 295

四十八、萨摩亚资产负债分析 ………………………………………… 296

四十九、汤加资产负债分析 …………………………………………… 297

五十、新西兰资产负债分析 …………………………………………… 298

参考文献 ………………………………………………………………… 299

第一章
总 论

第一节　21世纪是救赎的世纪

工业革命以来，自然与社会均发生重大的变化，对全球尺度的经济增长与社会治理结构产生了深刻影响。认识到这种变化与影响的充分严重性，可持续发展的理念与行动已成为全球的共识，在世界文明演替的进化谱系中，21世纪是救赎世纪已成为必然的历史担当。

（1）1987年7月是世界50亿人口日，1999年10月是世界60亿人口日，2011年10月是世界70亿人口日，平均每年世界人口新增8500万。据测算，每年全世界仅新增人口就必然要新增消耗食品5000万吨，要新占耕地600万公顷，多消耗电力500亿千瓦时，多消耗水资源50亿立方米，多排出二氧化碳1.2亿吨。21世纪的地球必须支撑和消解人口增长带来的压力。

（2）世界银行的一份报告指出，过去的20世纪100年，全球共消耗石油天然气2650亿吨、消耗钢铁380亿吨、消耗铝7.6亿吨、消耗铜4.8亿吨；在新的100年，21世纪地球必须消解能源和资源需求带来的压力。

（3）世界自然基金会（WWF）的研究指出，从全球范围看人类的"生态足迹"已经超出了地球承载力的20%，1970~2007年，全球生物多样性指数下降了将近30%，21世纪地球必须支撑生态和环境带来的压力。

（4）20世纪的100年，人类经历了两次世界大战，加上内战和无数的局部战争，死亡人数达到2亿，难民人数超过15亿；同时有无数的自然灾害和疾病，仅超过8级以上的地震灾害就有9次，平均约10年1次。世界银行于2013年4月发布的《世界发展指标》中称，世界极度贫困人口仍高达12亿，21世纪地球必须支撑社会问题带来的压力。

第二节　人类不应成为自己的掘墓人

最近200年来，人类不理性和无序的生产活动，给常态运行的地球带来了巨大的干扰，同时也对人类赖以生存的自然要素的严格组合带来了极大的伤害。在人类为自己攫取丰厚财富的同时，也成为了毁灭自己的掘墓人。

一、全球土地利用的巨大改变

在美国威斯康星州卡迪兹镇有一块面积 90 平方公里的森林，鲁塞尔（Russell）通过以往的文献、图画、写生、素描、摄影、航空照片以及实地测量，记录了这块土地随时间变化的状况（牛文元，1994）。图 1-1 中的阴影为林地，在 120 年间的变化分为四个阶段，用四幅图清晰地表达出来，这块土地利用的变化可以视为全球状况的缩影。

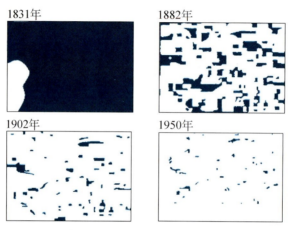

图 1-1　1831～1950 年的 120 年间，美国一块 90 平方公里的土地利用

资料来源：牛文元 . 1994. 持续发展导论 . 北京：科学出版社 .

二、全球城市化的迅速发展

1900 年世界城市化率为 13.6%，到 2000 年该比率已升至 50% 以上。100 年间，城市

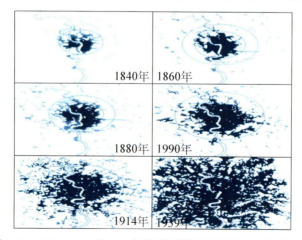

图 1-2　1840～1939 的 100 年间英国首都伦敦的城市规模变化

资料来源：陈顺清 . 2000. 城市增长与土地增值 . 北京：科学出版社 .

化水平增加 3.8 倍。在陈顺清所著《城市增长与土地增值》（陈顺清，2000）一书中，引用了英国首都伦敦从 1840~1939 年的 100 年间，城市规模发展变化的演变图（图 1-2）。

三、全球人类活动强度的非线性增大

在牛文元著述的《中国可持续发展总论》（牛文元，2007）一书中，应用古地理恢复方法，再现了中国黄土高原（陕西安塞县）在 25 万年的时间中，地表景观的巨大变化（图 1-3）。

距今25万年　　　距今10万年　　　现代

图 1-3　中国黄土高原（陕西安塞县）25 万年的生态演变

资料来源：牛文元.2007. 中国可持续发展总论. 北京：科学出版社.

四、全球气候变暖的现实影响

美国国家航空航天局（NASA）的卫星测绘地图，显示了地球整体变暖的现状。2013 年世界气象组织（WMO）公布了由国际著名研究机构所获取的气候变暖趋势图（图 1-4）。这是由 NASA 空间研究所，哈德莱中心气象室、美国国家海洋和大气局（NOAA）国家气候资料中心和日本气象厅从不同数据源建立起自 1880 年开始的逐年气温距平图，表达出全球平均气温上升的共同趋势。气候变化将给地球生存支持系统带来灾难性的后果。

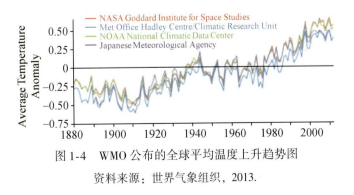

图 1-4　WMO 公布的全球平均温度上升趋势图

资料来源：世界气象组织，2013.

五、全球网络化带来的全新挑战

到目前，全球的网民数量已突破 30 亿，接近全球人口的一半，每年平均增长 6.2%。地球已经打破了传统的时空限制，由此带来新的社会结构变化与新的全球治理规则，为更加复杂的可持续发展目标带来了新的问题。由全球网络化所形成的虚拟社会，从根本上颠覆了传统社会个体与群体行为范式的规则标准，传统社会治理中行之有效的"等级式"、"分工式"、"社交规则"等，在网络世界中遭遇到重新界定的变革，"世界是平的"已扩张到从生产到生活的方方面面，如何在实体社会与虚拟社会共存环境下理解可持续发展的目标和行动，必将给全球带来全新的挑战。

第三节　可持续发展——从行动到科学

一、可持续发展科学的源流

"可持续发展科学"是世界可持续发展行动的指导精髓。该名词首创于 2001 年。国际科学理事会（ICSU）、国际地圈生物圈计划（IGBP）、国际人文发展计划（IHDP）和世界气候研究计划（WCRP）共同于 21 世纪开始之年（2001 年）在阿姆斯特丹举行的"应对变化中地球的挑战 2001"世界大会上，首倡并发布关于"可持续发展科学"（sustainability science）的诞生宣言（"Birth Statement"），并正式宣称"可持续发展科学"是整个科学领域中在新时代的一个全新的学术方向，它适应了现实中具有广泛学术基础和多学科交叉的解析性需求。《诞生宣言》特别强调"可持续发展科学"是自然科学、社会科学、工程技术和医学的高度综合与充分交叉，并全力面向学术与实践、基础与应用、全球与区域、南方与北方各领域、各层次、各系统以问题作为导向的全方位理解。

2001 年卡坦斯等（Kates et al.，2001）23 名研究者联名在《科学》（*Science*）杂志上以"可持续发展科学"（*Sustainability Science*）为标题，专门就"可持续发展科学"的定义、范围、科学价值与所涉内涵，做了全面的介绍。

2006 年创刊发行《可持续发展科学》（*Sustainability Science*）杂志，该杂志由国际知名出版商 Springer 主持，每年出版 2 期。在其发刊声明中宣称："可持续发展科学"探求自然系统、社会系统、文化系统之间的相互作用，以及由于人类不理性活动的风险引发上述系统发生退化的复杂机制。

2007 年在牛文元专著《中国可持续发展总论》（科学出版社《中国可持续发展总

纲（国家卷）》第 1 卷，2007）中，承续作者在 1994 年出版《持续发展导论》（科学出版社）中的学术主张，明确提出以系统学为方向的可持续发展科学，并将其学术内涵与研究框架完整地加以阐述，指出可持续发展科学以自然科学与社会科学的交叉协同，探索"自然、经济、社会"复杂巨系统互相作用下的行为轨迹，从而认知可持续发展的本源和演化规律，并将其在现实世界中对于"发展度、协调度、持续度"三者的逻辑自洽，作为可持续发展科学的研究基础。

2009 年 Peilke 等（2009）在《自然》（*Nature*）杂志上发表题为"风险性的假定"一文，对"可持续发展科学"进行了全方位的评述。

2012 年斯瓦尔特等在《科学》（*Science*）杂志上发表"对可持续发展科学的严峻挑战"论文，对 10 年来"可持续发展科学"的现状以及未来的挑战，作出小结性的梳理。

2014 年哈佛大学肯尼迪学院创设"可持续发展科学计划"（The Sustainability Science Program），声称该项目是哈佛大学在研究、教学中应对可持续发展挑战的枢纽式介入。该计划在以下三个方面的可持续发展能力建设上予以特别关注：强化"人与环境"系统变异的科学解释、注重研究成果与政策制定之间的协调、支持可持续发展知识与行动的链接。

2014 年米勒等（Miller et al.，2014）在《可持续发展科学》（*Sustainability Science*）杂志上发表"可持续发展科学的未来"论文，全面阐述可持续发展科学在"后发展时期"的意义和价值。

2015 年美国国家科学院院刊（PNAS）推出专刊，全面强调"可持续发展科学"是自然系统与社会系统互相作用下的复杂融合，特别指出可持续发展科学应着重探索这些复杂相互作用对可持续发展能力的影响。强调"可持续发展科学"应满足现在与将来对维持地球行星生命支持系统的机理解释与科学行动。

二、可持续发展科学的两大主线

联合国世界环境与发展委员会（WCED）在 1987 年发布的布伦特莱报告（*Our Common Future*，1987）在其结论部分有这样总括性的声明："从广义来说，可持续发展战略旨在促进人与人之间以及人与自然之间的和谐"，这已成为全世界可持续发展研究领域和行动实体普遍承认的基础共识（WCED，1987）。

牛文元在 1999 年发布中国第一份《中国可持续发展战略研究报告》（1999）中明确提出，"人与自然之间关系的平衡"与"人与人之间关系的和谐"，是贯穿于整个可持续发展的两大核心主线。研究指出，可持续发展科学的"外部响应"，是处理好"人与自然"之间的关系；可持续发展科学的"内部响应"，是处理好人与人之间的关系。

通过有效协同人与自然的关系，构成人类社会的物质文明基础；而正确处理人与人之间的关系，则构成人类社会的精神文明基础。由此可持续发展科学的理论核心，在紧密围绕两条主线的前提下，将自然（资源、能源、环境、生态以及适宜人类生存和发展的自然要素组合）、经济（财富增长以及满足需求的产品与服务）、社会（结构治理、组织效能、公平正义与可持续发展能力建设）的"发展度、协调度、持续度"统一在现实的进化路线图中。基于上述的公理陈述，可持续发展科学的理论焦点就是寻求经济、社会、环境三大范畴中的可协调性、可缓冲性、可均衡性所构成的交集最大化——可持续性。

自 1983 年联合国启动可持续发展研究以来，通过 30 多年的不断探索和实践，"可持续发展科学"已经总结出以下三项共识：①必须坚持以创新驱动克服增长停滞和边际效益递减（提供动力）。②必须保持财富的增加不以牺牲生态环境为代价（维系质量）。③必须保持代际与区际的共建共享，促进社会理性有序（实现公平）。从而在可持续发展内涵中提取出"动力、质量、公平"三大元素。

三、可持续发展科学的四大方向

可持续发展科学的建立与完善，一直沿着四个主要方向揭示其内涵与实质。与此同时，可持续发展科学的理论研究涉及自然要素的加速变化、自然资源的承载极限、自然环境的演化趋势，以及贫困消除、和平发展、成果共享的国际结构治理等，而可持续发展科学的实证研究将世界可持续发展目标制定、行动纲领实施、国家战略编制、企业可持续发展规划等纳入到可持续发展能力建设之中，从而力图把结构与功能、当代与后代、环境与发展、效率与公平等有机地统一起来。可持续发展科学的四个方向分别是：

可持续发展科学的经济学方向。以经济结构、资源效率、供需平衡等作为基本内容。该方向力图把"技术创新贡献率抵消或克服投资的边际效益递减"，作为衡量可持续发展的重要指标。该方向的研究尤以世界银行的《世界发展报告》（1988）和布朗在《未来学家》发表的"经济可持续发展"为代表。

可持续发展科学的社会学方向。以社会发展、社会进步、社会公平等作为基本内容。该方向力图把"经济效率与社会公平取得合理的平衡"，作为可持续发展的重要判据。该方向的研究以联合国开发计划署（UNDP）的《人类发展报告》（1992）及其衡量指标"人文发展指数"为代表。

可持续发展科学的生态学方向。以生态平衡、自然保护、资源永续利用和生物多样性保持等作为基本内容。力图把"环境保护与经济发展之间取得合理的平衡"，作为可持续发展的重要指标和基本原则。该方向的研究以世界自然基金会（1998）和卢布琴科等的研究为代表。

可持续发展科学的系统学方向。中国独立开创了可持续发展科学的第四个方向——系统学方向。该方向将可持续发展作为"自然、经济、社会"复杂巨系统，以综合协同的观点，整体探索可持续发展的本源和演化规律，将其内涵"发展度、协调度、持续度"的逻辑自洽作为可持续发展的理论中心，有序地演绎可持续发展的时空耦合与互相作用、互相制约的机理，建立了人与自然关系、人与人关系解释的统一基础以及相应的系统层级结构。该方向的研究以中国科学院牛文元（1994）的研究为代表。

四、可持续发展科学内涵三元素

衡量可持续发展结构与功能的优劣，表现在从可持续发展公理中所提取的三元素：动力元素（发展度）、质量元素（协调度）、公平元素（持续度）及其三者在时空约束下的优化水平。

可持续发展的动力元素：由"发展能力"、"发展潜力"、"发展效率"、"发展速率"及其可持续性构成，形成了推进国家或地区不断发展的"动力"表征。其中包括国家或地区的自然资本、生产资本、人力资本和社会资本的"总和禀赋"与总体效能，以及对上述四种资本的合理协调、优化配置、结构升级，尤其是对于国家创新能力和竞争能力的积极培育。

可持续发展的质量元素：反映在"自然平衡"、"承载能力"、"生态服务"、"环境容量"与"幸福感应"等的匹配程度和优化程度，其中包括能量、物质和信息的效能水平；生态服务与环境容量的支持水平；环境与发展的协同水平以及国民幸福指数。

可持续发展的公平元素："公平正义"、"共同富裕"程度及其对于贫富差异、区域差异、代际差异和人际差异的克服程度，其中包括人口再生产与物质再生产的匹配、社会财富占有的人际公平、资源共享的代际公平、平等参与的区际公平等的总和。

可持续发展科学证明，只有上述三大元素及其组合在可持续发展进程不同阶段获得最佳映射时，可持续发展科学的"内涵"才具有统一可比的基础，才能制定可观控和可测度的共同标准。

五、可持续发展科学的五层次系统结构

遵从一般系统学的理论和原则，可持续发展科学对决定"可持续发展系统"行为的本质提取，确认由其内部具有严格逻辑关系的"五个支持系统"（子系统）所组成，这五个子系统严格依序由低到高组成了严格的层次结构：

- 生存支持系统——实施可持续发展的临界基础；
- 发展支持系统——实施可持续发展的动力牵引；

　　· 环境支持系统——实施可持续发展的临界约束；

　　· 社会支持系统——实施可持续发展的公平表达；

　　· 智力支持系统——实施可持续发展的持续能力。

　　"可持续发展能力"的形成，必须"同时地"取决上述五大支持系统的集体贡献；但是，只要五大支持系统中的任何一个发生问题，都将损毁整体的可持续能力，并能够导致可持续发展总系统的崩溃。

六、可持续发展科学的三维解释

　　可持续发展科学体系的组成必须同时满足三个维度的自洽：

　　（1）必须能衡量"发展度"，即能够判别一个国家或区域是否在真正地发展？是否在健康地发展？以及是否在保证生活质量和生存空间基本满足的前提下不断地发展？总之，它必须澄清一个容易混淆的观念，即认为可持续发展似乎不强调经济增长和财富积累，有时甚至把可持续发展视同停止向自然取得资源，以被动方式维持生态环境的质量，这显然是与可持续发展理论的本质背道而驰的。

　　（2）必须能衡量"协调度"，即要求定量地诊断或在同一尺度下去比较能否维持环境与发展之间的平衡？能否维持效率与公正之间的平衡？能否维持市场发育与政府调控之间的平衡？这一战略目标的特征与区域的"发展度"有所侧重，如果说发展度更加强调量的概念即财富规模的扩大，协调度则更加强调内在的效率和质的概念，即强调合理地优化调控财富的来源、财富的积聚、财富的分配以及财富在满足全人类需求中的行为规范。

　　（3）必须能衡量"持续度"，即判断一个国家或区域在发展上的长期合理性。这里所指的"长期"，近者可包含五代或十代人的时间，远者直至整个人类的未来。持续度更加注重从"时间维"上去把握发展度和协调度。换言之，战略目标特征中的发展度和协调度，不应是在短时段内的发展速度和发展质量。它们必须建立在充分时间维上的调控机制之中。

　　建立可持续发展理论体系所表明的三大特征，即数量维（"发展度"的特征表述）、质量维（"协调度"的特征表述）、时间维（"持续度"的特征表述），从本质上表征了可持续发展科学的系统结构、系统功能和对可持续发展目标函数的完满追求。由此三维空间所构建的可持续发展系统，将从理论的表述方式上对于可持续发展行为轨迹作出精确性解析。

　　下面提供的可持续发展理论模型，可以表达对于该三维模型的定量标识，其内涵指出：可持续发展科学的理论构建，包含在发展过程与行为轨迹的本质提取之中，它处于生态环境响应（自然维）、经济增长响应（财富维）和社会支撑响应（人文维）

的三维作用之下。由此，世界各国和地区的可持续发展水平，均可在统一基础和三维共同映射下侦检出来（图1-5）。

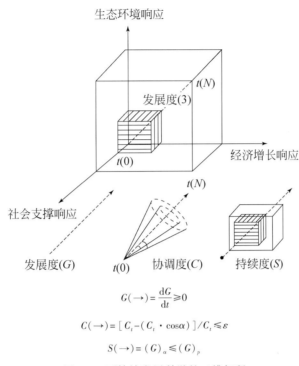

$$G(\rightarrow) = \frac{dG}{dt} \geq 0$$

$$C(\rightarrow) = [C_t - (C_t \cdot \cos\alpha)]/C_t \leq \varepsilon$$

$$S(\rightarrow) = (G)_\alpha \leq (G)_p$$

图1-5 可持续发展科学的三维解释

图1-5中，从$t(0) \rightarrow t(N)$的总矢量，代表了公理规定和规范意义下的最佳发展行为。偏离或背离这个矢量者，均被认为是对可持续发展目标函数的负贡献。

其一，可持续发展系统行为的"发展度"。它表达了在$t(0)$时刻对$t(0) \rightarrow t(N)$方向上的正响应。以符号G表示发展度，若G随时间变化为正，表示它适应发展度的正要求。

其二，可持续发展系统行为的"协调度"，在图1-5中用符号C代表。它检验了发展行为偏离$t(0) \rightarrow t(N)$直线的状态。使用偏离角α，实际行为C_t在$t(0) \rightarrow t(N)$轴上的投影即（$C_t \cdot \cos\alpha$），该值与C_t之差，小于或等于某个规定值ε时被接受，否则被判定为协调度差。

其三，可持续发展系统行为的"持续度"，在图1-5中用符号S代表。在某一时段实际发展行为所形成的三维立方体只有等于或小于它在$t(0) \rightarrow t(N)$轴上投影所形成的立方体，才能被判为持续度可行。

G、C、S三者均独立对可持续发展行为总和起作用，其中任何一个维度超出允许的范围，都被判为对可持续发展总能力的失败性检验；只有当G、C、S三者同时都处于允许的范围内，才能承认可持续发展的行为是真确的。

七、可持续发展科学的定量模型

可持续发展科学的数学模型构建，来源于人类活动对于自然环境的干扰强度和对于自然系统的改变程度，以及由此引发自然环境应力反弹的"短期效应"和"长期效应"对于经济活动、区域开发、人类健康以及进一步对于社会治理的影响。这种交互式的、互相作用、互相影响的复杂关系及其揭示是环境与发展数学模型的理论基础。这个基础，一方面要依据人类活动对于能量消费、资源利用、环境污染、生态退化等的规模、强度和效应；另一方面还要依据自然变化、自然波动和自然脉冲（前两者如自然演化的长波周期、全球变化等；后者如自然灾害等）对于经济结构、社会适应、生态映射、生物多样性变化等的影响、分布和程度。一旦环境与发展之间、效率与公平之间的平衡出现了问题或危机，人类社会应同时采用或交替采用"战略调整、政策调整、利益调整"的方式，去加以消弭并重新取得平衡。

可持续发展科学数学模型的基本表达，是在"人口-资源-环境-发展-管理"的复杂体系中所提取的一组关系，它将能把上述复杂巨系统的行为脉络予以定量地抽取，从而有助于对于现实可持续发展状况的监测、优化和调控。该数学模型是由其动力学方程组及有关的参变量共同组成的，中心原则是随着人类进步和攫取资源能力的提升，始终站在引导生产力发展的前沿，应用人类的创新成果，达到通过总效能的提升去抵消或克服发展的边际效益递减。该数学模型表达如下：

$$
\begin{aligned}
DS(t+1) &= DS(t) + DS(t) * DELTA[DS(t)] \\
&= F(1) * [1 + DELTA[F(1)]] + \\
&\quad F(2) * [1 + DELTA[F(2)]] + \\
&\quad F(3) * [1 + DELTA[F(3)]]
\end{aligned} \tag{1-1}
$$

式中，$DS(t)$ 和 $DS(t+1)$ 分别表示在 t 时段和 $(t+1)$ 时段的可持续发展总能力；$F(1)$ 表示对资源利用水平和效率的提升；$F(2)$ 表示对资本利用水平和效率的提升；$F(3)$ 表示对人力利用水平和效率的提升。

其中，

$$
F(1) = P(t) * [G(t)/P(t)] * TP(t) \tag{1-2}
$$

$$
F(2) = F(1) * \{P(t) * [R(t)/P(t)] * [ES(t)/R(t) * M]\} \tag{1-3}
$$

$$
F(3) = F(2) * \{\exp[1 - SS(t)/SS(r)]\exp[1 - TT(t)/TT(r)]\exp[1 - DM(t)/DM(r)]\} * N \tag{1-4}
$$

式中，$P(t)$ 为 t 时刻的人口数量；$G(t)$ 为 t 时刻的资源利用总量；$TP(t)$ 为 t 时刻的资源效率提升程度的标识，表达为当时全球最先进的单位资源效率水平与占有生态服务总值的比例；$R(t)$ 为 t 时刻的资本利用总量；$ES(t)$ 为 t 时刻的资本增值，反映了 t 时刻资本效率水平；M 为规定的资本风险控制度；$SS(t)$ 为 t 时刻的人力资源结构合理度与创新水平，反映了生产的组织能力和科技创新对于发展的贡献力；$SS(r)$ 为 t 时刻世界科技创新水平的最优度量；$TT(t)$ 为 t 时刻的国民教育的总水平（年）；$TT(r)$ 为 t 时刻世界最先进国家的国民教育总水平（年）；$DM(t)$ 为 t 时刻的决策能力与管理能力指数；$DM(r)$ 为 t 时刻的最优决策能力与管理能力指数；N 规定了国家竞争力、影响力、文化力在全世界中的总权重。

公式（1-1）～（1-4）集中表达了推动可持续发展的动力元素与发展水平、发展阶段、发展规模密切相关，它隐含了对于资源效率、资本运作、科技创新的整体驱动以及在这种驱动下的合力表达。

八、可持续发展科学的公理破缺

可持续发展是人类进化史上的里程碑式事件，也是人类智慧的真理火花在文明轨迹上的时代映射。但是由于各类局限性约束，可持续发展科学的公理破缺逐渐显现出来。

（1）在强调代际公平的同时，比较忽略区际公平。可持续发展比较关注"时序谱"，相对弱化"空间谱"。在可持续发展公理体系中，更多地强调了当代人对于后代人的责任，较少关注当代区域间的关联与协同。显著的例子是，如何"体现共同而又区别的责任"，就把区际公平的重要性凸显出来。

（2）在强调环境效应的同时比较忽略社会效应。可持续发展从一开始就是从关注经济增长开始的，所谓"增长的极限"、"经济全球化"等，都主要从物质保障入手，而对于自然、经济与社会之间的互补和促进，缺乏关联性的整体探索，尤其在网络世纪中要重新建立文明规则缺乏应有的关注。尤其对于普遍存在的贫困、疾病、恐怖袭击、社会公正等与发展、环境、生态、资源、能源等问题尚未形成对等关注。

（3）过分强调自然变化，比较忽略文化变化。人们普遍谈论气候变化和生物多样性锐减，并表示深深的忧虑，但关注文化多样性的锐减却较弱。由于这样的不对称所产生的畸形认知，应当在可持续发展科学体系的完善中，得到应有的弥补。

九、迎接"后发展议程"的四大挑战

自联合国《21 世纪议程》与千年发展目标实施以来，全球可持续发展进程进入到后发展议程的新阶段。由联合国开放工作组所拟定的 17 类目标和 169 个子项，以及国际科学理事会与国际社会科学理事会所做出的评价，给予后发展议程的可持续发展提出了新的目标并展示出新的路线图。根据全球发展总趋势，我们研究指出：后发展时期将面临四个全新的重大挑战，它们对于可持续发展的整体推进，将产生深刻的影响

（牛文元，2014）。

（1）目标体系制定：全世界在 2030 年前，可持续发展科学与行动在全球必须取得三项实质性进展：有效遏制全球气候变化、取得反贫困的明显成效，全球治理（国际合作、制止战争、打击恐怖、降低犯罪、减少难民、共同发展以及世界治理规则共识等）进入良性状态。

（2）面对全球网络化：可持续发展科学必须全力面对全球网络化带来的新问题。必须认识到全球网络化是在传统的实体社会中，形成并越来越扩大的虚拟社会，这对于国际治理结构和社会行为方式将产生全新的历史性影响，由此带来的"发展模式"、"文明形态"、"行为标准"、"社会结构"、"国家关系"、"信息鸿沟"等，将在未来 15 年突显出来，它所带来的"新兴红利"如何使得全人类共享，它所带来的"负面作用"如何使得全人类受损，将是可持续发展科学必须面对的新挑战。

（3）充分关注 GDP 质量：可持续发展科学在整体上和宏观上必然要将"国家 GDP 质量"置于优先考虑的位置。从整体上和宏观上有效识别与全面提升国家 GDP 质量，必然是可持续发展科学的理论内涵与定量标识所应解决的核心目标之一。如果说国民财富账户编制中 GDP 的出现是 20 世纪最伟大的发明之一，那么绿色发展即整体提升国家 GDP 的质量，必将成为 21 世纪最伟大的任务之一。

（4）寻求统一的定量标志：全面提高人均预期寿命将是后发展议程衡量可持续发展能力的最现实标志。出生时的人均预期寿命虽然是一个具体的数字，但是其内涵却涉及地球生命支持系统的健全，以及联系到反贫困、反动乱、生活安定、社会公平、心理健全和文明延续，它也必然成为后发展议程可持续发展科学取得成效的最基本定量标识。

2015～2030 年，是可持续发展理念和行动深入到整个政治、经济、社会、生态环境等领域的关键时期，既要迎接新的挑战，又要消解历史的积弊，可以认为是可持续发展"从认识走向实践"、"从号召走向落实"、"从行动走向科学"的关键成长期。

第四节　世界实现可持续发展时间表

回顾可持续发展的历史足迹，清晰地表明全球对于可持续发展的关注与期待：

1983 年，联合国 38 届大会通过第 38/161 号决议，批准成立世界环境与发展委员会，亦称布伦特莱委员会。

1987 年，在日本东京正式公布《我们共同的未来》（亦称《布伦特莱报告》），成为全球可持续发展的奠基性文本。

1989 年，联合国大会通过 44/228 号决议，决定召开环境与发展全球首脑会议。

1990 年，联合国起草世界环发大会主要文件《21 世纪议程》。

1992 年，6 月 3 日至 14 日，联合国环境与发展大会（地球高峰会议）在巴西里约热内卢召开通过"里约宣言"，102 个国家首脑共同签署《21 世纪议程》。

2002 年，联合国在南非约翰内斯堡召开 RIO+10 高峰会议。

2012 年，联合国纪念里约地球高峰会议 20 周年（《RIO+20》）。

在这个时间序列中，全球行动的纲领性文件还包括《21 世纪议程》、《联合国千年发展目标》、2013 年联合国大会建立可持续发展目标工作组的目标设计、国际科学理事会和国际社会科学理事会发布的对可持续发展目标的科学评议、2015 后发展议程等。

在此基础上，我们设定：在未来的世界发展进程中，无世界大战发生、无全球性经济危机发生、无全球金融风暴发生、无全球网络失控发生、无全球性特大疫情和特大自然灾害发生的情景下，对世界可持续发展的基本实现，列出了世界发展谱上从最发达到最不发达国家（地区）的代表性名录，以此作为对于世界可持续发展目标实现的基本预测。依据可持续发展科学，中国学者认为，寻求可持续发展"拉格朗日点"，是制定时间表的定量指南。

专栏 1-1　寻求可持续发展"拉格朗日点"
——制定全球实现可持续发展时间表的理论解析

所谓可持续发展"拉格朗日点"，就是找到诸如"人类活动强度与自然承载力"（自然平衡）、"环境与发展"（经济平衡）、"效率与公平"（社会平衡）等的平衡点，在该点上，如果所存在的应力状态消解，即判定为可持续发展科学所规定的平衡态。

寻求可持续发展科学所定义的"平衡"，包含两个相互衔接的阶段。第一阶段是调控可持续发展系统抵达"拉格朗日点"；第二阶段是在"拉格朗日点"上保持稳定。由此完整解释可持续发展科学所指的平衡性。

（1）寻求可持续发展"拉格朗日点"

定义：两种或多种"物质、能量、信息"类型，两种或多种"物质、能量、信息"状态，两种或多种"物质、能量、信息"结构，处于无差别、无应力、无梯度、无交换的自洽形式时，被称之为广义上的平衡，即所谓的可持续发展"拉格朗日点"。可持续发展"拉格朗日点"将作为获取"交集最大化"或"效益最大化"依据和标准。平衡性理论的解析以及阈值基础的确定，是可持续发展科学一直追求的解析目标。

在一个特定的系统中，寻求两种或多种结构的平衡，既是艰深的理论问题，更是复杂的管理问题。在可持续发展科学中，所谓定量的、指标的、趋势性判断，都必然要涉及平衡点的确定以及采取达到或接近平衡点的行动路线图。

下面以"环境与发展"的平衡为例,说明可持续发展科学所涉及的平衡性理论。为了将寻求可持续发展拉格朗日点的问题简化,可以设定在一个系统中两种宏观状态达到均衡时的线性分析,在"自然平衡、经济平衡、社会平衡"三大平衡中,以环境与发展的平衡为例,参看图1。

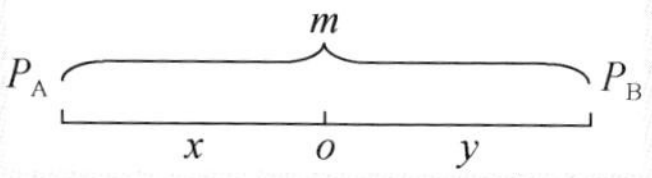

图1 环境与发展的平衡

图1中,P_A 表达"发展"的目标意愿;P_B 表达环境容量对可持续发展目标的支撑能力;x 表示在不突破环境容量条件下的发展尺度;y 表示必须维持地球生命支持系统下环境所能承受的临界阈值;m 表示 P_A,P_B 可以共同表达的空间域;o 表示 P_A 与 P_B 平衡下的"拉格朗日点",代表着在不损害生命支持系统前提下为"发展"提供的最大空间。可持续发展"拉格朗日点"维系着环境与发展平衡状态下系统(P_A + P_B)所获得交集组合的最优解,体现了获取可持续发展目标最大化的最终解。

由图1得出

$$x + y = m \tag{1}$$

对于环境与发展平衡状态的评估是,当 P_A 抵达拉格朗日点的描述:

$$x = \frac{1}{2}\left\{m\left[1 + \frac{P_B - P_A}{P_B}\right]^{\left(\frac{\alpha-\beta}{\alpha}\right)}\right\} \tag{2}$$

式中,α 表示对于"发展"的偏好度(惯性系数)同样,对于 y 而言有

$$y = \frac{1}{2}\left\{m\left[1 + \frac{P_A - P_B}{P_A}\right]^{\left(\frac{\beta-\alpha}{\beta}\right)}\right\} \tag{3}$$

式中,β 表示对于"环境"的偏好度(惯性系数)。

可以看出,只有在规范化意义上当 $P_A = P_B$,$\alpha = \beta$ 时,

$$x = \frac{1}{2}m = y \tag{4}$$

此时所在的 o 点即为规范化意义上的平衡点,即所谓的可持续发展"拉格朗日点"。

(2)维系可持续发展"拉格朗日点"

实现"拉格朗日点"的获取后,就达到了第一阶段的可持续发展目标要求。为了保持可持续发展即系统在"拉格朗日点"上的稳定存在,可持续发展科学所谓的平衡性就必须进入第二阶段,即如何保持平衡性随时间变化为常数。进一步推论,"发展意愿能力"和"环境支撑能力"在拉格朗日点上随时间变化等于零:

$$\frac{\mathrm{d}P_{\mathrm{A}}}{\mathrm{d}t} = r_1 P_{\mathrm{A}}\left(1 - \frac{P_{\mathrm{A}}}{m} - \beta \frac{P_{\mathrm{B}}}{m}\right) = 0 \tag{5}$$

$$\frac{\mathrm{d}P_{\mathrm{B}}}{\mathrm{d}t} = r_2 P_{\mathrm{B}}\left(1 - \frac{P_{\mathrm{B}}}{m} - \alpha \frac{P_{\mathrm{A}}}{m}\right) = 0 \tag{6}$$

式中，r_1，r_2 分别表示 P_{A} 与 P_{B} 达到临界时增长率和容忍度。当达到可持续发展拉格朗日点 o 时，分别求出

$$\alpha = \left[\frac{\left(\dfrac{\mathrm{d}P_{\mathrm{B}}}{\mathrm{d}t} \cdot mP_{\mathrm{A}}\right)}{r_2 P_{\mathrm{B}}}\right] - \left(\frac{m + P_{\mathrm{B}}}{P_{\mathrm{A}}}\right) = 0 \tag{7}$$

$$\beta = \left[\frac{\left(\dfrac{\mathrm{d}P_{\mathrm{A}}}{\mathrm{d}t} \cdot mP_{\mathrm{B}}\right)}{r_1 P_{\mathrm{A}}}\right] - \left(\frac{m + P_{\mathrm{A}}}{P_{\mathrm{B}}}\right) = 0 \tag{8}$$

在现实解释中，规范化意义上的"拉格朗日点"的保持，则必然服从：

$$\left(\frac{\mathrm{d}P_{\mathrm{A}}}{\mathrm{d}t}\right) = 0, \quad \left(\frac{\mathrm{d}P_{\mathrm{B}}}{\mathrm{d}t}\right) = 0, \quad (\alpha - \beta) = 0 \tag{9}$$

可以发现，在可持续发展拉格朗日点的整体寻求过程中，以环境与发展的平衡为例，会出现三种情况的预期后果：

$x > y$，"发展"过分干预了"环境"，削弱了"生存支持系统"，最终导致"经济失灵"。

$y > x$，"环境"过分限制了"发展"，削弱了"发展支持系统"，最终导致"社会失灵"。

$x = y$，即选择环境与发展平衡下的可持续发展拉格朗日点，发展处于理想水平。进一步维系 $\dfrac{\mathrm{d}P_{\mathrm{A}}}{\mathrm{d}t} = 0$，$\dfrac{\mathrm{d}P_{\mathrm{B}}}{\mathrm{d}t} = 0$，$(\alpha - \beta) = 0$，获得可持续发展的最终解。

"可持续发展科学"在诊断可持续发展抵达并维系"可持续发展拉格朗日点"的定量认识中，动态抵达可持续发展拉格朗日点时所需的时间长度，被规定为进入可持续发展的门槛。本报告"世界进入可持续门槛时间表"即依此制定。

（1）制定实现可持续发展时间表的理论依据："可持续发展科学"在诊断可持续发展抵达并维系"可持续发展拉格朗日点"的定量认识中，依照以下思路：在确定"目标函数"的约束下，如何调控可持续发展系统行为轨迹动态达到"可持续发展拉格朗日点"（第一阶段），以及抵达拉格朗日点之后的定常维系（第二阶段）的整体性定量表达与行动实施。本研究所制定的世界各国实现可持续发展的时间表，特指完成第一阶段所需要的时间，即在调控"人类活动强度与自然承载力"之间（自然范畴）、"环境与发展"之间（经济范畴）、"效率与公平"之间（社会范畴），抵达可持续发

展拉格朗日点所需的时间长度，被规定为该国进入可持续发展的门槛。

（2）国家选取标准：本报告从全球将近 200 个国家（地区）中，选取了发达国家、新兴经济体发展中国家和发展中国家三种类型中具有代表性的 35 个国家，其中包括发达国家 14 个，新兴经济体国家 3 个，发展中国家 18 个。选取国家的地域分布包括了亚洲、欧洲、非洲、大洋洲、北美洲和南美洲的主要大陆，其中亚洲 7 个，欧洲 8 个，非洲 7 个，南美洲 6 个，北美洲 5 个和大洋洲 2 个（图 1-6）。以上在世界所有国家的谱系中，相对均衡地国家样本选取，比较合理地代表了全球的基本趋势。

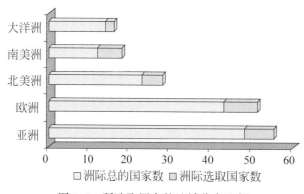

图 1-6　所选取国家的地域分布比例

（3）指标选取标准：本报告综合考虑可持续发展指标获取的完备性、连续性、对比性和权威性，分别从经济、社会、环境等方面选取以下标准，作为实现可持续发展目标的基本要求，并以此去计算所选取国家达到可持续发展门槛的时间表。

拟定进入可持续发展基本门槛的 6 条定量标准是：

①人均 GDP：大于 5 万美元/人（现价）。

②单位水消耗所产生的 GDP：大于 100 美元/立方米（现价）。

③人均二氧化碳排放量：小于 2 吨/人。

④人类发展指数 HDI：大于 0.9。

⑤出生时预期寿命：大于 80 岁。

⑥国家贫困人口比例：小于 1%。

（4）计算依据标准：对各标准的预测方法分别运用以下三种。

①时间序列法：通过对过去历史时间内可查数据进行函数拟合，从中获取变量随时间的平均变化速率，进而用此对未来发展趋势进行预测。在本计算中应用该方法进行预测的指标是"人均 GDP"和"单位水消耗所产生的 GDP"两项。

②阶段订正法：将拟合出的变化速率，再根据目前不同国家（所处不同发展阶段）的平均速率变化特征，即标准变化速率随发展阶段的平均变化，对各国所处不同发展阶段时进行订正。在本计算中应用该方法进行预测的标准有"人类发展指数"和

"人均预期寿命"。

③目标导向法：通过目前全球公认的未来发展要求，定为目标函数，以此反推从目前到未来的合理变化速率，以此预测各国未来发展的定量趋势。在本计算中应用该方法进行预测的标准有"人均二氧化碳排放量"和"贫困人口比例"。

（5）计算方法：

①人均GDP：根据各国2000～2013年人均GDP数值，拟合历史平均增速曲线，根据所计算出的平均速率，预测未来的人均GDP。

②单位水消耗所产生的GDP：通过各国的GDP总值和淡水取水量，获取1982～2013年（每五年一统计）单位水消耗所产生的GDP，对已有数据按照时间进行拟合，获取该指标的发展趋势函数，进而应用该函数对未来进行预测。

③人均二氧化碳排放量：根据目前已经确定的"二氧化碳减排目标"，例如2014年公布的IPCC第五次报告指出"……到2050年需比2010年减排40%～70%……"，再结合各国已出台的二氧化碳减排计划，反推各国应采取的减排速率，以此预测未来的发展趋势。

④人类发展指数：联合国开发计划署《2014年人类发展报告》明确指出"在四个不同的人类发展水平组别（极高/高/中/低，世界4类人类发展水平）的人类发展指数增长速率不同，且年均增长率逐渐变慢"，根据该原则以各国目前所处组别，规定人类发展指数增长速率，并且考虑对各国在不同发展阶段该速率随时间发生的变化。

⑤出生时预期寿命：《2014年人类发展报告》给出了2013年世界各国出生时预期寿命最新数据，据此，已经达到80岁的国家定为2013年；其余目前未达80岁国家出生预期寿命根据联合国《世界人口展望（2012）》（*World Poulation Prospects：The 2012 Revision*）得出。

⑥贫困人口比例：根据国际社会首次制定的"2030年终结全球极端贫困"时间表，反推不同收入国家（高收入、中高收入、中低收入和低收入）应在2030年之前的减贫速率，并据此速率继续预测未来发展趋势。

（6）结论判定：本报告在世界银行（世界发展报告）和联合国开发计划署（人类发展报告）的数据源支持下（极个别国家在数据缺失的情况下，依据目前与该国发展水平相当的同等国家的数据推算或采用世界平均水平赋值），分别计算出所选定国家对于上述6个标准的可实现年限。在每个国家对6项标准计算分别得出的6个不同实现年限中，取最后才能实现的那个年限，定为该国整体进入可持续发展基本目标的时间，即统一应用具有最大制约功效的"短板理论"，对只有所定6项标准全部实现的情形下，才能最终规定该国进入可持续发展的年限。据此，本报告列出了对于所选定国家整体进入可持续发展的时间表（表1-1），从中可透视出世界实现可持续发展的总体谱系。

表 1-1　世界代表性国家实现可持续发展时间表

排序	国家	人均 GDP	单位水产生 GDP	二氧化碳排放量	人类发展指数	人均预期寿命	贫困人口比例	实现可持续发展年份
1	挪威	2013	2013	2040	2015	2013	2025	2040
2	瑞士	2013	2013	2045	2013	2013	2026	2045
3	加拿大	2013	2025	2053	2013	2013	2026	2053
4	芬兰	2014	2013	2054	2024	2013	2028	2054
5	奥地利	2013	2013	2056	2023	2013	2028	2056
6	德国	2015	2013	2061	2013	2013	2029	2061
7	澳大利亚	2013	2020	2064	2013	2013	2026	2064
8	新西兰	2016	2035	2067	2013	2013	2030	2067
9	美国	2013	2052	2068	2013	2020	2027	2068
10	法国	2017	2022	2069	2021	2013	2026	2069
10	日本	2054	2047	2069	2018	2013	2030	2069
10	韩国	2024	2022	2069	2018	2013	2031	2069
13	英国	2018	2013	2070	2018	2013	2030	2070
14	意大利	2020	2025	2072	2027	2013	2031	2072
15	阿根廷	2027	2065	2073	2060	2035	2045	2073
16	巴西	2029	2062	2023	2074	2040	2040	2074
17	秘鲁	2034	2070	2010	2076	2035	2040	2076
18	墨西哥	2055	2070	2079	2071	2025	2052	2079
18	中国	2027	2032	2076	2079	2050	2036	2079
20	委内瑞拉	2026	2042	2080	2071	2045	2037	2080
20	土耳其	2031	2037	2080	2072	2030	2030	2080
20	牙买加	2080	2070	2062	2079	2065	2039	2080
23	哥伦比亚	2033	2040	2010	2082	2045	2038	2082
24	智利	2026	2067	2085	2053	2015	2020	2085
25	印度尼西亚	2036	2070	2010	2086	2065	2043	2086
26	菲律宾	2051	2088	2010	2089	2090	2045	2089
26	伊朗	2038	2090	2088	2073	2035	2031	2090
28	洪都拉斯	2070	2075	2010	2096	2035	2045	2096
29	摩洛哥	2053	2097	2010	2096	2070	2044	2097
30	南非	2041	2032	2076	2089	2100	2036	2089
31	肯尼亚	2055	2040	2010	2114	2100	2045	2114
32	阿尔及利亚	2037	2118	2068	2080	2095	2041	2118

续表

排序	国家	人均 GDP	单位水产生 GDP	二氧化碳排放量	人类发展指数	人均预期寿命	贫困人口比例	实现可持续发展年份
33	尼日利亚	2029	2022	2010	2119	2100	2039	2119
34	喀麦隆	2121	2045	2010	2117	2100	2042	2121
35	莫桑比克	2070	2042	2010	2141	2100	2041	2141
	世界	2121	2118	2088	2141	2100	2052	2141

在表 1-1 中，所标注的颜色由绿、黄、红三种颜色构成，表示了该国实现可持续发展由易到难的难度色标。其中，绿色表示该国已经实现了所设标准，表中数字代表了实现该标准的年份。红色表示该国最难（最后）实现所设可持续标准的年份。黄色表示该国实现所设可持续标准介于绿色与红色之间的年份。

依据所设定的条件，在未来不发生极端事件的前提下，全世界整体进入可持续发展的最终时间是 2141 年，其含义是：从现在起，在不爆发世界大战和全球性经济危机等前提下，整个世纪要想步入可持续发展的门槛，尚需经过 126 年的时间。它同时也意味着，在国际治理结构逐步走向理性的框架下，在坚持可持续发展理念和加强可持续发展能力建设的支持下，全世界整体进入可持续发展的基本门槛，还必须经过一个多世纪才能得以实现。在所计算的各国实现可持续发展的时间序列谱中，世界最早实现可持续发展所定标准的国家是挪威（2040 年，距今 25 年）。世界目前第一大经济体的美国进入可持续发展门槛的时间是 2068 年（距今 53 年）。世界最大发展中国家的中国进入可持续发展的时间在 2079 年（距今 64 年）。世界最后实现可持续发展所定标准的国家是非洲的莫桑比克（2141 年，距今 126 年）。可以看出，世界最早进入可持续发展与最后进入可持续发展的年限相差 101 年，相当于整整一个世纪。

本报告在中国科学院可持续发展战略研究组主导下，应对联合国关于"后发展议程"的目标设计及新形势下的行动选择，整个报告分成四个板块：理论篇（总论）、主题篇、指标篇、统计篇，针对全球挑战的背景与国际治理新结构的要求，在自然科学与社会科学交叉研究的基础上，对全球的自然基础、人文基础、目标选择提出了专业性的分析与独立的研究体系，全面展示出可持续发展科学中国学派的理论、方法、指标体系。同时重点推出全球唯一的根据可持续能力计算所获得的世界"可持续发展能力资产负债表"。我们希望中国的这一份报告，同全世界的研究者、管理者、战略设计者一道，服务于全球的健康发展。同时特向指导、支持、帮助、提供数据资源、提出修正建议的朋友与伙伴，致以由衷的谢意。

第二章
世界后发展议程

迈入 21 世纪，人类可持续发展步入新阶段、面临新挑战、迎来新机遇，成为世界后发展议程最显著的三大特征。1992 年联合国环境与发展大会发布《里约环境与发展宣言》和《21 世纪议程》两个纲领性文件，以此为标志，人类可持续发展迈入了"战略共识"新阶段，绿色发展、循环发展、低碳发展、绿色兴政、生态文明等成为可持续发展战略共识的新内涵。

和谐是可持续发展的特征向量和本质属性，在"人类世"的宏观背景之下，人与自然关系不和谐、人与人关系不和谐、人身心关系不和谐步入"三叠期"，三大不和谐关系，相互耦合，叠加共振，使得全球可持续发展面临前所未有的新挑战。

与此同时，世界可持续发展正迎来"创新驱动引领发展动力的升级"、"世界治理体系的调整与完善"、"工业文明向生态文明转型升级"三大历史性的新机遇，促进"和而不同"、"命运共同"和"世界大同"的可持续发展"普适价值"的共识认同，推动全人类早日实现可持续发展的伟大目标。

第一节　可持续发展步入新阶段

纵观人类对可持续发展的不懈追求，大致经历了思想萌芽、理论形成和战略共识三大历史阶段。

一、可持续发展的思想萌芽

一部人类社会的发展史，也是人与自然关系的演化史。在原始社会，由于人类生产力和认识水平极其低下，人类种群的生存与繁衍基本上受自然环境的主宰，人类把自己归属于自然，融化于自然，并产生了人类早期生存与发展的智慧。

"可持续发展"作为一种发展观明确提出于当代，但是，在古中国、古埃及、古希腊、古巴比伦和古印度等文明古国都有可持续发展思想的萌芽，朴素的可持续发展思想源远流长，朴素的可持续发展实践也由来已久。例如，《周礼》中就有对山林鸟兽等充分的保护措施和管理方式，反映了当时人们的生态保护意识。《易经》则提出，天地间的万物均"统"之于天，地与天相辅相成，缺一不可。古希腊哲学家柏拉图和亚里士多德主张限制人口增长，使人口数量保持适当的规模，以维持人口和土地的平衡。

我国古代思想家对"天人关系"、"人地关系"有着深刻的认识。老子最早提出"天人合一"思想，认为人与其所属的人类社会都是自然的产物。老子《道德经》中说，"人法地，地法天，天法道，道法自然。"这一切，都是在主张效法自然以行人事，强调对自然的被动服从。庄子"天地者，万物之父母也"，"天地与我并生，万物与人为一"，孟子"天地同诚"等都是"天人合一"思想的发展。

佛教、基督教、伊斯兰教、道教等世界主要宗教创始人的理念中都体现可持续发展思想的萌芽。佛教鼻祖释迦牟尼主张"若此有则彼有，若此生则彼生，若此无则彼无，若此灭则彼灭"，体现了其万物普遍联系且相互依存的思想。《圣经》中曾写到："上帝是自然的真正主人，而人类对自然的支配权是上帝授予的，人类没有随心所欲地处置造物的自由，却有对它们负有看护的义务"。

古代朴素的可持续发展思想和实践（表2-1），对当今经济社会发展仍具有重要的借鉴意义和启示作用。

表 2-1　各文明古国关于可持续发展思想的表述

国别	人物	出处	可持续发展思想
古代中国	黄帝	《商君书·画策》	"昔昊英之世，以伐木杀兽，人民少而木、兽多。黄帝之世，不麛不卵，官无供备之民，死不得用椁。"
	舜	《尚书》	"帝舜曾任命九官二十二人"，其中包括掌管山林川泽草木鸟兽的官员。
	禹	《逸周书》	"禹之禁，春三月，山林不登斧。"
	汤	《史记·殷本纪》	"汤出，见野张网四面，祝曰，自天下四方皆入吾网。汤曰，嘻，尽之矣。乃去其三面。祝曰：欲左，左，欲右，右，不用命乃入吾网。""诸侯闻之曰，汤德至矣，及禽兽。"
	周文王	《逸周书·文传解》	"山林非时不升斧斤，以成草木之长；川泽非时不入网罟，以成鱼鳖之长；不麛不卵，以成鸟兽之长。是以鱼鳖归其渊，鸟兽归其林，孤寡辛苦，咸赖其生。"
	管仲	《管子·七法》	"人民鸟兽草木之生，物虽甚多，皆均有焉，而未尝变也，谓之则。"
	老子	《道德经》	"人法地，地法天，天法道，道法自然。"
	孔子	《论语·述而》	"伐一木，杀一兽，不以其时，非孝也。""钓而不纲，弋不射宿。"

续表

国别	人物	出处	可持续发展思想
古埃及	古埃及人	《古埃及文化》	十分热衷于平衡不协调的事物，对对称与均衡有一种强烈的迷恋。
	古埃及人	《古埃及文化》	认为自然界万物有灵，将所有的事物进行个性化，包括死人、腹部、舌头、感知、味觉、真理、树木、山脉、海洋、黑暗和死亡等。
古印度	吠陀	《吠陀经》	追求梵我合一，认为一切动物都有灵魂，坚持不杀生。
	释迦牟尼	《中阿含经》	"若此有则彼有，若此生则彼生，若此无则彼无，若此灭则彼灭。"
	释迦牟尼	《梵网戒》	"不可以恶心故放大火，烧山林旷野。"
	释迦牟尼	《四分律》	"不可踏杀生草，断众生命。"
古希腊	荷马	《荷马史诗》	赞美人的智慧，嘲笑神的邪恶，体现了以人为本思想。
	苏格拉底	《希腊哲学史》	自然界的因果系列是无穷无尽的，开始了主体和理性、抽象思维，以自然神论代替宗教神话的时代。
古希腊	色诺芬	《希腊哲学史》	人口和土地需要有一定的比例关系，如果人口多而耕地少，那么人口会出现过剩，人口过剩就意味着浪费。
	柏拉图，亚里士多德	《希腊哲学史》	限制人口增长，使人口数量保持适当的规模，以维持人口和土地的平衡。
罗马帝国	耶稣	《圣经》	上帝是自然的真正主人，而人类对自然的支配权是上帝授予的，人类没有随心所欲地处置造物的自由，却有对它们负有看护的义务。
古巴比伦	苏美尔人	《巴比伦》	开始疏导洪水灌溉良田。
阿拉伯帝国	穆罕默德	《古兰经》	真主所创造的一切自然存在都是人类的用物、朋友，人类与自然万物是相互依赖、密切相联的。见一物就是见真主，伤一物就是伤真主。

在近代社会，英国经济学和人口学家马尔萨斯（Thomas Robert Malthus，1766～1834 年）可以说是论述人口和资源关系最具有代表性的人物。他首先看到了人口迅速增长和粮食需求不足的巨大矛盾，并提出限制人口增长是解决这一矛盾的根本途径。

弗里德里希·黑格尔（Friedrich Hegel）认为，自然环境是人类历史的地理基础，是世界历史的表演场地，是一种必然的自然基础，而且自然界是通过社会生产力对人类发生影响的。他说"助成民族精神产生的那种自然的联系，就是地理的基础。……我们不得不把它看作是'精神'所从而表演的场地，它也就是一种主要的而且必要的基础"。他又说："自然是人类在他自身内能够取得自由的第一个立脚点"。

卡尔·马克思（Karl Marx）指出："自然界，就他自身不是人的身体而言，是人的无机的身体。人靠自然界生活。这就是说，自然界是人为了不致死亡而必须与之处于持续不断的交互作用过程的人的身体。所谓人的肉体生活和精神生活同自然界相联系，不外是说自然界同自身相联系，因为人是自然界的一部分。"马克思又进一步指出："人同自然界完成了的本质的统一，是自然界的真正复活。"

亚历山大·冯·洪堡（Alexander von Humboldt）认为人与环境是对立统一的。他说："理性的，即用思维的方法看待自然，自然是一个多样化的现象的统一，是千差万别、千姿百态的有机体和谐的结合，是充满生机的伟大整体。"他开拓的综合、辩证、比较的自然要素"编整"，被恩格斯誉为"打破19世纪保守自然观的六大缺口之一"。

弗里德里希·冯·恩格斯（Friedrich von Engels）指出："我们连同我们的肉、血和头脑都是属于自然界，存在于自然界的；我们对自然界的整个统治，是在于我们比其他一切动物强，能够认识和正确运用自然规律。"恩格斯还进一步指出："我们不要过分陶醉于我们对自然界的胜利。对于每一次这样的胜利，自然界都报复了我们。"

乔治·珀金斯·马什（George Perkins Marsh）是19世纪美国博物学家。其所著的《人与自然》详细地描绘了人类活动对自然环境的破坏性，充分体现了马什对于森林保护、物种价值、人与自然关系等问题的认识，对后来美国及世界其他国家的森林等资源的管理和保护产生了深远的影响。

由此可见，虽然那时还没有形成关于国家应如何实施可持续发展的总体思想，但东西方所强调的人与自然和谐、可再生资源的永续利用等已包含了可持续发展的思想萌芽。

二、可持续发展的理论形成

随着人类发展迈入工业社会，科技进步和生产力显著提高，人类活动范围已扩张到全球的各个角落，并且不再局限于地球表层，已拓展到地球深部及外层空间，人类控制自然的能力越来越强，并极大地提高了认识自然和改造自然的能力。与此同时，全球性的人口急剧膨胀，自然资源短缺，生态环境日益恶化，使人与自然的关系变得越来越不和谐。当前大规模的、无序的人类活动已打破了自然界的生态平衡和生态结构，正深刻地影响和改变地球生态系统的演化路径和方向，对人类生存安全构成了极其严峻的挑战。

为应对人与自然不和谐的挑战，20世纪60年代以来广泛兴起了可持续发展理念并得到蓬勃发展，可持续发展理论应运而生。可持续发展理论可以说是人类发展观的一次质的飞跃，它既是划时代的发展观，又是崭新的世界观、文明观和自然观，它深刻地揭示了经济社会繁荣背后的人与自然之间、人与人之间，以及人的内心精神的冲突。可持续发展的理论形成过程中，具有代表性的、里程碑意义的事件主要有：

1962 年，美国海洋生物学家 R. 卡森（Rachel Carson）出版的《寂静的春天》（*Silent Spring*），以大量的事实论证了工业污染对地球上的生命形式包括人类自身的损害，陈述了工业技术革命的生态破坏后果，从而提出了人类如何同自然和谐相处的问题，给人类敲响了生态危机的警钟，惊呼人们将失去"春光明媚的春天"，该书在世界范围内引发了人类关于发展观念的思考和讨论。

1968 年，英国经济学家 B. 沃德（Barbara Ward）和美国微生物学家 Rene Dubo 发表了《只有一个地球》（*Only One Earth*），这是一部讨论全球环境问题的名著，该书从地球的发展前景出发，从社会、经济、政治的不同角度，评述经济发展和环境污染对不同国家产生的影响，指出人类所面临的环境问题，呼吁各国人民重视维持人类赖以生存的地球。

1972 年，国际思想库罗马俱乐部发表了研究报告《增长的极限》（*Limits to Growth*），该报告针对长期居主流地位的高增长理论进行了深刻的反思，富有挑战性地提出了"增长的极限"问题，指出决定和限制增长的基本因素——人口、农业生产、自然资源和污染。该报告在结论中首次提出了"持续增长"和"合理的持久的均衡发展"概念。《增长的极限》引起了全球学术界的强烈反响。

1972 年，联合国斯德哥尔摩会议通过了《人类环境宣言》（*Declaration on the Human Environment*），该报告提出了经济与社会发展必须同保护和改善环境相协调的观念，从此，国际上应对环境变化的计划和政策不断得以确立。特别是中国政府代表团首次出席了这次会议，成为具有重大历史意义的一次事件，以中国环境与发展历程的发端载入史册。

1980 年，受联合国环境与规划署的委托，国际自然保护联盟制订了《世界自然保护大纲》（*World Natural Conservation Program*），文件中第一次提出"可持续发展"的概念并且阐述了实现可持续发展的前景和途径。

1981 年，美国世界观察研究所所长莱斯特·布朗（L. R. Brown）的《建设一个可持续发展的社会》（*Building A Sustainable Society*）一书，首次提出"可持续发展"（sustainable development）的概念。

1987 年，世界环境与发展委员会（WCED）发表了题为《我们共同的未来》（*Our Common Future*）的报告，该报告列举了世界上发生的一系列令人震惊的环境事件，指出世界上存在着急剧改变地球和威胁地球上许多物种（包括人类生命）的环境趋势，系统地阐述了人类面临的一系列重大经济、社会和环境问题，经典性地把"可持续发展"概念定义为：既满足当代人需要，又不对后代人满足其需要的能力构成危害的发展。这一概念在最根本意义上得到了广泛的接受和认可，并在 1992 年联合国环境与发展大会上得到共识。

1990 年，拉丁美洲和加勒比发展与环境委员会提出了题为《我们自己的议程》（*Our Own Agenda*）的报告，该报告指出，只有发达国家本身以及"他们与我们的国际关系的基础因素"发生重大变化，可持续发展战略才是可行的。该报告认为，必须激发一种新的道德观念，使所有国家的共同利益超越每一个国家的个别利益，才能更为客观地评价人类面临的巨大风险，否则这些风险将危及全球的稳定。该报告强调不发达与环境恶化之间的联系，认为没有经济增长就没有发展，也无法向可持续发展过渡。

1991 年，世界自然保护同盟（INCN）、联合国环境规划署（UNEP）、世界野生生物基金会（WWF）共同提出一份关于当前环境与发展危机的报告，题为《保护地球——可持续生存战略》（*Protect the Earth*：*Sustainable Survival Strategy*），该报告阐述了两个基本问题：一是关于新的道德观念（可持续的生活方式的观念），一是关于保护环境与发展的结合。该报告认为，通过保护将人类的行动控制在地球的承受能力之内，通过发展使人人都能度过长久、健康和令人满足的一生。该报告强调人类文明处于危险之中，呼吁所有人都采取可持续生存战略。报告提出了 132 项建议各国政府和人民采取的具体行动，要求人们做到：尊重和关心所有的生命，改善人类生活质量，保护地球的生命力和多样性，把人类行为控制在地球的承载能力之内，改变个人的态度和行为使各个社区都能够关心自己的环境。

1991 年，由华盛顿世界资源研究所发起召开全球知名人士参加的"新世界对话"会议提出了题为《新世界的契约》（*New World Contract*）的建议报告，该报告建议采取一系列行动推动可持续发展，这些行动必须是密切联系的、必须作为一个整体来进行谈判，如果不能在一些方面取得进展，就不可能在另外一些方面取得持久的进步。比如，不缓和贫困就不可能减轻造成自然资源恶化的压力，发达国家不做出更多的努力，不发达国家就不能信守环境方面的承诺，而没有环境方面的承诺，经济发展所需要的全球环境和自然资源状况就将进一步恶化，这将使未来几代人持续陷于贫困。

1992 年，罗马俱乐部成员出版了《超越极限》（*Over the Limit*）一书，在《增长的极限》基础上进一步阐述和发展了他们的观点，该书的主要论点有：①人类消耗许多不可缺少的资源和产生各种污染的速度已经超越了物理上可持续的速度。如果再不大幅度削减物质流和能量流，那么几十年后粮食生产、能量生产和工业生产仍会不可控制地衰退。②这种衰退不是不可避免的，为此必须广泛地改变现行增加物质消费和人口增长的政策和做法，必须尽快地大幅度提高原料和能源的利用效率。③实现可持续的社会在技术上、经济上都是可能的，为了转变到可持续的社会，需要在长期目标和短期目标之间慎重权衡，重视发展的充分性、公平性和生活质量方面。

1992 年，世界自然同盟主席施里达斯·拉夫尔出版了《我们的家园——地球》（*The Earth—Our Home*），该书对全球环境危机进行了广泛的讨论，作者对发展与环境问题具有深刻的理解和独特的见解。拉夫尔认为，富国和穷国对环境危机应负的责任是不一样的，再加上它们之间经济实力的巨大差异，使它们以不同的观点来看待这种危机，这反过来又妨碍了一起寻求解决重大环境问题的方案。拉夫尔认为，全球的环境问题要求全球解决。

三、可持续发展的战略共识

20 世纪 90 年代以后，一系列具有里程碑意义的纲领性文件和国际公约的问世，标志着人类走可持续发展之路，成为全世界各国的战略共识。

1992 年，联合国环境与发展大会在巴西里约热内卢召开，102 个国家首脑参加了会议。联合国环境与发展大会共同签署了五个重要文件，讨论通过了《里约环境与发展宣言》和《21 世纪议程》两个纲领性文件，以及《关于森林问题的原则声明》，有153 个国家及欧洲共同体正式签署了《气候变化框架公约》和《生物多样性公约》，确立了生态环境保护与经济社会发展相协调、实现可持续发展应是人类共同的行动纲领，《21 世纪议程》被认为是人类环境与发展探索中具有历史意义的里程碑。

1994 年，中国率先在国际上编制和发布了《中国 21 世纪议程》。作为全世界人口数量第一的大国，在人均资源相对短缺、生态环境先天脆弱，但是经济发展又处于高速成长期的条件下，中国积极稳妥并坚定不移地走可持续发展之路，是对全世界和全人类做出一项伟大贡献。

1995 年 3 月，在丹麦首都哥本哈根举行的联合国社会发展世界首脑会议明确指出：人是可持续发展的中心，人类有权享有与环境相协调的健康、有活力的生活。人是存在的主体，也是发展的主体，可持续发展的中心问题就是人的发展问题。哥本哈根会议通过的《哥本哈根宣言》阐明：经济发展、社会发展和环境保护既彼此独立又相互作用，是可持续发展的有机组成部分。

1997 年 12 月 11 日，联合国气候变化框架公约第三次缔约方大会第三次世界气候大会在日本召开。149 个国家和地区的代表通过了关于减少温室气体排放的《京都议定书》，它规定从 2008 到 2012 年，主要工业发达国家的温室气体排放量要在 1990 年的基础上平均减少 5.2%，其中欧盟将 6 种温室气体的排放削减 8%，美国削减 7%，日本削减 6%。联合国大会第 19 次特别会议——Rio+5 大会召开，审议《21 世纪议程》。

2000 年 9 月，联合国首脑会议上，189 个国家和地区一致通过并签署《联合国千年宣言》，正式承诺将全球贫困水平在 2015 年之前降低一半（以 1990 年的水平为标准）。

2002 年 8 月 26 日~9 月 4 日，联合国地球峰会——世界可持续发展会议在南非约翰内斯堡召开，这是自 1992 年里约热内卢地球峰会之后的又一次盛会。2002 年是《里约环境与发展宣言》签署的 10 周年，联合国召开的这次更大规模的 "Rio+10 世界首脑会议" 评估了上次峰会以来全球环境保护的进展和活动。

2007 年 12 月 3～15 日，联合国气候变化大会在印度尼西亚巴厘岛举行。会议着重讨论 2012 年后应对气候变化的措施安排等问题，特别是发达国家应进一步承担的温室气体减排指标。大会产生了 "巴厘岛路线图"，决定在 2009 年前就应对气候变化问题的新安排举行谈判。"巴厘岛路线图" 确定了今后加强落实《联合国气候变化框架公约》的领域，为进一步落实该公约指明方向，成为人类应对气候变化历史中的一座新里程碑。

2009 年 12 月 7～18 日，在丹麦首都哥本哈根召开了《联合国气候变化框架公约》缔约方第 15 次会议。192 个国家的环境部长和其他官员们在哥本哈根召开联合国气候会议，商讨《京都议定书》一期承诺到期后的后续方案，就未来应对气候变化的全球行动签署新的协议。联合国秘书长潘基文说，在哥本哈根举行的联合国气候变化大会朝着正确的方向迈出了一步。

2010 年 9 月，联合国千年发展目标大会在纽约联合国总部召开，会议通过了《履行诺言：团结一致实现千年发展目标》成果文件。各国承诺将借助会议成果文件中确定的行动议程、政策和战略，支持发展中国家尽一切努力到 2015 年实现千年发展目标。

2011 年 5 月，第四届联合国最不发达国家会议在土耳其首都伊斯坦布尔召开。会议通过了《伊斯坦布尔宣言》和《最不发达国家未来十年行动计划》。

2012 年 6 月，联合国可持续发展大会首脑峰会（"里约+20"）大会官方发布了题为 "我们憧憬的未来" 的最终文件，成为此次峰会最重要的成果。明确提出要制定一套全球可持续发展目标（SDGs），并将其纳入 "2015 年后联合国发展议程"。

2013 年 11 月 11 日，《联合国气候变化框架公约》第 19 次缔约方会议暨《京都议定书》第 9 次缔约方会议在波兰首都华沙召开。这是落实 "巴厘岛路线图" 的各项谈判成果，推动各方尽快批准《京都议定书》第二承诺期修正案，围绕减缓、适应、资金、技术转让等各国关注点，开启 "德班平台" 实质性谈判进程的一次重要会议。

2014 年 12 月，联合国发布关于 2015 年后可持续发展议程的综合报告《2030 年享有尊严之路：消除贫穷、改变所有人的生活、保护地球》（*The Road to Dignity by* 2030：*Ending Poverty, Transforming All Lives and Protecting the Planet*）。报告为今后 15 年实现尊严绘制了一个路线图，提出了可持续发展的普遍性和变革性议程，并努力到 2030 年在尊严、人、繁荣、地球、公正、伙伴关系 6 个层面实现 17 项可持续发展目标。

2014 年 5 月 25 日，世界可持续发展工商理事会（WBCSD）发布《全球面临水–能源–粮食的挑战》（*Water, Food and Energy Nexus Challenges*）报告，指出对各种农产品的需求与日俱增，这将不断加大对土地、水资源、能源等其他资源的渴求，以及增加温室气体（GHG）的排放。

2015 年 2 月 12 日，国际科学理事会（ICSU）与国际社会科学理事会（ISSC）发布报告《以科学的视角审视可持续发展目标》（*Review of Targets for the Sustainable Development Goals：The Science Perspective*），对可持续发展的 17 个大目标和 169 个子目标进行了独立评估。

第二节　可持续发展面临新挑战

和谐是以事物的矛盾和差异为前提的，是运动中的平衡，差异中的协调，纷繁中的有序，多样性中的统一，是"万物并育而不相害，道并行而不相悖"；和谐是可持续发展的特征向量和本质属性，是对"自然–经济–社会"复合系统运行状态的一种理想的描述和表达。

可持续发展核心是追求实现三个"和谐"，即人与自然关系的和谐，人与人关系的和谐，人身心的和谐。人与自然和谐是基础，而人与人和谐是核心，人身心的和谐则是重要内容。三者相互依存、相互影响，人个体的和谐是人与人和谐的前提，人的和谐又是自然与社会和谐的产物；人与自然的关系不和谐，往往会影响人与人关系的不和谐，反之亦然。

当今全球可持续发展面临的新挑战是人与自然关系不和谐、人与人关系不和谐、人身心关系不和谐步入"三叠期"，三大不和谐关系，相互耦合，叠加共振，使得全球可持续发展面临前所未有的新挑战。综合测算诸多新挑战发生的概率和严重程度，结果表明 21 世纪人类可持续发展面临的前十大威胁依次是：气候变暖、恐怖活动、资源短缺、自然生态退化、贫富差距、环境污染、腐败行为、人口膨胀、地区冲突和传染病。

下面从三个维度的"不和谐"关系，来深入分析当前全球可持续发展面临的新挑战。

一、挑战之一：人与自然关系不和谐

人与自然关系是人类生存与发展的基本关系，人与自然关系的历史演变是一个"和谐—失衡—新和谐"的螺旋式上升过程。历史经验表明，当人类与自然处于破坏、对抗关系，以改造和征服自然为目标的时候，自然总会以特殊的方式威胁人类；当人类与自然处于平等、互利、和谐关系的时候，自然也能为人类提供良好的生存和发展环境。当代大规模的、无序的人类活动已打破了自然界的生态平衡和生态结构，正深刻地影响和改变地球生态系统的演化路径和方向，对人类生存安全构成了极其严峻的挑战，全球和世界各国人与自然之间关系日趋紧张，比历史上任何时期都要复杂和严峻。

2015年1月19日，《人类世评论》（*Anthropocene Review*）杂志发表了题为《人类世轨迹：大提速》（*The Trajectory of the Anthropocene：The Great Acceleration*）的文章，研究表明1950年以来人类活动进入"大提速"阶段，地球已经进入全新的地质时代——人类世。2015年1月15日，《科学》（*Science*）杂志发表了题为《地球界限：在变化的星球上指导人类发展》（*Planetary Boundaries：Guiding Human Development on a Changing Planet*）的文章，称由于人类活动，地球的9个界限目前已有4个被突破，分别为气候变化、生物多样性损失、土地系统变迁、生物化学循环改变，其中气候变化和生物多样性是"核心界限"，每一个界限的显著改变都将地球系统推入一个危险的新状态，如果这两个极限被持续严重超过，很有可能把地球变成另一个世界。

（一）全球温度上升控制在2摄氏度阈值之内面临巨大挑战

自19世纪中叶有气温观测记录以来，全球平均气温大幅上升。政府间气候变化专门委员会（IPCC）第三次评估报告显示20世纪全球地表温度（即地面气温与海面温度）上升了（0.6±0.2）摄氏度；20世纪气候的变暖可能是近千年来任何一个世纪中最强的。由前世界银行首席经济学家、英国政府经济顾问尼古拉斯·斯特恩爵士（Nicholas Stern）领导编写报告——《斯特恩评述：气候变化的经济学》，该报告以气候科学为基础，采用经济学成本效益分析的框架，分析比较气候变化对自然和人类社会经济系统的预期损失与减缓气候变化的成本之间的关系，由此得出全球2摄氏度的升温上限，进而呼吁各国迅速采取切实可行的措施并建立国际合作机制。

2014年4月13日，政府间气候变化专门委员会发布第五次评估报告第三工作组报告《气候变化2014：气候变化减缓》（*Climate Change* 2014：*Mitigation of Climate Change*），报告指出只有通过重大体制和技术变革，才能将全球平均温度升高幅度控制在不超过工业化前水平的2摄氏度阈值之内。2014年11月2日，政府间气候变化专门委员会在丹麦哥本哈根发布《气候变化2014综合报告》（*Climate Change* 2014 *Synthesis Report*），明确指出人类对气候系统的影响正日益突出，如果不加以制止的话，气候变化将会增加人类和生态系统遭受严重的、无处不在的、不可逆转的影响的可能性。

2014年12月利马气候大会期间，世界气象组织（WMO）发布《2014年全球气候状况临时声明》称，全球气候变暖趋势加剧，2014年成为有气象记录以来的最热年份之一基本已成定局，而且很可能成为史上最热的一年。

2015年1月16日，世界资源研究所（WRI）在线发布题为《2014：创纪录高温和里程碑意义的气候发现的一年》（*2014: A Year of Temperature Records and Landmark Climate Findings*）的简报，该文得出的主要结论是：在过去十年全球平均温度比过去 1300 年的任何时期都要高。2014 年是有记录以来最热的一年，打破了先前 2010 年最热的记录。自有气象记录以来的 15 个最热年份中，有 14 个出现在 21 世纪；如果人类继续以当前速度排放温室气体，则在未来 20 年内全球温度上升幅度就会超过设定的 2 摄氏度阈值。人类所耽搁的温室气体减排的时间越长，全球变暖的幅度将越大。

2015 年 3 月 9 日，《自然——气候变化》（*Nature Climate Change*）在线发表题为《近期温度变化速度加剧》（*Near-term Acceleration in the Rate of Temperature Change*）的文章指出，过去几十年内气候变化的速度明显高于历史水平，而到 2020 年气候变化的速度将会飙升，未来人们将经历并适应一个温暖的世界。结果表明在未来 40 年，所有情景下温度变化都会加快，即使在未来温室气体排放变缓的情景下也是如此。大气 CO_2 浓度稳定在 525ppm[①] 的最好情景下，到 2020 年变暖速度为每十年上升（0.25 ± 0.05）摄氏度，这意味着 40 年之后地球温度会上升 1 摄氏度，这种变化速度快于地球在过去 1000 年内任何时期的升温速度。

2015 年 3 月 23 日世界气象日到来之际，中国气象局局长郑国光发表了题为《科学认知气候 关注气候安全》的致辞（林晖，2015），他在致辞中表示，20 世纪中叶以来，中国气候发生了显著变化，气温平均每 10 年升高 0.23 摄氏度，变暖幅度几乎是全球的两倍，高温、干旱、暴雨、台风等极端天气气候事件趋多增强。21 世纪以来，气象灾害造成的直接经济损失约相当于 GDP 的 1%，是同期全球平均水平的 8 倍。

（二）世界资源短缺风险日益凸显，实现资源消耗"零增长"目标任重道远

自然资源是人类生存与发展最基本的物质保障，科学技术的高度发展为人类开发、利用自然资源提供了强有力的武器。经济、工业和技术以及消费方式的改变都增加了对资源的需求，不管是可再生资源还是不可再生资源。不断上升的生活水平，在面对资源有限的前提下，使用量将成几何级数增加，并且在全球分布不均匀，这无疑将会成为各个国家和经济体互相之间产生政治冲突的诱因。目前，全球每年所消耗的矿物燃料就相当于地球在自然历史过程中 100 万年所积累的总量，如果按照此种经济规模、经济模式和资源利用方式发展下去，人类无异于是在为自己挖掘坟墓。

2012 年 12 月 10 日，英国智库皇家国际事务研究所（RIIA）发布了《未来资源》（*Resources Futures*）报告，报告指出：无论资源是否真正耗尽，未来都会出现以下情景

---

① 1ppm $= 1 \times 10^{-6}$（体积比）

之一：供应中断、价格不稳定、环境加速恶化和资源政治形势日益紧张。

在能源方面，2014 年 11 月 12 日国际能源署（IEA）发布的《世界能源展望 2014》（*World Energy Outlook* 2014）（国际能源署，2014）报告指出：2014～2040 年，全球能源需求增长 37%，其间全球能源需求增长明显放缓：从过去的二十年里每年 2%，下降到 2025 年之后每年 1%。但由于能源产地的持续动乱、缺乏合理的能源政策等原因，满足未来不断增长的能源需求面临重重困难。其中，到 2040 年，全球天然气的需求将增长 50% 以上；化石燃料占一次能源需求结构中的比例下降到四分之三以下，但原油需求量将会进一步提高，将从 2013 年的 9000 万桶/天提高到 2040 的 10 400 万桶/天。

在水资源方面，最近 50 年来，全球总取水量增加了两倍，但是相对稳定可靠的供水却没有增长。至 2030 年，全球对水的需求将超过水的供应高达 40% 以上。到 2050 年，世界 3/4 的人口可能面临严重的淡水短缺。特别是在中东，占世界 5% 的人口共享不到世界 1% 的可再生淡水资源。由于资源生产和其他社会用途的用水竞争，将加剧水资源的争夺。2014 年 7 月，*Water Resources Research* 期刊研究指出印度、美国、伊朗、沙特阿拉伯和中国的地下水枯竭显得格外突出。2014 年 12 月 10 日，*Nature* 杂志的评论性文章指出，地下水资源的急剧消耗破坏了人类在全球变暖背景下应对水资源短缺的恢复力。

在粮食方面，由于气候变化、水和土地愈发稀缺、土壤和土地退化以及自然资源恶化等各种因素变得更加严峻。同时，预计世界人口将从目前的 70 多亿增加至 2050 年的 90 多亿，这种严峻的挑战和形势，致使生活在贫困边缘和自然环境恶劣地区的人生活变得更加困难，每天煎熬在饥饿边缘的人口达到 8.05 亿人口。2014 年 10 月 13 日，国际食物政策研究所（International Food Policy Research Institute，IFPRI）发布了题为《2014 年全球饥饿指数》（2014 *Global Hunger Index*，GHI）（IFPRI，2014）的报告，指出全球超过 20 亿人口仍遭受着隐性饥饿的危害。

（三）全球环境污染程度持续加重，仍处于环境与发展的"两难"境地

1990 年美国环境经济学家格鲁斯曼美首次提出了的"环境库兹涅茨曲线"（Environmental Kuznets Curve，EKC），即一个国家或地区在人均收入较低的情况下，随着人均收入的增高，环境污染和环境压力由低到高，当到达某个临界点之后，随着人均收入的进一步增加，环境污染和环境压力呈现出由高到低的发展趋势，环境逐步得以改善和恢复，整个过程呈现倒"U"形曲线特征。目前，从全球环境宏观格局来看，环境与发展态势仍处于倒"U"形曲线的左则，即仍然处于"两难"境地。

由于全球范围内的污染种类和成分将更多并且更为复杂，人类活动（如能源发电和先进农业）、全球人口增长和消费方式的变化将会对环境产生更大负担。根据预测分析，未来几十年中一些地区的污染可能会下降，但是在一些区域内污染可能会增加。

在北美，氮氧化物和硫等污染物将会减少。然而，亚洲的污染物量可能会增多，并且会通过远程传输影响欧洲和其他地区。从农业废水和污水进入土壤和海洋的污染量将会持续增高，因粮食需求量的增大，农业施肥带来的化学混合物的污染仍持续很久。

2014 年 6 月 23 日，在联合国环境大会（UNEA）召开之际，联合国环境规划署（UNEP）发布的《UNEP 年鉴 2014》（*UNEP Year Book* 2014）（联合国环境规划署，2014），重新审视并评估了过去十年年鉴关注的十大紧迫环境问题，这些环境问题包括了氮元素过剩造成的环境影响、传染性疾病、海洋里的塑料垃圾、海洋水产养殖、甲烷水合物、公众科学潜力，空气污染、野生动物偷猎、土壤氮保护、北极的迅速变化等领域，并提供了新的应对方法。

2014 年 5 月 21 日，经济发展与合作组织（OECD）发布题为《空气污染成本：道路交通对健康的影响》（*The Cost of Air Pollution：Health Impacts of Road Transport*）的报告，对 OECD 的 34 个成员国与中国和印度的空气污染成本进行了评估和比较。报告指出，城市空气污染引发的健康问题和过早死亡给发达经济体以及中国和印度等国每年造成的经济损失总额高达 3.5 万亿美元。而 OECD 成员国的空气污染约 50% 来源于道路交通，柴油车尾气排放危害程度最高。

（四）全球生态服务功能持续下降，"生态赤字"呈加速上升态势

生态系统是人类赖以存在的生命支持系统，人类时时刻刻在享受着生态系统提供的多种服务（ecological services）。1997 年康斯坦塔（Constanza）教授在 *Nature* 杂志上测算了生态服务价值。1998 年卢伯钦科（Jane Lubchenco）教授在 *Science* 杂志上撰文，对"生态服务"及其价值作了专门的解释。目前，全球"生态服务"在不断地恶化，人类赖以生存的自然基础不断地被削弱和蚕食。

海洋是地球上最大的生命维持系统，一直被人类错误地认为具有无限的容纳能力，但是，现在海洋生态环境遭受了严重的破坏。包括海岸径流减少及污染、捕捞、人类活动影响气候所导致的海洋温度上升、石油钻塔损坏海床等在内的 17 种人为环境破坏因素，使得全球 1/3 的海洋遭受到严重影响，而侥幸没受人类活动侵害的海洋不足 4%。海洋空间如果继续污染下去，一定会给人类带来十分严重的后果。如果海洋死亡，人类便不复存在。

生物多样性是人类生存所依赖的生态系统及有关服务的基础。在全球、区域和国家尺度衡量的生物多样性组成部分及其提供产品和服务的潜力，正经历长期或永久性质量或数量的降低。在过去 50 年间，由于人类活动所带来的生物多样性的丧失比人类历史上任何时候都为迅猛。预计这一变化速度在未来将会继续或加速。生物多样性的流失限制了人类未来发展的选择。尽管大多数生物多样性流失是相对缓慢的、渐进

的，可是它们会引起生物多样性容量的突发性急剧减少，从而影响人类福祉。爱因斯坦就曾预言："如果蜜蜂从世界上消失了，人类也将仅仅剩下 4 年的光阴！"因为，在人类所利用的 1330 种作物中，有 1000 多种需要蜜蜂授粉。如果人类不采取积极保护物种多样性的措施，那么在不久的将来各种生物的生存环境将继续大量丧失，大量的物种走向灭绝。不过可以肯定的是，人类绝对不是最后一个灭绝的物种。

为了更清晰地表达全球"生态赤字"的发展态势，科学家们提出了"生态赤字日"（ecological debt day）概念。所谓"生态赤字日"是指人类将地球为满足一整年的用度而产出的资源消耗殆尽的时间节点，在"生态赤字日"之后的该年度其余时间内，人类是以"吃老本"的透支方式向地球及后代子孙索要资源来维持当前的生活方式。1987 年，人类首度进入生态赤字的状态，当年的生态赤字日为 12 月 18 日，而 2014 年的"生态赤字日"已经提前到 8 月 19 日，世界自然基金会（WWF）2014 年 8 月 18 日发出警告称，2014 年的地球超载日与 2013 年相比提前了 1 天，与 2000 年相比则提前近一个半月，这无疑表明人类蚕食地球环境资源的脚步正持续加快。《地球生命力报告 2014》显示，自 1970 年起，"地球生命力指数"中的鱼类、鸟类、哺乳动物、两栖动物和爬行动物的数量减少了 52%；其中淡水物种数量平均下降了 76%，平均下降量是陆生物种和海洋物种的两倍。报告指出，地球上物种的下降趋势比之以往更为严峻，栖息地的丧失与退化是威胁生物多样性最主要的因素。人类对地球资源的需求已经超过了自然可再生能力的 50%——需要 1.5 个地球才能承载目前人类对自然的需求。

二、挑战之二：人与人关系不和谐

（一）人口总量呈加速增殖，人口结构失衡日益严重

在全球范围内，人口规模和结构的各种影响因素，如生育、死亡率和人口迁移等，从根本上影响了社会和经济的发展。

一方面，"人口时钟"走得太快，从人类诞生到 19 世纪初，经过几百万年的漫长岁月，世界总人口才达到 10 亿（约 1800 年）。到 1930 年人口达到 20 亿，用了 130 年；而从 20 亿增长到 30 亿（1960 年）仅用了 30 年，从 30 亿（1960 年）增长到 40 亿（1974 年）仅用了 14 年，从 40 亿增长到 50 亿（1987 年）用了 13 年，从 50 亿（1987 年）增长到 60 亿（1999 年）用了 12 年，从 60 亿（1999 年）增长到 70 亿（2011 年）用了 12 年。在过去的半个世纪，全球人口翻了一番，在未来几十年里，这一数字还将继续增长。2014 年 10 月 23 日，国际应用系统分析研究所（IIASA）出版了题为《21 世纪世界人口与人力资本》（*World Population and Human Capital in the Twenty-First*

Century）的书。书中预测世界人口规模将在 2070 年达到峰值，届时世界人口将达到 94 亿，其后人口规模将逐渐下降，到 2100 年达到 90 亿。

另一方面，人口结构和地域分布呈现严重失衡，全球人口代谢进入了一个"怪圈"，发达国家人口增长比较平稳，甚至出现负增长，老龄人口比重不断攀升，一定程度上出现"人口萎缩"和劳动力供给不足的态势；而一些发展中国家，尤其是非洲地区，出生率很高，人口增速过快，超出了国家承载能力，导致婴儿死亡率居高不下，出生时预期寿命不升反降。这些现象都可看作人口代谢不健康的症状，会影响整个国家代谢系统的健康状况。世界银行发布的《2007 年世界发展报告：发展和下一代》（2007 *World Development Report*：*Developement and Younger Generation*）指出，全世界有 15 亿年龄在 12～24 岁的青年人，其中有 13 亿生活在发展中国家，这比世界历史上的任何时候都要多，包括中国在内的发展中国家正处于青少年人数急剧增长的"青年膨胀"（youth bulge）期。世界银行将这一现象称之为"人口红利"，研究表明中国"人口红利"机会之窗还有 15 年方才关闭。同时，世界银行也指出这些国家正站上"人口红利"和"社会动荡"的岔路口。通过对亚洲四小龙的经济调查发现，1/4～1/3 的经济增长归功于这种青年化的人口结构变化，这些国家和地区不断的人力资本投资推动了劳动生产率的提高。然而，"青年膨胀"也给这些国家和地区带来挑战，以美国和欧洲 20 世纪 70 年代前后的婴儿潮时代为甚，人口每增加 1 个百分点，失业率增加 0.5 个百分点。青少年就业机会减少，造成了社会紧张。如果世界经济的发展方式仍旧以"人口红利"的消耗来运行，将会对自然资产产生极大的负面影响，发展中国家需要转变发展方式来保护环境，发达国家需要更强的经济能力来维持较高的人口老龄化带来的问题。

2013 年 6 月 15 日，联合国经济和社会事务部发布《世界人口展望：2012 年修订版》（*World Population Prospects*：*The 2012 Revision*）报告，该报告指出：到 2050 年，发展中国家的总人口将从目前的 59 亿大幅增加至 82 亿，而同期发达国家的总人口将一直维持在 13 亿左右。到 2050 年，预计人口增长总体上将发生在 31 个"高生育率国家"，其中 29 个集中在非洲和一些人口大国，如印度、印度尼西亚、巴基斯坦、菲律宾和美国。报告预测，人口增长最快的将是 49 个最不发达国家，其总人口到 2050 年将翻一番，从目前的约 9 亿人攀升至 18 亿人。报告预测，印度人口将在 2028 年赶上并超过中国，成为人口第一大国，并在 2050 年超过 16 亿；中国人口将从 2030 年开始减少，到本世纪末减至 11 亿；尼日利亚人口预计将在 2050 年超过目前人口第三的美国，并在本世纪末开始与中国"争夺"世界人口第二大国的位置。

（二）全球"财富鸿沟"越来越大，陷入发展与公平的"两难"悖论

追求社会公平是人类社会永恒的主题和共同的期盼，实现社会公平与公正是一个

可持续发展社会必须具备的社会目标与伦理准则。一个可持续发展的社会，其社会发展的基本特征就是随着人类财富的持续增长与快速积累，不但人均财富总量随着世代的更替逐渐增加，而且人均财富差异也随之不断地减小，即由公平与发展的"两难"境地迈入公平与发展的"双赢"境界，将最终实现"人与人"之间和谐的理想目标。

2014年10月16日，瑞士信贷发布《2014全球财富报告》（*The Global Wealth 2014*）（林书友，2014），报告显示，去年一年中全球财富增加8.3%，达到创纪录的263万亿美元，比2008年金融危机前的峰值还要高出20%，比2008年危机最严重的低谷期高出39%。虽然全球财富总量在加大，但财富分配不平等现象在日益加深，全球10%最富有人口控制着大约87%的财富。从全球范围看，北美财富增加最大，占到全球的34.7%，欧洲位居第二，占全球财富的32.4%。与此相反，拉丁美洲财富变化微乎其微，中国增幅较小，只有3.5%，印度反降1%。从人口分布看，全球人口被财富等级严格区分，占全球人口数量将近一半的人群仅分享全球总财富的1%，而全球最富10%的群体则掌握着全球财富的87%，全球顶尖富豪1%的群体更是支配着其中的47%，俨然形成了一个由人口数量与财富数量构成且成负相关的"金字塔"。在金字塔的底部，沉淀着大量的人口和与此伴生的贫困；在金字塔的顶端，却在极少数精英的统治下进行着惊人的财富积累。如果将财富按照小于1万美元、1万~10万美元、10万~100万美元以及大于100万美元划分为四个等级，每个等级中的成人数目（占世界成人总数的百分比）自下而上依次为32.82亿（69.8%）、10.1亿（21.5%）、3.73亿（7.9%）和3500万（0.7%）人，呈递减趋势；而每个等级中的财富总值（占全球总财富的百分比）却呈现相对递增趋势，依次为7.6万亿（2.9%）、31.1万亿（11.8%）、108.6万亿（41.3%）和115.9万亿（44%）美元。

2015年1月19日，国际慈善机构乐施会（Oxfam）发表报告称，到2016年，世界上最富有的1%的人所占有财富将超过剩下99%的人财富的总和。报告中提到，最富有的1%的人所占有的全球财富从2009年的44%增长到2014年的48%，到2016年这一比重将超过50%。在这1%的部分中人均财富为2700万美元（约合人民币1.7亿元）。报告指出，在2014年剩下的52%的财富中，几乎全部（46%）是被其中最富有的五分之一人口所占有，而其他80%的人口总共只占有全球财富的5.5%，平均每人3851美元（约合人民币2.4万元）。乐施会总干事、达沃斯世界经济论坛共同主席拜安伊玛（Winnie Byanyima）强调指出："全球不平等的程度相当惊人，尽管该问题一再被提上全球议程，但最富有的那部分人与其他人之间的鸿沟仍在迅速扩大。"2014年11月14日，据美国加州大学伯克利分校经济学家伊曼纽尔·赛斯（Emmanuel Saez）与英国伦敦经济学院经济学家加里布埃尔·祖克曼（Gabriel Zucman）最新发布的一份调查报告显示，美国财富分配不平等已经接近历史最高水平。在20世纪30年代的经济大萧条过后，美国社会财富分配平等化进程实际上有所进展，从20世纪30年代到 20 世纪 70 年代末美国的社会财富分配不均问题一直在减速。但随后，美国财富分配不均问题开始加剧，到 2012 年美国 0.1% 高净值富人家庭的财富总额占美国所有家庭财富的比例已经从 20 世纪 70 年代末的 7% 上升至 22%。与此形成巨大反差的是，美国底层的 90% 家庭占有美国总社会财富的比例从 20 世纪 80 年代中期高峰的 36% 下滑到了 2012 年的 23%，仅比 0.1% 最高净值家庭占有的美国总社会财富的比例高出一个百分点。

（三）全球失业和贫困人口居高不下，人类"痛苦指数"高企

就业与失业是同一个问题的两种说法，就业是民生之本，扩大就业，促进再就业，不仅是重大的经济社会问题，也是重大的政治问题，具有重要性、紧迫性和长期性，是衡量人与人之间和谐的关键指标。失业是当今世界的普遍性难题，在任何经济体中，某些失业是不可避免的。对于一个社会来说，失业率超过一定限度时，其结果直接影响社会稳定与安全，由于各国经济发展水平、社会制度和文化历史背景等直接相关，并没有一个统一警戒线。从发达市场经济国家对失业率的判断是：失业率在 5% 以内属于劳动力供给紧张型，失业率在 6%~7% 属于劳动力供给适度型，失业率在 8% 以上属于劳动力供给警界型。

从总体来看，大多数国家的失业问题主要是周期性的，伴随着经济的低增长或负增长。在 20 世纪 30 年代的大萧条中，严重的失业使西方主要国家面临灭顶之灾。进入 50~60 年代，欧美的就业进入了黄金时代，尤其是欧洲，失业率曾大幅下降，年均在 3% 的水平；美国的失业率也低于 5%。随着 70 年代的两次石油危机冲击的到来，失业有不同程度的提高，从 1973 年到 80 年代初期，除了瑞典和瑞士外，其余各国的失业率都大约增加了两倍，到 1992 年，英国、加拿大两国的失业率已达到 10% 以上。联合国发布的《2007 年世界社会状况报告：就业规则》（2007 *World Social Status Report*：*Work Rules*）指出，1996~2006 年，全球劳动力增加了 16.6%，达到 29 亿人，占 46 亿适龄劳动人口（15 岁及以上）的大约三分之二。同一时期，世界范围内的失业率从大约 6.0% 增长到了 6.3%，失业人数增加了 3400 万，2006 年时达到 1.95 亿人。这一增长是在全球经济产出以每年 3.8% 的速度上升的情况下出现的，引发了"无就业经济增长"现象。

据国际劳工组织 2015 年 1 月 20 日发表的《世界就业和社会展望——2015 年趋势》（*World Employment and Social Outlook*：*2015 Trend*）报告显示，全球在 2014 年的失业人数为 2.01 亿，全球失业率将在未来五年继续攀升，到 2019 年，这一数字将增加至 2.12 亿。报告预计，2015 年失业人数预计将增加 300 万，在 2019 年，将需要创建 2.8 亿个工作岗位，才能应对全球就业缺口；青年特别是青年妇女继续不成比例地遭受失业的影响，年龄在 15~24 岁的人比其他成年人的失业可能性高出三倍，这些人群的失

业率占 13%。报告指出，美国和日本等发达经济体的就业形势有所改善，但欧元区仍处于困境，特别是在欧洲南部，青年失业率仍然是一个严重的问题，包括拉丁美洲和加勒比地区、一些阿拉伯国家以及中国、俄罗斯等在内的中等收入国家和发展中经济体的就业形势也正在恶化。报告指出，全球经济危机后收入不平等现象加剧并将继续扩大。据统计，全球平均来讲，最富有的 10% 的人口所得收入占总数的 30%～40%，而全球最贫穷的 10% 的人口收入只占总收入的 2%，而不平等现象造成民众对政府的不信任感增强，特别是在中东、北非、东亚和拉丁美洲国家，还阻碍了经济的恢复。2015 年 3 月 4 日，彭博社发布了一项名为"2015 悲惨指数"的调查报告，结果显示，2015 年日子最不好过的国家将是委内瑞拉、阿根廷、南非、乌克兰和希腊——即生活与工作的痛苦指数最高的五个经济体。

（四）全球社会风险持续增加，社会认同感降低

社会风险是一种导致社会冲突，危及社会稳定和社会秩序的可能性，更直接地说，社会风险意味着爆发社会危机的可能性。一旦这种可能性就变成了现实性，社会风险就转变成了社会危机，对社会稳定和社会秩序都会造成灾难性的影响。在当今信息化和全球化"双轮驱动"的时代，"时空压缩效应"、"不确定效应"和"瞬时效应"对国家生存与发展提出了"高风险"挑战。18 世纪的启蒙思想家认为，世界是可以预测的、可以被理解的，人类能够掌控一切。而今天的世界却让我们非常困惑，它瞬息万变，与我们的历史脱离，不断的失控。正因为如此，我们面临的未来也更加难以预测。社会学家吉登斯说"和 18 世纪晚期相比，我们的世界已经不是那个世界了，这个世界已经脱离了我们的掌握，世界正在逃离我们的手掌，世界和地球充满着不确定性。现在你问我，我们的世界将何去何从，我会持一种不确定的态度，甚至人类在地球上的命运也是不确定的。"

当前，社会风险扩散成为困扰世界各国政府的头号问题，公众对政府的满意度普遍降低。一方面是由于"民主泛滥"，公众对未来预期值越来越高；另一方面是政府治理能力相对低下，政府能力有限性与民众欲望无限性形成尖锐矛盾，由于政府承诺难以兑现，引发人民极大不满。同时，在社交网络等新媒体工具的扩散作用下，一个国家对某些问题的感知会快速地传播到其他国家去，社会风险在相互传染的过程中常常出现放大或异化的现象，造成了更大的不确定性。"阿拉伯之春"、"公投独立风潮"、"颜色革命"等一系列"多米诺骨牌"效应，是社会风险传染的典型的案例，此类社会风险的传播对各国政府提出严峻的挑战。世界经济论坛（WEF）2014 年 1 月 16 日发布《2014 年全球风险报告》（2014 *Global Risk Report* 2015 *Global Risk Report*），评估了 31 项全球性风险的严重性、发生概率和潜在影响力，认为长期的贫富差距扩大将是未来十年最

可能造成严重全球性危害的风险；世界经济论坛在 2015 年 1 月 16 日发布的《2015 年全球风险报告》显示，国际冲突成为未来十年威胁全球稳定的最大风险。

社会风险高企的另一面是社会凝聚力的下降。社会凝聚力是指社会共同体及其成员在观念、行动方面显示出来的一致性和协同性。它既是社会公众趋同的精神心理过程又是社会建制进行社会动员与社会整合的一项基本功能，它表现为一个国家中不同民族、不同政党及人民群众在理想、目标、利益等一致的基础上所产生的吸引力、聚合力。一般来说，一个国家的内部关系越和谐，贫富差距越小，每个公民的权利和尊严越能够得到尊重和保护，公民对国家的认同感就越强，凝聚力就越强。在经济全球化和社会网络化的世界大潮中，国家凝聚力、民族凝聚力、文化凝聚力、主流社会凝聚力的建设正面临空前的挑战。在全球化背景下，要素、符号和商品均被剥离了或部分被剥离了地理因素，人们通常被弱化了民族因袭的土壤，文化通常被丧失了边界提供的保护，出现了不同程度的国家认同危机、民族认同危机、社会认同危机等。全球化对民族、国家及其责任、政治、安全、环境和社会人文提出了严重挑战，如何克服认同危机，增强凝聚力，成为主权国家生存与发展的一项崭新的重大历史课题。

美国哈佛大学国际政治理论家塞缪尔·亨廷顿（Samnel Huntington）在《我们是谁——美国国家特性面临的挑战》（*Who We Are—The Challenges to America's National Identity*）一书中，表达了对美国国家缺乏凝聚力的担忧，简言之，就是担心美国人不觉得自己是美国人了，担心美国人心不在一起了。应该说，亨廷顿所担心的问题是每一个多民族国家面临的共性问题，只不过因为各自国家发展的水平不同，认同危机在层次、程度上有着差异而已。当今与"全球化大潮"相对应的是"部落主义"的兴起，世界各地遍布着部落冲突：中东、波斯尼亚、科索沃、北爱尔兰一直冲突不断；西班牙巴斯克分裂活动和加拿大魁北克独立活动日益猖獗；车臣、卢旺达、克什米尔和印度尼西亚种族矛盾激化；美国国内黑人和白人的矛盾从未平息过。国家成了成百上千个不同种族和更多部落的零散碎片化的集合体，"部落主义"就像国家机体内部的"艾滋病毒"，导致国家衰落，最终招致国家解体，出现更多的主权国家、更小的权限单位，使国家呈现"碎片化"和"原子化"现象。

三、挑战之三：人类身心关系的不和谐

（一）"财富增长"与"幸福流失"悖论

为什么更多的财富并没有带来更大的幸福？也就是说为什么财富买不来幸福呢？这就是所谓"幸福—收入之谜"或称"幸福悖论"。2002 年诺贝尔经济学奖获得者、美国普林斯顿大学丹尼尔·卡尼曼教授等研究表明，当一个国家经济发展水平处于较低阶段时，国民收入（GNI）与国民幸福水平具有较强的正相关性，国民收入的提高在很大程度上意味着国民幸福水平的提高。当国民收入达到了一定临界阈值之后，国民收入增加与国民幸福水平提高之间的正相关性就越来越小，"钱多幸福多"这种正比关系会逐渐地消失。

2006 年英国新经济学基金会和地球之友发布的《2006 快乐星球指数》（2006 *Happy Planet Index*）报告，通过研究 178 个国家和地区中 GDP 与生活满意度之间的关系，表明随着人均 GDP 的增长，生活满意度的回报在逐渐缩小。生活满意度指数的临界阈值在人均 5000 美元左右，当指数小于这一阈值时，随着人均 GDP 增加，生活满意度指数增长迅速；而当指数超过临界阈值时，生活满意度指数增长缓慢（图 2-1）。

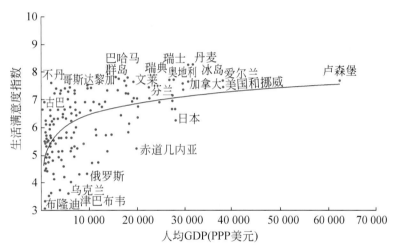

图 2-1　2003 年 178 个国家和地区生活满意度与人均 GDP

资料来源：新经济学基金会和地球之友 . 2006. 快乐的星球指数 .

2009 年 3 月 19 日，英国《金融时报》发表文章说："20 世纪 50 年代以来，人类虽然创造了大量财富，但幸福并未增长。因此，加速经济增长并非值得我们为之作出巨大牺牲的目标。特别是，我们不应该牺牲最重要的幸福源泉，即人际关系的质量。在追求效率和生产力增长的名义下，我们在这方面已作了太多牺牲。" 2004 年 2 月 21 日，在不丹召开的国民幸福国际会议上，400 名与会代表经过热烈协商，发表《国民幸福宣言》指出："幸福正成为建立在失控的拜金思想基础之上的经济发展统计数据的祭坛。……无论是作为个人还是集体的人类责任，我们倡议积极和全面地将真实幸福的目标作为世界各国政策的基石，让全社会参与其中，提倡将使所有人幸福的伟大目标融入各种政策和措施的制定当中。"

在最近的几十年里，美国人均收入有着明显增加，但在同一时期内，那些认为自己"非常幸福"的人的比例有所下降，收入与幸福之间的关系呈现出一种剪刀差的形式。如1946~1991年，美国的人均收入从11 000美元增加到27 000美元（以1996年美元价值为准），也就是说，增加了2.5倍；然而，国民幸福指数均值却从1946年的2.4，下降到1991年的2.2（图2-2）。

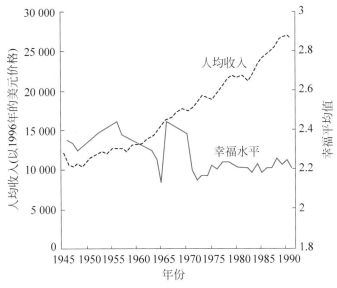

图2-2　1946~1991年美国的幸福与平均收入情况

资料来源:世界幸福数据库(World Database of Happiness),美国商务部经济分析局(Bureau of Economics Analysis of US Department of Commerce)和美国普查局(US Bureau of the Census). http://www. worlddatabase of happiness. eur. nl.

　　1960~1988年，日本人均收入增加了好几倍，成为工业化国家中人均收入最高的国家之一，但是，其国民平均幸福度与1960年相比并没有提高，针对日本的"幸福悖论"，在世界银行工作的日本学者西水美惠子说："我长期从事经济发展工作，对由于富裕带来的社会性疾病总是感到非常痛心。完全受经济增长左右的政策往往使人陷入物欲的陷阱，难以自拔。长期从外界来看日本人，我感到他们已经渐渐丧失了精神上的幸福。……这样的问题并不只存在于日本，几乎所有的国家都存在相同的问题。"

　　中国科学院杨多贵等（2013）的研究表明:2010年，在全球100个样本国家中，日本虽然人均GDP排全球第14位，但是，GDP对国民幸福指数的相对贡献度为"负值"，仅排第85位，两者相差71位；美国人均GDP排全球第2位，其GDP对国民幸福指数的相对贡献度也为"负值"，仅排第79位，两相差77位。而不丹人均GDP排全球第78位，GDP对国民幸福指数具有显著的"正贡献"特征，其贡献率高居第2位；哥斯达黎加人均GDP排全球第43位，其GDP对国民幸福指数也具有显著的"正贡献"特征，其贡献率高居第1位（杨多贵等，2013）。

　　在过去20多年中，虽然东亚在经济上取得了长足的进步，但在为国民谋幸福——这一人类的终极目标追求上却毫无作为，存在巨大的"快乐鸿沟"（happiness gap）。

毫无疑问，东亚国家和地区陷入了"增长的困境"之中，与经济增长相伴的是失业、贫困、道德滑坡、文化毁灭、资源枯竭、环境破坏等，"无工作的增长"、"无情的增长"、"无声的增长"、"无根的增长"和"无未来的增长"成为国民幸福流失的最重要的原因之一。

2008 年 11 月，在美国等发达国家陷入"百年不遇"金融危机中难以自拔之时，几十位西方国家的经济学家和政策官员来到南亚小国不丹，试图从不丹"幸福治国"的模式中，寻求如何走出危机，实现健康可持续发展的答案。2010 年 11 月英国首相卡梅隆提出，英国政府正考虑将提高国民幸福纳入执政目标："是时候承认生命的意义远不止于赚钱了，我们不能只盯着 GDP，而不顾国民是否幸福……幸福不能用钱来衡量的，也不能通过买卖得来。"2010 年法国政府发布《斯蒂格利茨·森·菲图西委员会报告》(Stiglitz Sen Faye Toosi Committee Report)，该报告提出，为了让西方经济更平稳地渡过和摆脱危机，需要超越 GDP，要从"以生产为中心"转到"以国民幸福为中心"。

2012 年 4 月 2 日，联合国在纽约总部召开高级别会议——"幸福和福祉：界定一个新的经济范式"(Happiness and Well-Being: Defining A New Economic Paradigm) 会议。会议目标是研究如何建立一个以人类幸福和福祉为导向的新经济模式，以代替当前的"建立在不可持续基础上的失调的经济体系"。在该会议上，联合国秘书长潘基文说，GDP 长期以来一直作为衡量经济和政治家作为的标杆，但它未能考虑社会和环境为了这种 GDP 长期增长而付出的代价。世界需要一种"能够将经济、社会和环境统筹考虑、平衡发展的新的经济模式"。

(二)"致富至上"与"唯 GDP 论"泛滥

对于物质利益的过度追求，不可避免会导致纵欲主义、利己主义、拜金主义泛滥。国家为谋求利益而不顾一切，民众为发家致富而不择手段，必然导致人与自然关系的不和谐、人与人关系的不和谐、人身心关系的不和谐，而这三大不和谐关系，又相互耦合，叠加共振，人类必然难以实现健康可持续的发展。早在 2000 多年前，我国古代《荀子·富国篇》就中有"天下害生纵欲。欲恶同物，欲多而物寡，寡则必争焉"的经典论述。20 世纪发生的两次世界大战，都是发达资本主义国家在"致富至上"、"利益至上"的国家目标主导之下，追求"财富最大化"的发展主义生产的怪胎、结出的恶果。

历史学家理查德·托尼 (R. H. Tawney) 在《平等》一书中批评"致富至上"的资本主义时说，资本主义的病理在于，把财富当作神，不把普通民众当作有尊严的人。财富的数量成为终极的价值，为此可以牺牲人，可以把劳工当作是致富的工具，可以允许狡诈和权力成为人们崇尚的品德。而仁慈、谦卑、和平这些基督教爱的品德都可以被抛开。罗伯特·斯基德尔斯基（Robert Skidelsky）在《多少才够：美好生活经济学》（*How Much iS Enough：Good Life Economics*）一书中反思"物质主义"危机，认为30年来，西方社会过度沉迷于追逐财富，已成为一种病态。他说："在几乎所有宗教和道德哲学里，财富是达到目的——愉快和体面地生活——的一种手段。后来，对财富的追逐变得无理性，整个社会都奉行无止境追逐财富的信念。"

如果人类把物质欲望的满足设定为终极目标，即使在地球上实现了这种梦想，也不会给人类带来幸福、满足与和平。社会相对剥夺感理论认为，人们所获得的一定数量的物品所产生的幸福感，取决于与其他人所拥有物品相比较而得到的满足感或失落感。就是说相互攀比能为"胜者"带来幸福，为"负者"带来不幸福。马克思曾经在《雇佣劳动与资本》中，就形象地描绘出了这种特殊的焦虑感。他说："一个小房子不管怎样小，在周围的房子都是这样小的时候，它是能满足社会对住房的一切要求的。但是，一旦在这座小房子近旁耸立起一座宫殿，这座小房子就缩成可怜的茅舍模样了……不管小房子的规模怎样随着文明的进步而扩大起来，但是，只要近旁的宫殿以同样的或更大的程度扩大起来，那么较小房子的居住者就会在那四壁之内越发觉得不舒适，越发不满意，越发被人轻视。"

当今"致富至上"的"增长病毒"不但没有消失，还大有肆意蔓延之势。把"财富增长"等价于经济增长，进而把经济增长等价于 GDP 增长，于是"唯 GDP 论"大行其道，泛滥成害。20 世纪 40 年代，诺贝尔经济学奖获得者西蒙·库兹涅茨发明了 GNP（国民生产总值），后衍生出 GDP（国内生产总值），至今已经成为全世界衡量经济发展状况的最重要指标。GDP 被经济学家们推崇有加，甚至被一些人称为"经济卫星云图"，意思是说 GDP 不仅可以用来分析现状，还能用于"经济天气预报"。然而，事实并非如此，1999 年英国前首相布莱尔在《英国可持续发展战略报告：更好的生活质量》（*English Sustainable Development Report：Better Quality of Life*）序言中写道："成功只能用经济增长来衡量吗？就靠 GDP？我们没有意识到，我们的经济、环境和社会是一体的。对我们所有人来说，创造最高质量的生活必须超越经济增长的'一叶障目'。"诺贝尔经济学奖获得者斯蒂格利茨说，2008 年"百年不遇"的金融危机爆发之前，对多数美国人而言，经济境况已经比 2000 年差多了，这是美国"衰退的 10 年"，但是美国的 GDP 数据却显示经济境况改善多了。目前的危机表明，美国 GDP 数据完全是错误的，经济增长只是一种幻觉。

由于 GDP 仅仅衡量经济活动过程中通过交易的产品与服务之总和，它假定任何的货币交易都"增加"社会福利，但在交易过程中到底是增加社会财富还是减少社会财富，它并不能加以辨识。因此，GDP 中包括有损害发展的"虚数"部分，从而造成了它对发展的不真实表达；与此同时，它只反映了增长部分的"数量"，尚无法反映增长部分的"质量"。GDP 只是一个"量"的指标，而不是一个"质"的指标。斯蒂格利茨曾用"充满穷人的富裕"这个词来形容这种 GDP 指标与真实社会福利的脱节，他说，最荒谬的一条是"监狱经济"——美国是世界上"监狱人口"最多的国家，比其他发达国家多出 10 倍以上。美国人口仅占世界人口 5%，而在押犯却占全球铁窗大军的 25%，故称世界"牢笼之国"、"监禁之国"。2012 年美国高级牧师帕特·罗伯森在接受美国 CNN 节目主持人扎卡瑞尔采访时说，美国监狱已经人满为患，全国各地的囚犯人数达到 710 万，比马萨诸塞州的人口还多。因为美国监狱是由私人经营的，"监狱产业"利润十分丰厚，关押的囚犯越多，牟取的利润就越多，对国家 GDP 的贡献就越大。

1968 年美国参议员罗伯特·肯尼迪（Robert Kennedy）在竞选美国总统时说过的一段关于 GDP 的警示名言，可以说仍然不失为我们今天科学、全面地认识 GDP，防止"唯 GDP 论"崇拜的一副清醒剂。罗伯特·肯尼迪说："我们的国内生产总值（GDP）确实惊人，数字接近 8000 亿美元。但是，我们能够以此为根据评判整个国家的状况吗？仅有此项业绩就够了吗？况且这个国民生产总值还应算进去空气污染、烟草广告以及战地救护车在血肉横飞的战场上穿梭的费用。还应该记入我们房门上多装数把大锁的费用，以及把砸烂那些锁具的行窃者关进监狱的费用。还要计入惠特曼步枪、斯比克刀具以及泛滥的影视剧目的费用——因为它们炫耀暴力，以求把更多的仿真玩具倾销给我们的孩子。这就是我们所谓的国民生产总值，它既不能保障我们孩子们的健康，也不能保障他们所受教育的质量，甚至不能保障他们无忧无虑的快乐。它与我们工厂设施的严整以及我们住区街巷的安全毫不相关。它不包括诸如能让我们的诗句溢美、能使我们的婚姻坚实、能滋养公民谈吐的睿智以及能确保我们的官员具有磊落风范的要素。它既不能用于衡量智慧和勇气，又不能衡量学养和见识，更无法衡量我们对自己国家的热诚和责任。简而言之，它可以衡量一切，就是不能衡量那种可以让生命高贵，可以传承美国的精髓，可以让我们因自己是美国人而感到骄傲的东西。"

（三）"消费异化"与"可持续消费"冲突

生态马克思主义学者认为异化消费是资本主义社会产生生态危机的直接根源，一方面，无产阶级在异化劳动过程中产生了极大的痛苦，他们需要一种方式和途径来补偿和发泄这种痛苦，而奢侈消费恰好为他们提供了这样的方式和途径，无产阶级通过异化消费获得了一种所谓的幸福；另一方面，资产阶级为了获得更多的剩余价值，在控制无产阶级消费的过程中，却反过来被消费控制，于是，整个社会都被消费所控制，就出现了资本主义社会的异化消费现象。

从"资本增殖"的逻辑看，资本要增值，就要人格化，就要刺激大众消费，大众买得越多，资本赚得就越多，只有把全球的每个角落都变成资本的市场，让每一个地球人都疯狂地购买、消费，资本才能获得最大的利润。

可持续消费是对传统高消费、高污染的消费模式的变革，是对消费异化现象的修正。《21 世纪议程》中把改变消费模式列为一个专门的项目，明确指出所有国家均应全力促进可持续发展消费模式。1994 年联合国环境署在内罗毕发表的报告《可持续消费的政策因素》（*Policy Factors of Sustainable Consumption*）中提出可持续消费的定义："提供服务以及相关产品以满足人类的基本需求，提高生活质量，同时使自然资源和有毒材料的使用量最少，使服务或产品的生命周期所产生的废物和污染物最少，从而不危及后代的需求。可持续的实现依赖于人民消费观念的转变，用可持续消费理念修正消费者的不当消费行为、不良消费心理，形成理性消费观念，从而实现可持续发展。

20 世纪 30 年代全球资本主义发生严重经济危机，约翰·梅纳德·凯恩斯（John Maynard Keynes）提出新经济理论，其核心是有效需求不足，基本解决方法是扩大和刺激消费需求，以拉动经济增长。凯恩斯认为，在社会经济活动中，勤俭节约对于个人或家庭来说是美德，对整个社会来说，则意味着减少支出，迫使厂商削减产量，解雇工人，从而减少了收入，最终降低了储蓄，造成了有效需求的不足，阻碍了经济的发展和产值、就业的增加。凯恩斯曾说过，如果"你们储蓄五先令，将会使一个人失业一天"。由此，美国率先推行"凯恩斯主义"，由政府主导，大规模刺激消费，拉动内需。国家政策导向是"奖励消费者，惩罚节俭者"，"消费越多，贡献越大"，美国成了全球消费主义的"领头羊"，美国教会了世界如何消费，美国自然也成了世界经济增长的"火车头"。

20 世纪 90 年代美国人均收入 100 美元，消费 80 美元，储蓄 10 美元，还贷 10 美元；进入 21 世纪是收入 100 美元，消费 90 美元，还贷 12 美元，储蓄变为负数，以借新债还旧债度日。1971～2007 年的 36 年间，美国民众的消费信贷从 1200 亿美元激增至 2.5 万亿美元，增加了近 20 倍。这还不包括 11.5 万亿美元的住房债务，如果把两者相加，总共负债 14 万亿美元，超过了美国当年 GDP 的总量。平均每个美国人负债近 5 万美元。美国民众的工资 40% 用来偿还住房贷款，15% 偿还上学贷款，11% 用于缴纳社会保障基金，剩下用于日常生活消费的不足 19%。"花明天的钱，圆今天的梦；花别人的钱，圆自己的梦"成为美国人的"座佑铭"。最终，过度消费，超前消费，透支消费，炫耀消费，奢侈消费，让美国变成"寄生消费型"国家样板。

如果按照广大发展中国家国民的消费标准，美国几乎人人都是"购物狂"。美国媒体曾形容说，"只要太阳一升起，消费者就开始购物"。美国以世界 4% 的人口消耗着世界 1/3 的资源，人均石油消费量位居世界第一，光是汽车消费就使美国消耗了全球 1/4 的原油。美国年人均能源消耗量是全球平均水平的 9 倍，美国的人均水资源消费量是全球人均消费量的 3 倍，美国人平均每天制造出 2.3 公斤垃圾，比发展中国家高出 5 倍, 人均温室气体排放量是全球平均水平的 8 倍。2010 年世界自然基金会 (WWF) 全球总干事 Jim Leape 说 "如果按照美国或阿联酋的平均生活水平, 我们将需要 4.5 个地球。"

未来学家欧文·拉斯洛 (Ervin Laszlo) 曾警告说, "如果全世界人都像美国人那样生活, 都这样肆无忌惮地消耗自然财富, 地球上的煤和石油将在五年之内用光。而地球则会在这一代人的时间里就流尽最后一滴血"。印度的圣雄甘地 (Mahatma Gandhi) 说过: "地球给我们的财富可以满足每个人的需求, 却不能满足每个人的欲望。" 但是, 美国人消费成瘾, 欲壑难平, 2006 年美国人收入的 90% 用于消费, 3% 用于偿付贷款, 可以说 2008 年金融危机是正是美国消费异化结出的苦果。美国老布什总统就曾经说过一句名言: "美国人的生活方式不容谈判"。

四、可持续发展十大挑战风险级别评估

从气候变暖到资源短缺, 从人口膨胀到环境污染, 从热带雨林被破坏到珍稀物种濒临灭绝, 人类可持续发展面临的威胁种类多, 范围广, 如何对这些挑战进行定量评价, 一直是备受国际学术界广泛关注的问题。为此, 本报告设计了一套人类可持续发展面临的威胁定量评估体系。

该评估体系从威胁空间范围、时间尺度、应对难度 3 个维度对人类可持续发展面临的威胁进行评价, 其中, 空间范围分为全球尺度、洲际尺度和区域尺度 3 类, 时间尺度分为长期 (大于 100 年)、中期 (50~100 年) 和短期 (小于 50 年) 3 类, 应对难度分为高 (无解决方案)、中 (有解决方案难实施) 和低 (有解决方案易实施) 3 类。

采用德尔菲法 (Delphi method) 对面临的各类威胁所属的空间尺度、时间尺度和应对难度进行判定, 然后根据评分矩阵进行累加, 得出各种人类可持续发展面临威胁的综合得分 (表 2-2)。德尔菲法, 是采用背对背的通信方式征询专家小组成员的预测意见, 经过几轮征询, 使专家小组的预测意见趋于集中, 最后做出结论。

表 2-2　人类可持续发展威胁评分矩阵

空间尺度		时间尺度		应对难度	
类别	分值	级别	分值	类别	分值
全球	30	长期	30	高	30
洲际	20	中期	20	中	20
区域	10	短期	10	低	10

评估结果显示, 21 世纪人类可持续发展面临的前 10 大威胁依次是气候变暖、恐

怖活动、资源短缺、自然生态退化、贫富差距、环境污染、腐败行为、人口膨胀、地区冲突和传染病（表2-3）。

表2-3　21世纪人类可持续发展面临的10大威胁排序

序号	威胁种类	空间尺度	时间尺度	应对难度	综合得分
1	气候变暖	全球	长期	高	90
2	恐怖活动	全球	长期	高	90
3	资源短缺	全球	长期	高	90
4	自然生态退化	洲际	长期	高	80
5	贫富差距	全球	长期	中	80
6	环境污染	洲际	长期	中	70
7	腐败行为	洲际	长期	中	70
8	人口膨胀	区域	中期	中	50
9	地区冲突	区域	短期	中	50
10	传染病	区域	短期	中	50

第三节　可持续发展迎来新机遇

当今全球可持续发展迎来历史性的新机遇，首先，从发展动力引擎的升级来看，第三次工业革命大潮方兴未艾，创新驱动引领发展动力升级，为人类可持续发展提供了不竭的动力支撑。其次，从全球治理体系调整来看，以中国为代表的新兴经济体国家群体性崛起，与传统发达国家在全球可持续发展治理体系构建的良性互动和共建共享之中，为全球可持续发展创造了前所未有的新机遇、新活力和领导力。最后，从发展理念变革来看，全球绿色新政方兴未艾，从追求"资本红利"向追求"生态红利"的根本性转变，推动工业文明向生态文明转型，生态文明建设孕育着世界可持续发展的历史性机遇。

一、机遇之一：创新驱动引领发展动力升级

人类对现代经济增长动力和源泉的认识大致经历了由资源驱动到资本驱动，由资本驱动到技术、人力、知识和创新驱动等演变和跃迁的过程。创新驱动理论认为现代经济发展的根本动力不是资本和劳动力，而是创新，而创新的关键又是知识和信息的生产、传播、使用。继农业经济以土地、工业经济以资本和矿产为最重要资源之后，创新驱动型经济使技术创新和创意、知识生产和人才资源作为经济资源获得了空前重

要的战略地位。21世纪技术创新比过去作用更加凸显，并成为经济增长最重要的动力引擎。特别是当今技术创新进入了大数据、云计算、物联网、移动互联网等时代，信息技术成为统领土地、资本、劳动力等其他生产要素的"第一要素"，经济发展动力进入了以颠覆性技术创新为主导的新的历史阶段。"技术创新红利"更多更主要体现于由颠覆性技术创新产生的"红利"，这个"红利"的作用将远远超过历史上任何一个时期。

当今世界第五次科技革命和第三次工业革命大潮方兴未艾，其特征是以数字制造技术、互联网技术和再生性能源技术的重大创新与融合为代表，从而导致工业、产业乃至社会发生重大变革，最终使人类进入生态和谐、绿色低碳、可持续发展的社会。第三次工业革命将从"绿色能源"、"数字制造"、"智慧地球"三大方面，为人类可持续发展提供不竭的动力支撑。未来学家杰里米·里夫金（Jeremy Rifkim）认为，第三次工业革命模式是一个可持续发展的模式，这一模式将使人类迅速过渡到一个全新的能源体制和工业模式，从而避免人类文明的消失。其次，由于每个州、每个家庭都可以生产、使用新的能源，从而能源的民主化将从根本上重塑人际关系，并将影响人们做生意、管理社会、教育子女和生活的方式。最后，第三次工业革命模式将深刻地改变世界政治经济的版图，这是因为传统的、等级化的经济与政治权力是金字塔式由上到下组织起来的，而即将到来的是一种合作性的扁平化权力，由互联网技术与可再生能源相结合而产生，将重构人类乃至国家间的关系。世界经济论坛发布的《2012年最新能源展望报告》指出，目前已有100多个国家制定了可再生能源发展目标，新能源产业的增长能够将气候、能源和金融领域的危机转变为全新的可持续增长机遇，从而为世界经济发展提供新动力。

2008年10月，为应对全球经济危机，刺激全球经济复苏，创造新的就业机会，减少经济发展对化石资源的依赖度，解决全球生态问题，联合国环境规划署推出全球"绿色新政"计划。该计划拟通过在全球范围内大力发展绿色经济来扩大需求，提高就业率，刺激经济增长，建立可持续经济发展模式。这既是应对和化解危机的必要举措，也会为全球经济的可持续发展奠定坚实的基础。2009年3月，联合国环境规划署发表了《全球绿色新政政策纲要》，该纲要建议将全世界GDP的1%，即7500亿美元投入建筑、可再生能源、生态基础设施、可持续运输和可持续农业共5个主要领域，从而带动"绿色新政"的产生。2009年3月9日，欧盟委员会在布鲁塞尔宣布，欧盟将在2013年之前投资1050亿欧元支持欧盟地区的"绿色经济"，促进就业和经济增长，保持欧盟在"绿色技术"领域的世界领先地位。2009年4月，日本政府公布了名为《绿色经济与社会变革》的政策草案，率先提出建设低碳社会，声称欲引领世界低碳经济革命，提出要把日本打造成全球第一个绿色低碳社会。目前，欧洲、美国、日本等一些发达国家和地区纷纷制定和推进以低碳经济转型为核心的绿色发展规划，如，2009年

7月15日，英国发布了《低碳转换计划》和《可再生能源战略》国家战略文件，按照计划，到2020年可再生能源在能源供应中要占15%的份额，要把英国建设成为更干净、更绿色、更繁荣的国家。2015年1月12日，国际可再生能源署（IRENA）发布《美国可再生能源展望》（*Renewable Energy Prospects：United States of America*）报告，该报告指出，在正确的政策和支持下，美国依靠现有的技术可达到2030年可再生能源占比提高至27%。

绿色兴政是中国推动和实施可持续发展重大战略，特别是在绿色能源领域，中国后来居上，异军突起，取得巨大进步。杰里米·里夫金认为，中国在可再生能源方面的地位正如沙特在石油产业中的地位一样，并将使中国成为下一次工业革命的领军者。2010年可再生能源在中国最终能源结构中所占的比重为13%，其中包括约6%的传统生物质能源，以及7%的现代可再生能源。水力发电（3.4%）和太阳能热利用（1.5%）为中国最主要的现代可再生能源利用方式。2014年11月24日，国际可再生能源署（IRENA）发布《可再生能源前景：中国》（*Renewable Energy Prospects：China*）报告，该报告描绘了全球2030年可再生能源比重翻番的实现路径，该报告认为：①中国在可再生能源领域已占据世界领先地位，凭借丰富的可再生能源资源，未来发展潜力仍很可观。2013年，中国新增可再生能源总装机容量超过欧洲和亚太地区其他国家的总和。②按照现行政策和投资模式，到2030年，现代可再生能源在中国能源结构中的比重将上升到16%。将现代可再生能源的比重提高到26%在技术与经济上均是可行的。③如果能够加速发展风电和太阳能光伏发电，并全面推动水电建设，预计到2030年，电力行业的可再生能源比重将会从20%提高到40%左右，但同时也需要大力开展电网建设，提高输电能力，并实行电力市场改革。

信息科技革命日新月异，人类正从IT（information technology）时代进入DT（data technology）时代，它为全球可持续发展提供了强大动力之源，引发人类生产方式、生活方式和思维方式重大变革。2012年英国《经济学人》（*Economics*）杂志发表《第三次工业革命：制造业与创新》（*The Third Industrial Revolution：Manafacture and Innovation*）文章，认为人类正在迎接的第三次工业革命是制造业的"数字化"，以此为基础的"大规模定制"很可能成为未来制造业的主流生产方式，这一观点可被称之为第三次工业革命的"数字制造版本"。数字化制造就是指制造领域的数字化，它是制造技术、计算机技术、网络技术与管理科学的交叉、融合、发展与应用的结果。

3D打印是第三次工业革命核心内容，是制造技术的一次重大革命，传统制造技术是"减材制造技术"，而3D打印则是"增材制造技术"，它具有制造成本低、生产周期短等明显优势，被誉为第三次工业革命最具标志性的生产工具。相比生产大规模标准化产品的模具制造，3D打印可以在一定约束下随意生产制作个性化产品，可称之为大规模定制制造模式。3D打印几乎是一种最理想的工具手段，也许未来将会以我们难以预料的方式永久改变人类的文明进程。机器人是人类思维的延伸，被称为"制造业皇冠顶端的明珠"，机器人革命有望成为"第三次工业革命"的一个切入点和重要增长点，机器人产业将深刻影响全球制造业格局的大产业。国际机器人联合会预测，"机器人革命"将创造数万亿美元的市场。美国奥巴马政府第一任期上台不久，就把"再工业化"作为美国整体经济复苏的重大战略逐步推出，2011 年 6 月奥巴马宣布启动《先进制造伙伴计划》（*Advanced Manufacturing Partnership Program*），明确提出通过发展工业机器人提振美国制造业。欧盟为了改善产业外移、失业率增加等问题，决定将未来 20 年的经济发展重心放在机器人产业上，希望能在 2020 年为欧洲创造 24 万个就业机会。国际机器人联合会（IFR）2014 年 6 月 1 日发布的数据显示，中国在 2013 年购买了 3.656 万台工业机器人，购买量相当于全球总规模的五分之一，首次超过日本，位居全球首位。

二、机遇之二：世界治理体系的调整与完善

当今，在气候变化、资源短缺、金融危机、地区冲突、贫富分化、恐怖主义等一系列事关全人类可持续发展的重大挑战面前，全球可持续发展治理体系和治理能力的失效、脆弱和无力彻底暴露。以 2008 年全球金融危机的爆发为标志，以中国为代表的新兴经济体国家群体性崛起，全球国际经济结构发生前所未有的变化：从 GDP 规模来看，如果按购买力平价来衡量，2013 年新兴市场与发展中经济体占全球 GDP 的份额首次超过发达经济体，达到 50.4%，比 2000 年提高了 13.4 个百分点，其中金砖国家占全球的份额为 27.6%，比 2000 年提高了 10.7 个百分点。从 GDP 增量来看，2008 ~ 2013 年 5 年间，新兴市场与发展中国家按市场汇率计算的 GDP 总额净增了大约 9.45 万亿美元，占全球 GDP 增量的 77.9%，其中金砖国家净增 6.43 万亿美元，占全球 GDP 增量的 53%；而同期发达经济 GDP 总额净增 2.69 万亿美元，占全球 GDP 增量的 22.1%，其中七国集团（G7）净增 1.88 万亿美元，占全球 GDP 增量的 15.5%。特别是亚洲已经拥有世界三分之一的经济总量，是当今世界最具发展活力和潜力的地区之一，在世界战略全局中的地位进一步上升。以"金砖国家"为代表的新兴经济体大国积极参与全球可持续发展治理，逐步从体系边缘向体系中心迈进。新兴经济体国家与传统发达国家的在全球可持续发展治理体系构建的良性互动和共建共享之中，为全球可持续发展创造了前所未有的新机遇、新活力和领导力。

推动全球治理体系变革，完善全球治理机制，构建新的全球治理规则体系，提供更好更多的公共治理产品，符合全人类的共同利益。2014 年 10 月 24 日，联合国开发计划署署长海伦·克拉克（Helen Clark）在第二届全球治理高层政策论坛致辞中表示，当今世界所面临的挑战不分国界，这需要我们同心同德、更切实有效地去处理和面对。

在改善全球治理方面，发展中国家正扮演越来越重要的角色，特别是中国对全球治理的贡献越来越显著。我们需要更有力的全球治理，以带来本质上具有广泛普适性的转变。我们认为世界可持续发展治理体系的调整与完善需要遵循"和而不同""命运共同"和"世界大同"为核心价值的人类可持续发展治理的普适性价值：

其一，在文明、文化、思想理念、价值观等方面，重在遵循"和而不同"。和而不同体现世界治理体系的包容性和多元性，是保持世界治理体系生命力的源泉。和而不同是社会事物和社会关系发展的一条重要规律，也是国家之间处世行事应该遵循的准则，是人类各种文明协调发展的真谛。"和实生物，同则不继"，只有不同的事物统一起来才能产生新的事物，它是百物构成的法则；而单一的事物不与别的事物"和"在一起，就不能产生出新的事物。构建和谐世界的实质在于"和而不同，互相包容，求同存异，共生共荣"，是"各美其美，美人之美，美美与共，天下大同"。当今和谐世界这一充满东方文明古老智慧的理念，正得到国际社会越来越多的理解、赞同、支持和行动。

其二，在地缘政治、经济金融、生态环境等方面，重在遵循"命运共同"。命运共同体现世界治理体系的共生性和责任性。人类只有一个地球，各国共处一个世界，人类大家庭是一个你中有我、我中有你的命运共同体。当今世界，追求"一家独大"、"一枝独秀"已经行不通，必须坚持合作共赢、共同发展；坚持实现共同、综合、合作、可持续的安全。要坚决摒弃和超越"冷战"思维，从"零和博弈"转变为"合作共赢"，以共处、互补、合作的新的"3C"（co-existence, complement, cooperation），代替对抗、竞争、遏制旧的"3C"（confrontation, competition, containment）。中国自古就崇尚"以和为贵"、"协和万邦"、"四海之内皆兄弟"等思想基因。2012 年 11 月，中共十八大报告明确地提出了"要倡导人类命运共同体意识"；2013 年 3 月，习近平作为中国国家元首首次外访俄罗斯，在莫斯科国际关系学院的演讲中提到了"命运共同体"的概念，2015 年 3 月 28 日，习近平在博鳌亚洲论坛 2015 年年会开幕式上发表主旨演讲，提出通过"迈向亚洲命运共同体，推动建设人类命运共同体"的战略构想，更是在国际社会引起强烈共鸣和认同。

其三，在人类追求、社会发展、公平正义等方面，重在遵循"世界大同"。"世界大同"体现世界治理体系的普惠性和人本性。"世界大同"是人类最崇高的伟大的理想，早在 2500 年前，中国思想家孔子就提出"大道之行，天下为公，选贤与能，讲信修睦是……谓大同"。19 世纪末 20 世纪初，戊戌维新变法倡导者康有为在其所著《大同书》中，勾画"大同之世，天下为公，无有阶级，一切平等"的理想社会。遵循世界大同，就是要坚持以人为本，消除贫富差距，弥合数字鸿沟，实现公平正义；坚持各国体量有大小、国力有强弱、发展有先后，但都是国际社会平等的一员，都有平等参与地区和国际事务的权利；坚持发展为了人民、发展依靠人民、发展成果由人民共享，关注人的价值、权益和自由，关注人的生活质量、发展潜能和幸福指数，让人民生活得更加幸福、更有尊严，最终实现人类的全面发展。

2005 年英国《卫报》（*The Guardian*）提出了一个的历史命题："19 世纪，英国教会世界如何生产。20 世纪，美国教会世界如何消费。如果中国引领 21 世纪，它就必须教会世界如何可持续发展。"目前，中国已成全球第一货物贸易国家、全球最大外汇储备国家，根据国际货币基金组织（IMF）和世界银行的基于购买力平价（purchasing power parity，PPP）计算，中国 GDP 超越美国，成为世界第一大经济体。国际货币基金组织测算表明，中国 2014 年的 GDP 达 17.6 万亿美元，超过美国的 17.4 万亿美元，中国在全球经济中所占的份额为 16.5%，而美国所占的比例为 16.3%。到 2019 年，中国经济规模将超过美国 20%。诺贝尔经济学奖得主约瑟夫·施蒂格利茨（Skeisiti Gorlitz Joseph）在美国《名利场》（*Vanity Fair*）杂志 2015 年 1 月号上发表的《中国世纪》（*China Century*）一文中说，按照购买力平价法计算，中国的 GDP 在 2014 年超过美国，成为"世界第一"，从 2015 年开始世界进入"中国世纪"。作者认为世界经济并不是一个零和博弈，中国的增长与我们（美国）是互补的，中国快速增长，将会买更多的我们的商品，带来繁荣。事实上，中国发展给亚太和世界带来的机会和利益是巨大的。随着中国经济发展进入"新常态"，将继续给包括亚洲国家在内的世界各国提供更多市场、增长、投资、合作机遇。预计，未来 5 年，中国进口商品将超过 10 万亿美元，对外投资将超过 5000 亿美元，出境旅游人数将超过 5 亿人次，中国发展给亚太和世界带来的机会和利益是巨大的，带来的商机是持久和无限的。

随着中国综合国力的快速提升，中国有能力、有意愿向亚太和全球提供更多公共产品。中国倡导的"一带一路"战略，将在亚欧大陆构建起开放、多元、高效、可持续的经济合作框架，为沿线国家提供经济发展的外部环境和合作机制，也为全球经济健康可持续发展注入强大动力。"一带一路"沿线大多数是新兴经济体与发展中国家，人口总数达 44 亿，经济总量约 21 万亿美元，分别占全球的 63% 与 29%，产业结构互补性强，是最有发展潜力的经济带，2013 年，中国与"一带一路"沿线国家贸易额超万亿美元，近 10 年年均增长近 20%。"一带一路"是中国的倡议，但不是中国的独角戏，中国愿意成为发动机，为亚欧大陆的繁荣保驾护航。共建"一带一路"致力于亚欧非大陆及附近海洋的互联互通，建立和加强沿线各国互联互通伙伴关系，构建全方位、多层次、复合型的互联互通网络，实现沿线各国多元、自主、平衡、可持续的发展，而且要推动沿线各国发展战略的对接与耦合，发掘区域内市场的潜力，促进投资和消费，创造需求和就业。可以说，"一带一路"建设为全球和区域治理贡献了"中国智慧"和"中国方案"。

"一带一路"相关议程着眼于为全球经济治理提供更多的公共产品，它把"互联互通"和"融资平台"建设作为核心议程，亚洲基础设施投资银行和丝路基金成立，顺应了国际区域经济合作发展的潮流，将间接推动国际金融秩序的变革，使其在更大程度上反映新兴经济体的诉求，是一种新型的南北金融合作形式。从全球金融治理角度看，现有体系没有完全满足很多中小国家基本建设的需求，也没有满足欧元国家的投资需求。世界银行、亚洲开发银行等现有机构侧重于减贫，亚洲基础设施投资银行（简称亚投行）侧重于基础设施建设。亚投行只是对现行国际组织体系的有益补充和完善，是对现有国际金融秩序的完善和推进，而不是替代，更不是颠覆。到 2015 年 4 月 15 日，随着瑞典、以色列等 7 个国家的加入，亚投行意向创始成员国已经全部确定，总数是 57 个。这 57 个国家中，作为域内国家参加亚投行的国家有 37 个，包括中国、印度、韩国等亚洲国家以及大洋洲的澳大利亚和新西兰；作为域外国家参加亚投行的国家有 20 个，包括了欧洲的英国、德国、法国等 17 个国家，还有非洲的埃及和南非，以及拉美的巴西。亚投行的建立是全球金融治理改革中的一项制度创新，这充分体现了中国作为负责任大国的责任贡献与担当精神。亚投行筹建顺应了广大发展中国家改革全球经济治理机制的诉求，是充分利用现有的国际规则，在现在国际治理体系的增量改革，是对现有全球经济治理规则的补充与完善，它充分体现了中国对全球治理体系调整和完善的重大贡献。

三、机遇之三：由工业文明向生态文明转型

纵观历史，原始文明经历 100 万年时间，农业文明有近 1 万年的历史，而工业文明还是近 300 年的事，工业文明在不到 300 年的时间里虽然创造了"比过去一切世代创造的全部生产力还要多"的辉煌成就，但是也对自然造成了"比过去一切世代的破坏还要多"的改变（胡鞍钢，2013）。资源短缺、能源紧张、环境污染、气候异常，以及全球反贫困任务艰巨性与环境容量有限性之间的矛盾，都使人类传统发展模式面临空前危机。而且，全球人口还将增长，城市化还将推进，资源消费、能源需求、环境压力还将加大，如果缺乏足够的、及时的转型、转轨、转向，地球生态系统难以承载，造成的严重后果将不可估量和不可逆转。（生态文明贵阳国际论坛秘书处，2014）。

生态文明是人类继原始文明、农业文明、工业文明之后的第四次文明，它源于对发展的反思，也是对发展的提升，是对传统工业文明的扬弃和升华，是人类践行可持续发展法则的物质与精神成果的总和。工业文明是以最大限度地提高产量、利润或盈余为目的的，不在乎污染、消耗、生态破坏，认为自然资本是可以消耗的和可替代的资源。而生态文明与之相反，是在可持续发展的生态限制下进行政治、经济和社会活动。生态文明要求一个国家和地区生理代谢、运行机制和行为方式等建立在遵循自然规律，有利于保护生态环境的基础之上；国家经济社会发展要与生态环境容量相适应，不以损害和降低生态环境的承载能力、危害和牺牲人类健康幸福为代价；追求经济、

社会与生态环境协调可持续发展，以实现生产、生活与生态三者互动和谐、共生共赢为目标。生态文明由绿色经济、包容性和谐社会、均衡的环境生态系统以及天人合一的生态价值取向这四大支柱构成。由自我毁灭的"黑色发展"的工业文明的向实现共同繁荣的"绿色发展"的生态文明转变，要求人类必须坚持经济发展与生态建设的平衡，坚持环境保护与生态修复的平衡，坚持控制污染与节约资源的平衡，坚持明确各自责任与加强合作的平衡，维护全球生态安全，共同建设天蓝、地绿、水净的宜居美丽家园。

生态文明时代是生态文明有机融入经济建设、政治建设、文化建设和社会建设的五位一体的新时代。生态文明建设关系全人类的福祉和未来，也孕育着世界发展的历史性机遇。联合国制定的 2015 年后发展议程和可持续发展目标，为生态文明全球建设与合作注入全新的动力。各方应以对人类共同负责和人类间相互包容的精神，秉持平等、互助、合作、共赢的宗旨，实现各国共同绿色发展，携手迈向生态文明新时代。人类只有一个地球，面对全球性的环境挑战，建设生态文明需要世界各国齐心协力，采取集体行动。各国都应更积极、更深入地参与到可持续发展进程当中，认真执行有关国际环境协议，承担"共同但有区别的责任"，坚持同舟共济，携手应对气候变化、生态安全等重大问题，共同呵护人类赖以生存的地球家园。对自然资源的开发利用应遵循"人际公平、国际公平、代际公平"的道德准则，实现有序、有节、有方，加强绿色科技国际交流，扩大绿色产业国际合作。有关各国共建绿色丝绸之路，落实中瑞自由贸易协定（生态文明贵阳国际论坛秘书处，2014）。

保护地球家园、促进可持续发展，加强生态文化建设，需要政府、企业、社会的共同努力，实现从追求"资本红利"向追求"生态红利"的根本性转变。挖掘生态文明红利，要把生态文明建设放在突出地位，贯穿和融入经济建设、政治建设、社会建设和文化建设的各方面和全过程。要转变经济发展方式，积极推进工业化、信息化、城市化、农业现代化与生态化有机融合，大力发展生态工业、生态农业、生态服务业等生态经济和生物经济，实现绿色发展、循环发展、低碳发展，形成生态文明的生产方式和消费模式，建设资源节约型、环境友好型社会。生态文明建设是一场深刻、持久和重大的社会改造运动，要通过必要的制度创新来调整人们对于自然界的行为，要积极探索构建系统完整的保护和发展共赢的生态文明建设制度体系，既要金山银山，又要绿水青山，通过绿水青山获取金山银山，以"生态红利"释放"绿色福利"，让全人类共享"生态红利"、分享"绿色福利"。

第三章
人类足迹与自然资本

人类活动的足迹已深刻地影响了地球自然系统，致使自然资源捉襟见肘，能源消费不可持续，环境变化威胁世界，生态系统显著退化。人类发展已面临自然承载力的严重限制，要实现全球可持续发展，必须走向与自然和谐的道路。

第一节　自然资源的消耗与供给潜力

全球水资源危机是人类在 21 世纪面临最为紧迫的资源问题，它将给各国经济繁荣、社会稳定带来一系列重大影响（Gleick and Palaniappan，2010）。

一、水　资　源

（一）全球水资源消耗及供给潜力

截至 2012 年全世界可再生水资源总量为 42 900 亿立方米，人均可再生水资源量为 6160 立方米，呈现下降趋势（图 3-1）。预测 2050 年世界人均可再生水资源量将进一步下降到 4556 立方米，其中非洲将从 2010 年的 3851 立方米降至 1796 立方米（表 3-1）。

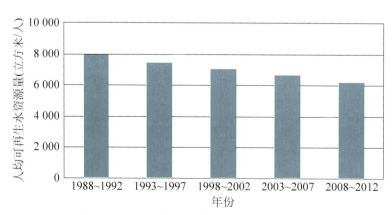

图 3-1　1990 年以来世界人均可再生水资源量

资料来源：联合国粮农组织水资源统计数据库 . 2014. http://www.fao.org/nr/water/aquastat/data/query/index.html.

表 3-1　世界人均可再生水资源量预测 （单位：立方米/人）

范围 年份	2000	2010	2030	2050
非洲	4 854	3 851	2 520	1 796
美洲	22 930	20 480	17 347	15 976
亚洲	3 186	2 845	2 433	2 302
欧洲	9 175	8 898	8 859	9 128
大洋洲	35 681	30 885	24 873	21 998
世界	6 936	6 148	5 095	4 556

资料来源：WWAP. 2014. The United Nations World Water Development Report 2014. Water and Energy. Paris：UNESCO.

到 2000 年，世界总用水量达到 6000 亿立方米，占世界总径流量的 15%。从表 3-2 可见，2007 年农业用水占全球总耗水量中比例达到近 70%，预计今后相当长一段时间内仍将占据水资源消耗的大半比例。近年来一些国家工业用水的需求增长迅速，其中欧洲的工业用水量占比已超过农业用水量占比。此外，一些发达国家的城市生活用水需求增长迅速。2012 年农业用水、工业用水、生活用水的占比达到 70.7∶11.6∶17.7,生活用水的占比呈现进一步上升趋势(WWAP，2014)。

表 3-2　2007 年全球水资源消耗量分行业统计

范围 项目	农业用水		工业用水		生活用水		合计	人均总用水量
	立方千米/年	占比（%）	立方千米/年	占比（%）	立方千米/年	占比（%）	立方千米/年	立方米/年
非洲	175	81.8	11	5.1	28	13.1	214	230
美洲	409	49.3	285	34.4	135	16.3	829	927
亚洲	2035	81.2	244	9.7	228	9.1	2507	628
欧洲	73	21.9	188	56.5	72	21.6	333	455
大洋洲	11	61.1	3	16.7	5	27.8	18	657
世界	2702	69.2	731	18.7	469	12.0	3902	593

资料来源：联合国粮农组织水资源统计数据库 . 2014. http：//www. fao. org/nr/water/aquastat/data/query/index. html.

专栏3-1　生态用水：一个可持续性水资源管理的中国概念

20世纪80年代末中国学者在研究水资源配置与生态环境的关系时首次提出"生态用水"的概念，指维护或改善组成现有生态系统的植物群落、动物以及非生物部分的平衡所需要的水量。目前的主要问题是人类生活、生产用水大量挤占生态用水，生态用水量不断减少。特别是内陆干旱地区，生态用水和国民经济用水竞争激烈。

中国的"江河流域规划环境影响评价（SL45—92）"行业标准将生态环境用水正式作为环境脆弱地区水资源规划管理中必须重视的用水类型。

资料来源：王浩.2007.中国水资源与可持续发展.北京：科学出版社.

（二）典型国家水资源消耗及供给潜力

按照联合国、世界银行等权威国际组织根据世界各国经济、社会发展水平将全球200多个国家和地区划分为发达国家、新兴经济体国家、发展中国家和最不发达国家四大类，每一类国家选取5个共计20个典型国家。

典型国家人均可再生水资源总量、人均用水量的近年变化如表3-3和表3-4所示。以数据较为全面的2007年为例，各国可再生水资源的总量和人均量、用水的总量和人均量分别如图3-2～图3-5所示。

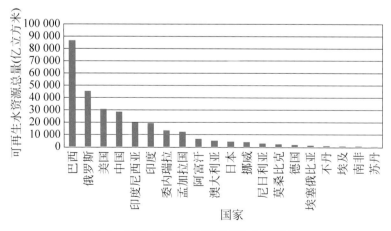

图3-2　2007年典型国家可再生水资源总量

资料来源：联合国粮农组织水资源统计数据库.2014. http://www.fao.org/nr/water/aquastat/data/query/index.html.

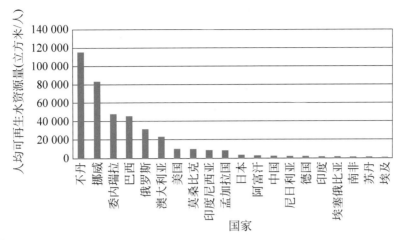

图 3-3　2007 年典型国家人均可再生水资源量

资料来源:联合国粮农组织水资源统计数据库.2014.http://www.fao.org/nr/water/aquastat/data/query/index.html.

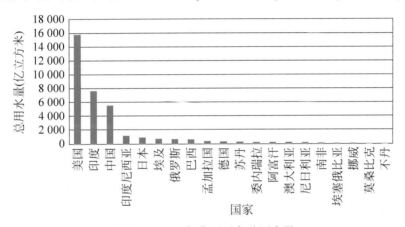

图 3-4　2007 年典型国家总用水量

资料来源:联合国粮农组织水资源统计数据库.2014.http://www.fao.org/nr/water/aquastat/data/query/index.html.

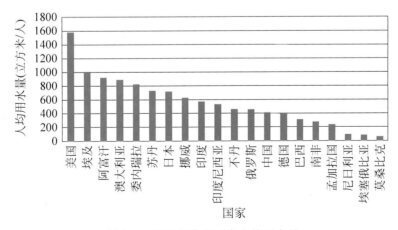

图 3-5　2007 年典型国家人均用水量

资料来源:联合国粮农组织水资源统计数据库.2014.http://www.fao.org/nr/water/aquastat/data/query/index.html.

表 3-3　1990 年以来典型国家人均可再生水资源总量　　　　　（单位：立方米/人）

国家 时间	发达国家					新兴经济体国家					发展中国家						最不发达国家			
	美国	德国	挪威	澳大利亚	日本	巴西	俄罗斯	中国	印度	南非	印度尼西亚	不丹	埃及	尼日利亚	委内瑞拉	阿富汗	孟加拉国	苏丹	莫桑比克	埃塞俄比亚
1988～1992年	11 820	1 887	91 694	28 068	3 491	55 932	30 296	2 317	2 115	1 329	10 918	179 924	998.8	2 845	64 034	4 730	10 913	—	15 129	—
1993～1997年	11 176	1 845	89 055	26 504	3 439	51 802	30 443	2 210	1 929	1 197	10 092	155 470	924	2 511	57 559	3 435	9 820	—	12 835	2 014
1998～2002年	10 573	1 840	86 621	24 956	3 406	48 201	30 978	2 143	1 775	1 112	9 389	135 452	853.5	2 215	52 301	2 942	8 956	—	11 237	1 744
2003～2007年	10 102	1 843	83 245	23 157	3 379	45 511	31 381	2 081	1 649	1 035	8 741	114 875	785.4	1 944	47 910	2 479	8 378	—	9 792	1 517
2008～2012年	9 666	1 860	78 694	21 345	3 379	43 528	31 487	2 017	1 545	980.2	8 179	105 121	722.2	1 695	44 233	2 190	7 932	1 016	8 614	1 330
2013～2017年	9 589	1 862	77 930	21 077	3 382	43 157	31 561	2 005	1 526	973	8 080	103 448	710.5	1 648	43 578	2 138	7 835	995.7	8 404	1 296

注：苏丹仅指苏丹共和国，南苏丹共和国不计。

资料来源：联合国粮农组织水资源统计数据库. 2014. http://www.fao.org/nr/water/aquastat/data/query/index.html.

表 3-4　1990 年以来典型国家人均用水量　　　　　（单位：立方米/人）

国家 时间	发达国家					新兴经济体国家					发展中国家						最不发达国家			
	美国	德国	挪威	澳大利亚	日本	巴西	俄罗斯	中国	印度	南非	印度尼西亚	不丹	埃及	尼日利亚	委内瑞拉	阿富汗	孟加拉国	苏丹	莫桑比克	埃塞俄比亚
1988～1992年	1 781	—	—	1 195	742	—	—	407.9	553.3	344.4	402	—	—	—	—	—	—	—	42.16	—
1993～1997年	1 704	541.4	—	1 101	712.3	328.7	520.7	408.8	—	300.7	—	—	933.1	79.78	357.8	—	—	—	—	—
1998～2002年	1 631	467.8	527.4	883	713.2	—	454.9	—	566.9	270.6	526.9	—	1 000	89.07	818.3	913	—	—	—	79.46
2003～2007年	1 575	386.5	622.5	695	—	305.6	—	406	—	—	—	—	—	—	—	—	—	—	—	—
2008～2012年	—	—	—	846.1	—	376.7	—	—	615.4	—	—	455.5	—	—	—	—	231.9	724	—	—
2013～2017年	—	—	—	—	—	—	—	—	—	—	—	—	—	—	—	—	—	—	—	—

资料来源：联合国粮农组织水资源统计数据库. 2014. http://www.fao.org/nr/water/aquastat/data/query/index.html.

二、耕地资源

耕地是粮食安全的根本保障，保持耕地生产力至关重要（傅泽强等，2001）。但由于人口增长、城市扩张、气候变化等因素，世界耕地资源形势严峻，粮食供应面临严重威胁。

（一）全球耕地资源开发及供给潜力

世界已耕地面积在 1950 年近 12 亿公顷，1970 年为 13.2 亿公顷，1980 年为 13.6 亿公顷，2012 年为 15.6 亿公顷（约占世界可耕土地总面积 49 亿公顷的 32%，约占全球地表总面积 130 亿公顷的 12%）。伴随着世界人口的快速增长，人均耕地面积急剧减少，2012 年为 0.22 公顷（图 3-6，表 3-5）。

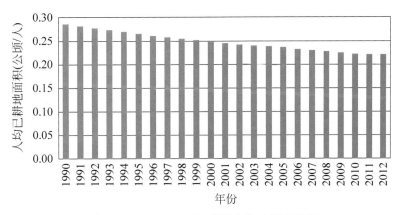

图 3-6　1990～2012 年世界人均已耕地面积

资料来源：联合国粮农组织水资源统计数据库．2014. http://www.fao.org/nr/water/aquastat/data/query/index.html.

表 3-5　2012 年世界已耕地总面积及人均面积

项目 范围	已耕地面积		人口		人均已耕地面积
	数量 （万公顷）	占比（%）	数量 （万人）	占比（%）	数量 （公顷/人）
非洲	27 371	17.5	108 353	15.3	0.25
美洲	39 698	25.4	96 228	13.6	0.41
亚洲	55 212	35.3	425 452	60.1	0.13
欧洲	28 991	18.6	74 197	10.5	0.39
大洋洲	4 983	3.2	3 778	0.5	1.32
世界	156 255	100	708 008	100	0.22

资料来源：联合国粮农组织水资源统计数据库．2014. http://www.fao.org/nr/water/aquastat/data/query/index.html.

世界可耕地面积总量基本维持在 490 000 万公顷（表 3-6），但人均量呈现下降趋势（图 3-7）。

表 3-6　2012 年世界可耕地总面积及人均面积

项目 范围	可耕地面积		人口		人均可耕地面积
	数量 （万公顷）	占比（%）	数量 （万人）	占比（%）	数量 （公顷/人）
非洲	117 775	23.9	108 353	15.3	1.09
美洲	122 464	24.9	96 228	13.6	1.27
亚洲	163 271	33.2	425 452	60.1	0.38
欧洲	46 803	9.5	74 197	10.5	0.63
大洋洲	41 908	8.5	3 778	0.5	11.09
世界	492 221	100	708 008	100	0.70

资料来源：联合国粮农组织水资源统计数据库 . 2014. http：//www. fao. org/nr/water/aquastat/data/query/index. html.

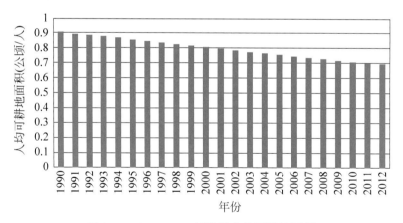

图 3-7　1990～2012 年世界人均可耕地面积

资料来源:联合国粮农组织水资源统计数据库 . 2014. http://www. fao. org/nr/water/aquastat/data/query/index. html.

（二）典型国家耕地资源开发及供给潜力

2012 年典型国家已耕地面积总量、人均已耕地面积如图 3-8 和图 3-9 所示，可耕地面积总量、人均可耕地面积如图 3-10 和图 3-11 所示。

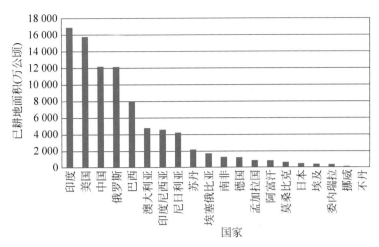

图 3-8　2012 年典型国家已耕地面积总量

资料来源:联合国粮农组织水资源统计数据库 . 2014. http：//www. fao. org/nr/water/aquastat/data/query/index. html.

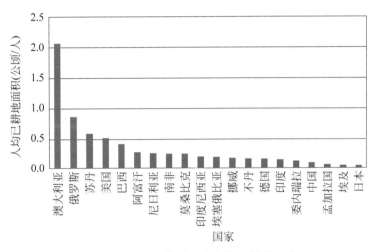

图 3-9　2012 年典型国家人均已耕地面积

资料来源:联合国粮农组织水资源统计数据库 . 2014. http：//www. fao. org/nr/water/aquastat/data/query/index. html.

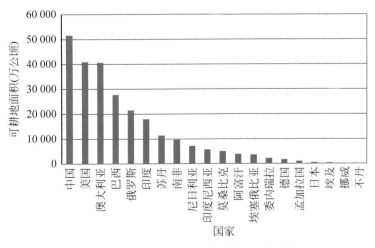

图 3-10　2012 年典型国家可耕地面积总量

资料来源：联合国粮农组织水资源统计数据库 . 2014. http：//www. fao. org/nr/water/aquastat/data/query/index. html.

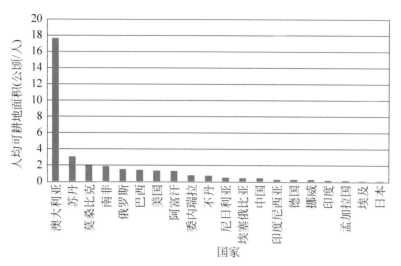

图 3-11　2012 年典型国家人均可耕地面积

资料来源:联合国粮农组织水资源统计数据库. 2014. http://www.fao.org/nr/water/aquastat/data/query/index.html.

三、森 林 资 源

森林提供木材、纤维、生物能源等林产品，也通过提供其他生态服务功能（尤其是吸收二氧化碳）维系全球生态平衡，是世界可持续发展的重要自然资源。

（一）全球森林资源

1990~2012 年世界森林总面积维持在 40 亿公顷上下，人均森林面积呈现逐年下滑趋势，2010 年人均不足 0.6 公顷（表 3-7），全球森林覆盖率为 31%。

主要用于生产的森林面积变化趋势如表 3-8 所示。除了天然林外，人工林成为木材供给的重要来源。2005~2010 年，人工林面积年均增长约 500 万公顷，并将继续上升，预计在 2020 年前可达 3 亿公顷，将发挥越来越大的作用。

表 3-7　2010 年世界森林面积及人均面积

项目	森林面积		人口		人均森林面积
范围	数量（万公顷）	占比（%）	数量（万人）	占比（%）	数量（公顷/人）
非洲	67 442	16.7	103 109	14.9	0.65
美洲	156 975	38.9	94 269	13.6	1.67
亚洲	59 251	14.7	416 544	60.2	0.14
欧洲	100 500	24.9	74 031	10.7	1.36

续表

项目 范围	森林面积		人口		人均森林面积
	数量 （万公顷）	占比（%）	数量 （万人）	占比（%）	数量 （公顷/人）
大洋洲	19 138	4.7	3 666	0.5	5.22
世界	403 306	100	691 619	100	0.58

资料来源：FAO. 2010. Global Forest Resources Assessment 2010：Main Report. Food and Agriculture Organization of the United Nations，Rome.

表 3-8 1990～2010 年指定主要用于生产的森林面积变化

项目 范围	指定主要用于生产的 森林面积（万公顷）			年度变化（万公顷）		年度变化率（%）	
	1990 年	2000 年	2010 年	1990～ 2000 年	2000～ 2010 年	1990～ 2000 年	2000～ 2010 年
非洲	21 094	20 269	18 603	−83	−167	−0.4	−0.85
美洲	15 405	16 586	18 051	118	147	0.77	0.89
亚洲	25 131	25 793	22 848	66	−295	0.26	−1.21
欧洲	55 804	52 267	52 462	−354	20	−0.65	0.04
大洋洲	724	1 118	1 157	39	4	4.44	0.34
世界	118 158	116 033	113 121	−213	−291	−0.18	−0.25

资料来源：FAO. 2010. Global Forest Resources Assessment 2010：Main Report. Food and Agriculture Organization of the United Nations，Rome.

（二）典型国家森林资源

森林资源最丰富的 5 个国家（俄罗斯、巴西、加拿大、美国和中国）占有全球 53% 的森林资源；而在另外拥有 20 亿人口的 64 个国家（地区），包括干旱地区的几个面积较大的国家和众多岛屿国家及地区，森林占土地面积少于 10%，其中 10 个国家没有森林；而另外 54 个国家（地区）的森林不足其土地总面积的 10%。

2010 年典型国家的森林面积如表 3-9 和图 3-12 所示，人均森林面积如图 3-13 所示，用于生产的森林面积如图 3-14 所示。

表 3-9　1990～2010 年典型国家森林面积变化

国家	项目	森林面积（万公顷）				年变化率					
		1990 年	2000 年	2005 年	2010 年	1990～2000 年		2000～2005 年		2005～2010 年	
						万公顷/年	%	万公顷/年	%	万公顷/年	%
发达国家	美国	29 634	30 020	30 211	30 402	38.6	0.13	38.3	0.13	38.3	0.13
	德国	1 074	1 108	1 108	1 108	3.4	0.31	0	0	0	0
	挪威	913	930	968	1 007	1.7	0.19	7.6	0.81	7.6	0.78
	澳大利亚	15 450	15 492	15 392	14 930	4.2	0.03	-20	-0.13	-92.4	-0.61
	日本	2 495	2 488	2 494	2 498	-0.7	-0.03	1.2	0.05	0.9	0.04
新兴经济体国家	巴西	57 484	54 594	53 049	51 952	-289	-0.51	-309	-0.57	-219	-0.42
	俄罗斯	80 895	80 927	80 879	80 909	3.2	—	-9.6	-0.01	6	0.01
	中国	15 714	17 700	19 304	20 686	198.6	1.2	321	1.75	276	1.39
	印度	6 394	6 539	6 771	6 843	14.5	0.22	46.4	0.7	14.5	0.21
	南非	924	924	924	924	0	0	0	0	0	0

续表

国家	项目	森林面积(万公顷)				年变化率					
		1990 年	2000 年	2005 年	2010 年	1990~2000 年		2000~2005 年		2005~2010 年	
						万公顷/年	%	万公顷/年	%	万公顷/年	%
发展中国家	印度尼西亚	11 855	9 941	9 786	9 443	-191	-1.75	-31	-0.31	-68.5	-0.71
	不丹	304	314	320	325	1.1	0.34	1.1	0.34	1.1	0.34
	埃及	4.4	5.9	6.7	7	0.2	2.98	0.2	2.58	0.1	0.88
	尼日利亚	1 723	1 314	1 109	904	-41	-2.68	-41	-3.33	-41	-4
	委内瑞拉	5 203	4 915	4 771	4 628	-28.8	-0.57	-28.8	-0.59	-28.8	-0.61
	阿富汗	135	135	135	135	0	0	0	0	0	0
最不发达国家	孟加拉国	149	147	146	144	-0.3	-0.18	-0.3	-0.18	-0.3	-0.18
	苏丹	7 638	7 049	7 022	6 995	-58.9	-0.72	-4.1	-0.05	-4.1	-0.05
	莫桑比克	4 338	4 119	4 008	3 902	-21.9	-0.52	-22.2	-0.54	-21.1	-0.53
	埃塞俄比亚	1 511	1 371	1 300	1 230	-14.1	-0.97	-14.1	-1.05	-14.1	-1.11

资料来源：FAO. 2010. Global Forest Resources Assessment 2010: Main Report. Food and Agriculture Organization of the United Nations, Rome.

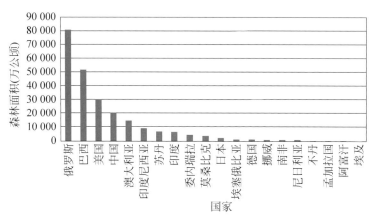

图 3-12　2010 年典型国家森林面积

资料来源：FAO. 2010. Global Forest Resources Assessment 2010；

Main Report. Food and Agriculture Organization of the United Nations，Rome.

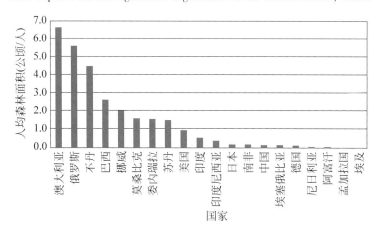

图 3-13　2010 年典型国家人均森林面积

资料来源：FAO. 2010. Global Forest Resources Assessment 2010；

Main Report. Food and Agriculture Organization of the United Nations，Rome.

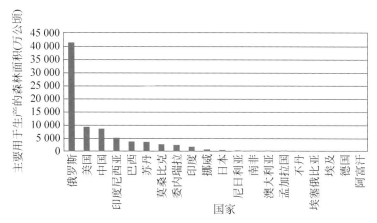

图 3-14　2010 年典型国家主要用于生产的森林面积

资料来源：FAO. 2010. Global Forest Resources Assessment 2010；

Main Report. Food and Agriculture Organization of the United Nations，Rome.

四、主要矿产资源

矿物是不可再生资源，人类在加速消耗的同时，虽然也在不断地探明新的储量，但迟早会面临资源耗竭的困境。

（一）全球矿产资源消耗

整个 20 世纪，人类共消耗了 1420 亿吨石油、2650 亿吨煤炭、380 亿吨铁、7.6 亿吨铝、4.8 亿吨铜以及大量其他矿产资源。其中 60% 以上的能源和 50% 以上的矿产资源是由占世界人口不足 15% 的发达国家消耗的。进入 21 世纪，人类正迎来新一轮化石能源与矿产资源高消费、快增长的时期。

世界上已发现矿产 200 多种，本报告以分布较为广泛且开采较为频繁的铁矿、铜矿、铝土矿、铅矿、锌矿、镍矿为例，分析矿产资源的消耗状况。这六种金属矿产的全球已探明储量分别为 81 亿吨、7 亿吨、280 亿吨、0.87 亿吨、2.3 亿吨和 0.81 亿吨（Jewell and Kimball，2015）；其中铝土矿、铁矿的人均储量最多，分别为 3909.5 千克/人和 1131 千克/人（表 3-10）。

表 3-10　2013 年全球重要金属矿产储量/产量及人均储量/产量

矿种	储量（万吨）	人均储量（千克）	产量（万吨）	人均产量（千克）	储产比
铁矿	810 000	1 131.0	15 000	20.9	54
铜矿	70 000	97.7	1 830	2.6	38
铝土矿	2 800 000	3 909.5	28 300	39.5	99
铅矿	8 700	12.1	541	0.8	16
锌矿	23 000	32.1	1 340	1.9	17
镍矿	8 100	11.3	263	0.4	31

资料来源：Jewell S，Kimball S M. 2015. Mineral Commodity Summaries 2015. US Geological Survey，Reston，VA.

受全球经济持续增长的拉动，2000～2013 年全球重要金属矿产品产量呈现持续增长态势，其中铁矿产量增长了近 3 倍，铝土矿、镍矿产量增长了 2 倍多，其他矿产品产量都有不同程度的增长（表 3-11）；2000～2011 年，全球钢铁、铜、原铝、铅、锌、镍等矿产品消费量大幅增加，其中以铁矿石、铜等为代表的矿产资源刚性需求使得未来 15～20 年其相关矿产消耗仍将继续（表 3-12）。

表 3-11　2000～2013 年全球重要金属矿产品产量变化（单位：万吨）

年份\矿产	铁矿	铜矿	铝土矿	铅矿	锌矿	镍矿
2000	106 000	1 300	13 500	298	873	125
2001	106 000	1 370	13 800	310	885	133
2002	108 000	1 360	14 400	291	836	134
2003	116 000	1 360	14 600	295	901	140
2004	134 000	1 460	15 900	315	960	140
2005	154 000	1 500	16 900	320	980	149
2006	180 000	1 510	17 800	347	1 000	158
2007	200 000	1 540	20 200	377	1 090	166
2008	222 000	1 540	20 500	384	1 160	157
2009	224 000	1 590	19 900	386	1 120	140
2010	259 000	1 600	20 900	414	1 200	159
2011	294 000	1 610	25 900	470	1 280	194
2012	293 000	1 690	25 800	517	1 350	222
2013	311 000	1 830	28 300	541	1 340	263

资料来源：Jewell S, Kimball S M. 2015. Mineral Commodity Summaries 2015. US Geological Survey, Reston, VA.

表 3-12　2000～2011 年全球重要金属矿产品消费量变化　　（单位：万吨）

年份\矿产品	钢铁	铜（精炼）	原铝	铅（精炼）	锌	镍（精炼）
2000	76 070	1 519.19	2 505.91	641.5	889.27	117.2
2001	77 340	1 467.56	2 372.15	655.12	880.69	115.95
2002	82 520	1 505.25	2 533.75	685.89	933.07	122.17
2003	88 470	1 536.55	2 735.75	699.83	983.57	127.67
2004	97 760	1 635.54	2 924.35	712.46	1 016.94	131.48
2005	10 4000	1 681.67	3 162	753.1	1 039.04	131.94
2006	107 750	1 706.62	3 402.29	805.14	1 085.26	137.67
2007	115 000	1 814.05	3 744.1	838.19	1 131.01	135.54
2008	114 770	1 815.26	3 690.41	849.37	1 150.83	129.82
2009	106 670	1 817.78	3 511.24	882.53	1 107.06	130.63
2010	121 750	1 933.17	4 057.49	954.12	1 246.4	142.42
2011	130 960	1 947.19	4 280.94	1 002.65	1 258.74	165.38

资料来源：国际钢铁协会 . 2014. http://www.worldsteel.org/statistics/statistics-archive/yearbook-archive.html；
世界金属统计局 . 2014. http://www.world-bureau.com.

(二) 典型国家矿产资源消耗及供给潜力

1. 铁矿

截至 2013 年世界铁矿石储量中金属量为 870 亿吨，原矿储量为 1900 亿吨（Jewell and Kimball，2015）。分布主要集中在澳大利亚、巴西、俄罗斯、中国和印度，合计储量占世界总储量的 74%。全球铁矿石产量在 2000 年为 10.6 亿吨，2013 年达到 31.1 亿吨，产量前 5 位的国家分别是中国、澳大利亚、巴西、印度、俄罗斯（表 3-13）。

表 3-13 典型国家铁矿石产量和储量 （单位：万吨）

国家	铁矿产量				储量
	2000 年	2005 年	2010 年	2013 年	
澳大利亚	16 800	26 200	43 300	60 900	5 300 000
巴西	19 500	28 000	37 000	31 700	3 100 000
俄罗斯	8 700	9 700	10 100	10 500	2 500 000
中国	22 400	42 000	107 000	145 000	2 300 000
印度	7 500	14 000	23 000	15 000	810 000
美国	6 300	5 400	5 000	5 300	690 000
乌克兰	5 600	6 900	7 800	8 200	650 000
加拿大	3 500	3 000	3 700	4 300	630 000
瑞典	2 100	2 300	2 500	2 600	350 000
伊朗	—	1 900	2 800	5 000	250 000
哈萨克斯坦	1 600	1 600	2 400	2 600	250 000
南非	3 400	4 000	5 900	7 200	100 000
其他	8 600	9 000	8 500	12 700	2 070 000
总计	106 000	154 000	259 000	311 000	19 000 000

注：储量数据为 2013 年公布的调查数据，下同。

资料来源：Jewell S，Kimball S M. 2015. Mineral Commodity Summaries 2015. US Geological Survey, Reston, VA.

2. 铜矿

世界探明的铜矿储量约 7 亿吨，主要集中在智利、澳大利亚、秘鲁、墨西哥等国，其中智利也是全球最大铜产国和出口国，约占世界储量的 30%。2013 年全球铜矿产量达到 1830 万吨，排名前 5 位的国家分别是智利、中国、秘鲁、美国、澳大利亚（表 3-14）。

表 3-14　典型国家铜矿石产量和储量　　　　（单位：万吨）

国家	铜矿产量				储量
	2000 年	2005 年	2010 年	2013 年	
智利	460	532	542	578	20 900
澳大利亚	83	93	87	99	9 300
秘鲁	55	101	109	138	6 800
墨西哥	37	43	24	48	3 800
美国	145	114	110	125	3 500
中国	59	76	116	160	3 000
俄罗斯	57	64	70	83	3 000
波兰	51	58	48	43	2 800
印度尼西亚	101	106	88	50	2 500
刚果（金）	3	10	44	97	2 000
赞比亚	25	45	82	76	2 000
加拿大	63	60	53	63	1 100
哈萨克斯坦	43	40	38	45	600
其他	118	158	189	220	8 700
总计	1 300	1 500	1 600	1 830	70 000

资料来源：Jewell S，Kimball S M. 2015. Mineral commodity summaries 2015. US Geological Survey, Reston，VA.

3. 铝土矿

目前全球铝土矿资源总量为 550 亿～750 亿吨，探明储量为 280 亿吨，几内亚、澳大利亚、巴西、越南、牙买加储量居世界前 5 位，合计占世界总储量的 74%。全球铝土矿产量 2000 年为 1.35 亿吨，2013 年达到 2.83 亿吨，产量排名前 5 位的国家分别是澳大利亚、中国、巴西、印度、几内亚（表 3-15）。

表 3-15　典型国家铝土矿产量和储量　　　　（单位：万吨）

国家	铝土矿产量				储量
	2000 年	2005 年	2010 年	2013 年	
几内亚	1 500	1 500	1 740	1 880	740 000
澳大利亚	5 380	6 000	6 840	8 110	650 000
巴西	1 400	1 980	2 810	3 250	260 000
越南	—	—	8	25	210 000
牙买加	1 110	1 410	854	944	200 000
印度尼西亚	—	—	—	5 570	100 000

续表

国家	铝土矿产量				储量
	2000 年	2005 年	2010 年	2013 年	
圭亚那	240	150	176	171	85 000
中国	900	1 800	4 400	4 600	83 000
希腊	—	245	210	210	60 000
苏里南	361	458	400	270	58 000
印度	737	1 200	1 800	1 540	54 000
委内瑞拉	420	590	250	216	32 000
俄罗斯	420	640	548	532	20 000
哈萨克斯坦	—	480	531	540	16 000
其他	1 032	447	333	457	232 000
总计	13 500	16 900	20 900	28 300	2 800 000

资料来源:Jewell S, Kimball S M. 2015. Mineral Commodity Summaries 2015. US Geological Survey, Reston, VA.

4. 铅矿

目前铅资源的全球总储量超过 20 亿吨，已探明的储量为 8700 万吨，主要分布在澳大利亚、中国、俄罗斯、秘鲁，合计约占世界总储量的 75%。2013 年全球铅矿产量达到 541 万吨，排名前 5 位的国家分别是中国、澳大利亚、美国、秘鲁、墨西哥（表3-16）。

表 3-16　典型国家铅矿石产量和储量 （单位：万吨）

国家	铅矿产量				储量
	2000 年	2005 年	2010 年	2013 年	
澳大利亚	70	78	63	71	3500
中国	57	100	185	290	1400
俄罗斯	—	—	10	20	920
秘鲁	27	32	26	27	700
墨西哥	16	13	16	21	560
美国	47	43	37	34	500
印度	—	6	10	11	260
波兰	—	5	7	9	170
玻利维亚	—	—	7	8	160
瑞典	11	6	6	6	110
爱尔兰	—	6	4	5	60
南非	7	4	5	5	30
加拿大	14	7	6	2	25
其他	61	20	32	32	305
总计	310	320	414	541	8 700

资料来源: Jewell S, Kimball S M. 2015. Mineral Commodity Summaries 2015. US Geological Survey, Reston, VA.

5. 锌矿

目前全球锌的探明储量为 2.3 亿吨，储量较多的国家有澳大利亚、中国、秘鲁、墨西哥、印度，合计占世界锌储量的 70%。2013 年全球铅矿产量达到 1340 万吨，排名前 5 位的国家分别是中国、澳大利亚、秘鲁、印度、美国（表 3-17）。

表 3-17　典型国家锌矿石产量和储量　　（单位：万吨）

国家	锌矿产量				储量
	2000 年	2005 年	2010 年	2013 年	
澳大利亚	142	133	148	152	6 200
中国	171	245	370	500	4 300
秘鲁	91	120	147	135	2 900
墨西哥	39	47	51	64	1 600
印度	—	—	70	79	1 100
美国	83	75	75	78	1 000
哈萨克斯坦	—	40	50	36	1 000
加拿大	94	76	65	43	590
玻利维亚			41	41	450
爱尔兰	—		34	33	110
其他	253	244	149	179	3 750
总计	873	980	1 200	1 340	23 000

资料来源：Jewell S，Kimball S M. 2015. Mineral Commodity Summaries 2015. US Geological Survey，Reston，VA.

6. 镍矿

目前全球探明镍基础储量约 8100 万吨，资源总量 1.3 亿吨，储量较多的国家分别是澳大利亚、新喀里多尼亚、巴西、俄罗斯、古巴，合计占世界镍储量的 66%。世界镍矿产量 2000 年仅为 125 万吨，2013 年达 263 万吨，排名前 5 位的国家分别是菲律宾、印度尼西亚、俄罗斯、澳大利亚、加拿大（表 3-18）。

表 3-18　典型国家镍矿石产量和储量　　（单位：万吨）

国家	镍矿产量				储量
	2000 年	2005 年	2010 年	2013 年	
澳大利亚	17	19	17	23	1 900
新喀里多尼亚	13	11	13	16	1 200
巴西	5	3	6	14	910
俄罗斯	27	32	27	28	790

续表

国家	镍矿产量				储量
	2000 年	2005 年	2010 年	2013 年	
古巴	7	7	7	7	550
印度尼西亚	10	16	23	44	450
南非	4	4	4	5	370
菲律宾	2	3	17	45	310
中国	5	8	8	10	300
加拿大	19	20	16	22	290
马达加斯加	—	—	2	3	160
哥伦比亚	6	9	7	8	110
多米尼加	4	5	—	2	93
其他	7	13	12	38	667
总计	125	149	159	263	8 100

资料来源：Jewell S, Kimball S M. 2015. Mineral Commodity Summaries 2015. US Geological Survey, Reston, VA.

第二节　能源消费与生产

一、能源消费

（一）全球能源消费

世界能源消费总量从 1990 年的 8570 百万吨油当量增长到 2011 年的 11 200 百万吨油当量，后者是前者的 1.3 倍，年均复合增长率 1.9%（图 3-15）。世界人均消费由 1990 年的 1670 千克油当量增加到 2011 年的 1890 千克油当量，年均复合增长率达到 0.6%（图 3-16）。按照 2011 年美元不变价计算，世界单位 GDP 能耗由 1990 年的每千美元 0.186 吨油当量下降到 2011 年的每千美元 0.137 吨油当量，呈现逐年下降的态势（图 3-17）。

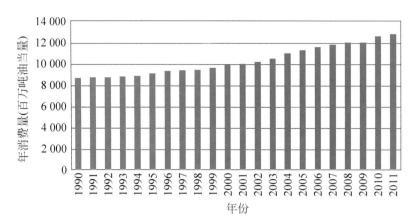

图 3-15　1990~2011 年世界能源消费总量变化

资料来源：世界银行数据库 . 2014. http：//data. worldbank. org. cn/indicator.

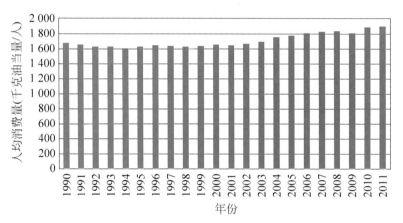

图 3-16　1990~2011 年世界能源人均消费

资料来源：世界银行数据库 . 2014. http：//data. worldbank. org. cn/indicator.

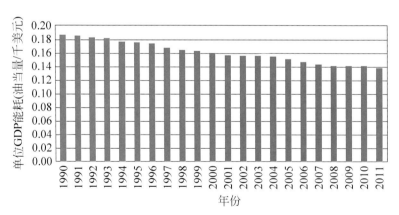

图 3-17　1990~2011 年世界单位 GDP 能耗（按 2011 年美元不变价）

资料来源：世界银行数据库 . 2014. http：//data. worldbank. org. cn/indicator.

专栏 3-2 全球五大能源挑战

1. 目前，全球还有 13 亿人没有用上现代能源。我们能否让他们共享能源便利？无论是建造基础设施还是弥合能源鸿沟，投资者手中都具有足够资金，但他们行动的前提是对国家治理有信心。

2. 我们能否更高效地利用能源，大幅降低单位产值能耗？能源利用效率的提升取决于两点，一是现有节能技术在全球推广的情况；二是推动转型，通过低能耗行业促进经济增长。

3. 全球大多数能源仍然来自于碳的燃烧，我们能否大幅度降低对碳的依赖？要让能源的价格反映污染成本和对气候变化的影响。只有借助经济刺激因素，才可能激发必要的创新。

4. 我们能否通过建立区域性电网优化资源？若能建立区域性电网，仍然存在很大的资源优化空间。只有投资者对区域地缘政治稳定和国家治理有信心，区域性电网才可能成为现实。

5. 我们能否保持足够低的能源成本，维持经济增长？美国对页岩气的开发是资源开发的成功实例，新技术、现有的天然气基础设施和运作有效的天然气市场框架在其中都发挥了有效作用。

资料来源：①世界经济论坛. 2014. 全球不可避免的五大能源挑战. https：//agenda. weforum. org/china/2014/12/10/ ；②World Economic Forum. 2015. Global Energy Architecture Performance Index Report 2015. http：//www3. weforum. org/docs/WEF_ GlobalEnergyArchitecture_ 2015. pdf.

(二) 典型国家能源消费

典型国家的能源消费总量情况如表 3-19 所示。从中可见，发达国家和新兴经济体国家的能源需求旺盛，世界能源消费的重心逐渐向新兴经济体国家转移。2011 年一次能源消费最多的国家是中国和美国，共占世界总量的 38.7%；其次是印度、俄罗斯和日本，共占世界总量的 15.3%（图 3-18）。人均能源消费量美国占据首位，2011 年达到 7030 千克油当量；其次是挪威、澳大利亚、俄罗斯、德国、日本、南非等国家（图 3-19）。单位 GDP 能耗莫桑比克达到每千美元 0.45 吨油当量，其次是埃塞俄比亚为每千美元 0.33 吨油当量，随后是南非、俄罗斯、中国、美国等（图 3-20）。

表 3-19　1990～2011 年典型国家能源消费总量

（单位：百万吨油当量）

年份	发达国家					新兴经济体国家						发展中国家					最不发达国家			
	美国	德国	挪威	澳大利亚	日本	巴西	俄罗斯	中国	印度	南非	印度尼西亚	不丹	埃及	尼日利亚	委内瑞拉	阿富汗	孟加拉	苏丹	莫桑比克	埃塞俄比亚
1990	1 910	351	21	86.2	439	140	879	871	317	91	98.6	0.056	32.3	70.6	43.6	—	12.7	10.6	5.92	19.8
1991	1 930	344	21.7	85.2	444	143	871	848	329	95	103	—	32.4	73.8	45.4	—	12.6	10.6	5.89	20.4
1992	1 970	338	22	86.7	455	144	796	877	343	88.6	108	—	33.2	76.7	50.5	—	13.3	10.6	5.97	19.6
1993	2 000	335	23.5	91.2	458	148	751	929	350	94.9	118	—	34.5	77.9	47.3	—	14	10.3	6.09	20.4
1994	2 040	333	23	91.3	483	156	657	973	364	98.2	119	—	33.2	76.2	54.4	—	14.6	11.9	6.15	21.2
1995	2 070	337	23.4	92.6	496	161	637	1040	384	104	131	—	35.3	77.5	51.6	—	15.9	12	6.28	21.9
1996	2 110	348	22.7	98.9	507	170	630	1070	397	106	136	—	37.4	80.8	55.3	—	16	12.3	6.4	22.6
1997	2 130	345	24.1	101	512	178	602	1070	412	108	140	—	39	84.3	55.2	—	16.7	12.5	6.59	23.2
1998	2 150	343	25.1	104	503	183	588	1080	422	107	137	—	41.7	84.4	58	—	17.4	12.7	6.66	23.9
1999	2 210	335	26.3	106	512	187	609	1100	448	109	144	—	42.6	87.5	54.8	—	17.6	14.1	6.79	24.5
2000	2 270	337	26.1	108	519	187	619	1160	457	109	155	—	40.7	90.6	56.4	—	18.6	13.3	7.17	25.2
2001	2 230	347	26.8	106	511	191	626	1190	465	112	159	—	45.7	94.6	57.9	—	20.2	14	7.55	26.2
2002	2 260	339	24.9	109	510	196	623	1250	478	110	165	—	47.2	97.4	57.5	—	20.8	15.2	7.65	26.9
2003	2 260	338	27	111	506	199	645	1430	490	117	165	—	49	99	52.9	—	21.7	14.7	8.06	27.6
2004	2 310	341	26.4	113	522	210	647	1640	519	129	176	0.18	53.5	102	56.4	—	22.6	14.8	8.37	28.4
2005	2 320	335	26.8	114	521	215	652	1780	539	128	179	0.204	62.7	107	66.6	—	23.9	14.8	8.49	28.9
2006	2 300	340	27.1	115	520	223	671	1940	567	127	184	0.211	66.3	107	63.7	—	25.3	15.9	8.74	29.7
2007	2 340	331	27.5	119	515	235	673	2040	605	137	183	0.244	71.2	108	62.9	—	26.6	15.3	9.14	30.5
2008	2 280	335	29.8	123	495	249	688	2120	633	147	187	—	72.1	111	69.6	—	27.9	15.5	9.26	31.5
2009	2 160	313	29.8	122	472	240	647	2290	698	143	200	—	71.5	109	69.6	—	29.1	16.3	9.55	32.4
2010	2 220	330	32.3	123	499	266	702	2520	724	142	211	—	73.6	115	75.5	—	30.8	16.6	9.88	33.3
2011	2 190	312	28.1	123	461	270	731	2730	749	141	209	—	77.6	118	70.2	—	31.3	16.6	10.2	34.1

资料来源：世界银行数据库．2014．http://data.worldbank.org.cn/indicator.

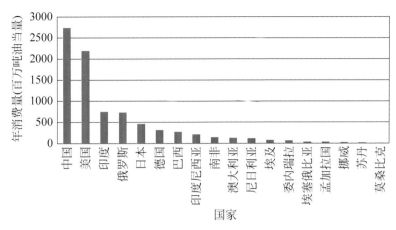

图 3-18　2011 年典型国家能源消费总量

资料来源：世界银行数据库. 2014. http：//data. worldbank. org. cn/indicator.

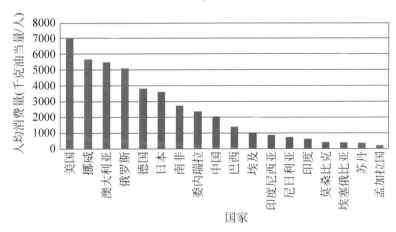

图 3-19　2011 年典型国家人均能源消费量

资料来源：世界银行数据库. 2014. http：//data. worldbank. org. cn/indicator.

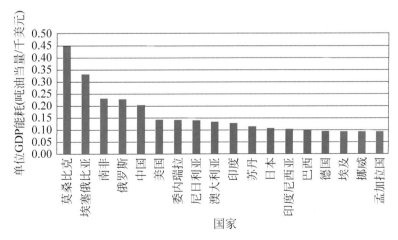

图 3-20　2011 年典型国家单位 GDP 能耗

资料来源：世界银行数据库. 2014. http：//data. worldbank. org. cn/indicator.

二、传统能源生产与储量动态

传统能源主要指石油、天然气和煤炭等，是现代社会的主导能源，是不可再生资源，其消耗又严重影响环境尤其是全球气候，故其产量与储量动态一直是世界各国共同关注的焦点问题。

（一）全球传统能源生产与储量动态

石油在全球能源供应结构中所占比例逐渐下降，但是产量仍然在不断增加。1990~2013 年，世界石油产量由日均 6500 万桶增长到 8600 万桶，年均增长率为 1.2%（图 3-21）。同时，随着新的油田的不断发现，全球石油探明储量至今仍然在大幅增加，由 1990 年的 1 万亿桶增加到 2013 年的近 1.7 万亿桶（图 3-22）。

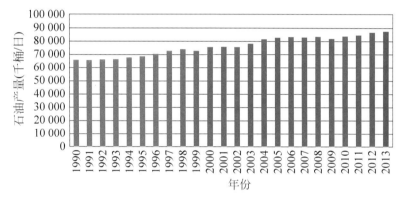

图 3-21　1990~2013 年世界石油产量动态

资料来源：Petroleum British. 2014. Statistical Review of World Energy June 2014. BP Statistical Review.

天然气是化石能源中的低碳能源，在全球能源格局中的地位不断提升。世界天然气的产量由 1990 年的 2 万亿立方米增长到 2013 年的 3.4 万亿立方米，年均增长率为 2.3%，为同期石油产量增速的近 2 倍（图 3-23）。世界天然气储量比较丰富，伴随着勘探技术的突破以及非常规天然气采集和利用能力的提升，世界天然气储量由 1990 年的 109 万亿立方米增加到 2013 年的 186 万亿立方米（图 3-24）。

煤炭仍然是产量增长最快的化石燃料之一，其作为主要能源的地位短期难以改变。在过去的 20 多年，世界煤炭产量由 1990 年的 47.4 亿吨上升到 79 亿吨，年均复合增长率为 2.2%（图 3-25）；世界煤炭可采储量的估计由 2001 年的 9800 亿吨下降到 2013 年的 8900 亿吨（图 3-26）。

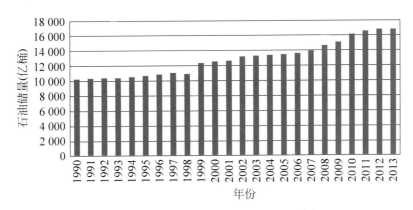

图 3-22　1990～2013 年世界石油储量动态

资料来源：Petroleum British. 2014. Statistical Review of World Energy June 2014. BP Statistical Review.

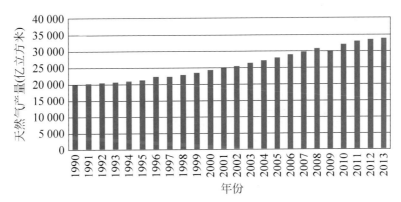

图 3-23　1990～2013 年世界天然气产量动态

资料来源：Petroleum British. 2014. Statistical Review of World Energy June 2014. BP Statistical Review.

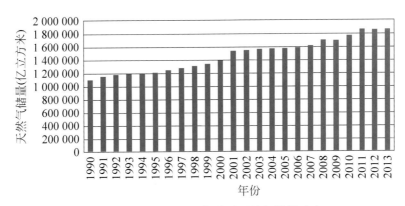

图 3-24　1990～2013 年世界天然气储量动态

资料来源：Petroleum British. 2014. Statistical Review of World Energy June 2014. BP Statistical Review.

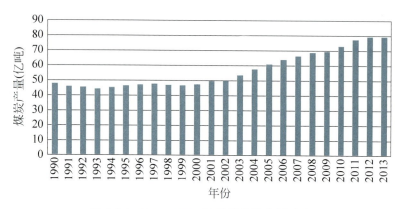

图 3-25　1990~2013 年世界煤炭产量动态

资料来源：Petroleum British. 2014. Statistical Review of World Energy June 2014. BP Statistical Review.

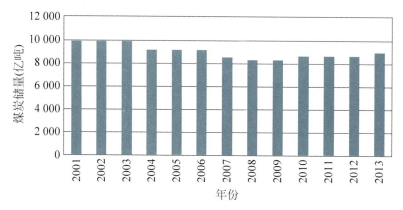

图 3-26　2001~2013 年世界煤炭储量动态

资料来源：Petroleum British. 2014. Statistical Review of World Energy June 2014. BP Statistical Review.

专栏 3-3　化石能源的潜力：页岩气与可燃冰

页岩气是页岩层中的天然气，储藏量巨大。美国和中国已探明的页岩气储量位列全球前两位，如能开发利用可供应 200 年以上。由于页岩气勘探开发相关技术的突破，美国页岩气产量快速增长，由 2000 年的 117.96 亿立方米上升至 2012 年的 2762.95 亿立方米，复合增长率达到 30%。随着商业性开采技术的成熟，这一能源逐渐得到其他国家的重视，也开始了页岩气的研究和试探性开发，部分企业已着手商业性勘探开发。

可燃冰，即天然气水合物，是在 0 摄氏度和 30 个大气压的作用下结晶而呈"冰块"状的天然气。约 27% 面积的陆地和 90% 面积的海洋具备可燃冰形成的条件，估计全球冻土和海洋中可燃冰的储量在 3114 万亿立方米到 763 亿亿立方米，全部可燃冰所含有机碳的总资源量相当于全球已知煤、石油和天然气储量的 2 倍、剩余天然气储量的 128 倍，可成为世界已知储量最大的替代能源。

资料来源：①EIA/ARI. 2013. World Shale Gas and Shale Oil Resource Assessment. http：//www. adv-res. com/pdf/A_ EIA_ ARI_ 2013% 20World% 20Shale% 20Gas% 20and% 20Shale% 20Oil% 20Resource% 20Assessment. pdf.；② USGS. U. S. 2015. Geological Survey Gas Hydrates Project. http：// woodshole. er. usgs. gov/project-pages/hydrates/.

（二）典型国家传统能源生产与储量动态

以 2011 年为例，俄罗斯与美国的石油产量最多，分别达到日均 1040 万桶和 1010 万桶，中国的石油产量日均 435 万桶。石油储量方面，委内瑞拉最丰富，达到 2100 亿桶，随后是俄罗斯、尼日利亚、美国、中国和巴西，分别达到 600 亿桶、372 亿桶、252 亿桶、204 亿桶、129 亿桶（图 3-27 和图 3-28）。

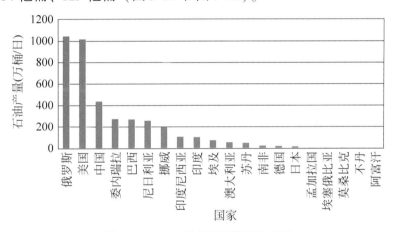

图 3-27　2011 年典型国家石油产量

资料来源：EIA 2014. International Energy Statistics. http：//www. eia. gov/cfapps/ipdbproject/IEDIndex3. cfm.

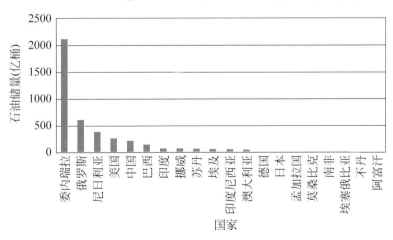

图 3-28　2011 年典型国家石油储量

资料来源：EIA. 2014. International Energy Statistics. http：//www. eia. gov/cfapps/ipdbproject/IEDIndex3. cfm.

2011 年美国、俄罗斯的产量最大，分别达到 8065 亿立方米和 6887 亿立方米，合计占当年世界总产量的 45.5%。世界天然气资源最为丰富的国家是俄罗斯，储量达 47.6 万亿立方米（图 3-29 和图 3-30）。

煤炭产量最大的是中国，2011 年为 35.2 亿吨，约占世界煤炭产量的 40.9%。煤炭储量最大的是美国，为 2346 亿吨，约占世界煤炭储量的 26%（图 3-31 和图 3-32）。

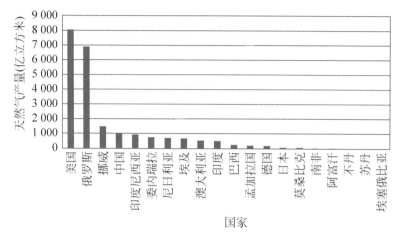

图 3-29　2011 年典型国家天然气产量

资料来源：EIA. 2014. International Energy Statistics. http：//www. eia. gov/cfapps/ipdbproject/IEDIndex3. cfm.

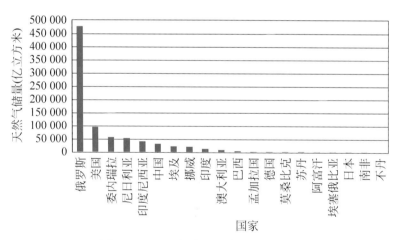

图 3-30　2011 年典型国家天然气储量

资料来源：EIA. 2014. International Energy Statistics. http：//www. eia. gov/cfapps/ipdbproject/IEDIndex3. cfm.

三、新能源发展

新能源又称非常规能源或非传统能源，通常指太阳能、风能、生物能、水能、核能等。新能源大多具有污染少、可再生、储量大等特点，对于解决当今世界严重的环境污染问题和化石能源枯竭问题具有重要意义。自 20 世纪 70 年代出现石油危机以来，世界各国开始加大对新能源产业的投入，促使新能源在过去几十年中得到了较快发展。

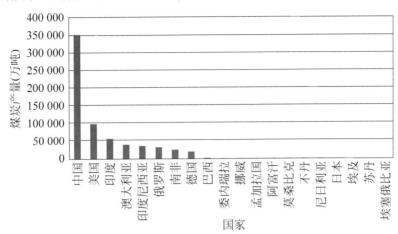

图 3-31　2011 年典型国家煤炭产量

资料来源：EIA. 2014. International Energy Statistics. http：//www. eia. gov/cfapps/ipdbproject/IEDIndex3. cfm.

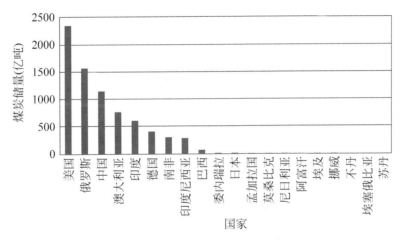

图 3-32　2011 年典型国家煤炭储量

资料来源：EIA. 2014. International Energy Statistics. http：//www. eia. gov/cfapps/ipdbproject/IEDIndex3. cfm.

（一）全球新能源发展态势

世界水力发电量由 1990 年的 2. 2 万亿千瓦时上升到 2013 年的 3. 82 万亿千瓦时，年均增长率为 2. 5%（图 3-33）。

1990 年全球核能发电量为 2 万亿千瓦时，2006 年达到最高峰为 2. 8 万亿千瓦时。日本出现核泄漏事故之后，全球核能发展放缓，2013 年全球核能发电量为 2. 5 万亿千瓦时（图 3-34）。

世界光伏发光装机容量由 1996 年的仅 309 兆瓦上升到 2013 年的 139 637 兆瓦，年均增长率高达 43%（图 3-35）。

世界风电装机容量由 1996 年的仅 6070 兆瓦上升到 2013 年的 319 907 兆瓦特，年均增长率达到26%（图3-36）。

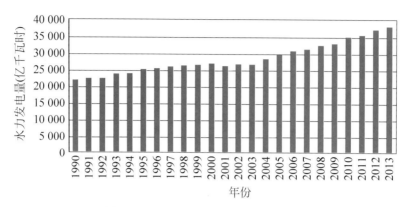

图3-33 1990～2013年世界水力发电

资料来源：Petroleum British. 2014. Statistical Review of World Energy June 2014. BP Statistical Review.

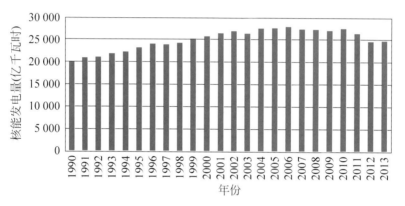

图3-34 1990～2013年世界核能发电

资料来源：Petroleum British. 2014. Statistical Review of World Energy June 2014. BP Statistical Review.

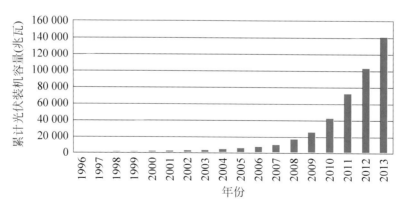

图3-35 1996～2013年世界光伏装机容量

资料来源：Petroleum British. 2014. Statistical Review of World Energy June 2014. BP Statistical Review.

世界生物燃料产量由1990年的7094千吨油当量上升到2013年的65 348千吨油当量，年均增长率达到10%（图3-37）。

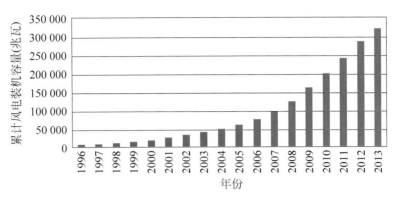

图 3-36 1996~2013 年世界风电装机容量

资料来源：Petroleum British. 2014. Statistical Review of World Energy June 2014. BP Statistical Review.

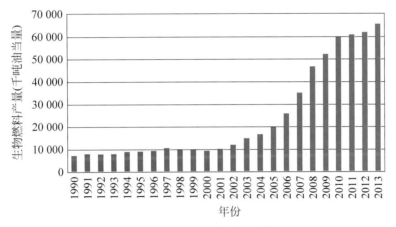

图 3-37 1990~2013 年世界生物燃料产量

资料来源：Petroleum British. 2014. Statistical Review of World Energy June 2014. BP Statistical Review.

（二）典型国家新能源发展态势

典型国家的可再生能源发电量的发展如表 3-20 所示。可以看到，全球主要发达国家都高度重视可再生能源的发展，尤其是在发电领域，新兴市场国家和发展中国家也加快对可再生能源利用的步伐，成为可再生能源发展的重要驱动力量。2012 年世界可再生能源发电总量达到 4.7 万亿千瓦时，其中中国为 1 万亿千瓦时，占该国总发电量的 20%；美国为 0.5 万亿千瓦时，占该国总发电量的 23%；巴西、俄罗斯、印度等新兴经济体国家分别达到 0.45 万亿千瓦时、0.17 万亿千瓦时、0.16 万亿千瓦时（图 3-38）。

表3-20　1990~2012 年典型国家可再生能源发电量

（单位：亿千瓦时）

国家 年份	发达国家					新兴经济体国家					发展中国家					最不发达国家				
	美国	德国	挪威	澳大利亚	日本	巴西	俄罗斯	中国	印度	南非	印度尼西亚	不丹	埃及	尼日利亚	委内瑞拉	阿富汗	孟加拉国	苏丹	莫桑比克	埃塞俄比亚
1990	215 230	—	9 960	7 310	2 112	2 520	—	5 080	6 581	—	21 590	0	3 994	9 770	14 749	172	1 620	0	0	—
1991	217 500	6 910	14 820	7 620	2 187	2 328	—	5 260	6 700	—	24 618	0	4 780	10 530	14 947	159	1 730	0	0	—
1992	221 320	6 938	15 059	8 119	2 194	2 463	—	5 333	6 575	—	25 826	0	4 790	11 548	15 000	110	2 160	0	0	—
1993	227 260	6 925	14 684	8 707	2 249	2 600	—	5 583	6 378	—	26 613	0	5 269	11 894	14 890	106	2 158	0	0	—
1994	235 810	7 334	15 895	9 377	2 162	2 740	—	5 887	6 855	689	29 421	0	5 488	11 894	15 694	106	2 348	0	0	—
1995	237 440	7 658	16 665	10 390	2 226	2 808	—	6 014	7 476	692	30 053	0	5 626	12 343	16 789	71	2 603	0	0	—
1996	241 140	8 240	20 995	10 745	2 129	3 235	—	7 118	8 105	650	31 596	0	6 314	13 007	19 261	81	2 670	0	0	—
1997	242 130	8 082	24 851	10 654	2 055	3 482	192 573	8 013	8 327	636	31 317	0	6 410	11 400	20 889	81	2 695	0	0	0
1998	241 080	7 866	26 236	11 050	1979	3 810	199 141	8 216	8 762	569	29 799	0	6 452	11 213	21 666	81	2 896	0	21	0
1999	238 230	8 835	28 884	11 302	2 012	4 202	199 530	8 893	8 673	551	30 682	0	6 939	10 842	20 154	81	3 196	0	21	0
2000	241 740	8 358	31 879	11 697	2 052	4 693	196 916	9 623	9 104	643	29 011	0	8 603	12 311	21 366	81	3 426	0	21	0
2001	245 010	8 418	33 397	11 933	1 932	4 944	195 786	10 704	9 200	802	28 075	0	10 630	13 879	22 026	18	3 637	0	21	0
2002	239 410	8 437	37 360	12 431	2 187	5 484	203 026	11 527	10 012	872	30 420	0	11 071	13 455	21 888	18	3 920	0	21	0
2003	241 190	8 170	41 767	12 826	1 848	5 576	211 572	12 113	11 255	865	31 554	0	12 155	15 539	18 540	7	4 291	0	28	0
2004	239 700	7 469	45 115	13 165	2 009	5 993	219 447	14 394	11 347	840	30 300	0	12 961	16 033	20 271	7	4 626	0	28	0
2005	234 570	7 381	46 192	12 717	1 907	6 251	222 255	17 629	11 901	830	29 841	0	16 598	19 211	20 412	7	4 944	0	71	0
2006	235 350	7 670	45 733	13 301	1 789	6 254	227 711	20 666	11 195	1 024	29 548	0	17 763	21 825	18 717	7	5 410	0	583	0
2007	246 640	7 574	48 276	14 038	1 892	6 410	227 464	24 463	11 407	540	28 040	0	18 717	24 155	25 293	14	5 746	0	932	0
2008	256 360	6 727	49 882	14 445	1 849	7 625	227 570	26 854	11 696	480	28 833	0	23 121	25 652	25 419	18	6 321	0	1 038	0
2009	26 0570	6 631	51 136	14 995	1 761	7 462	205 890	29 750	14 726	374	30 586	0	24 434	18 360	25 487	11	6 922	0	946	0
2010	268 360	5 628	52 531	17 163	1 711	8 098	229 900	33 341	18 833	343	34 058	0	23 689	23 915	25 100	49	7 031	0	1 102	0
2011	284 790	5 615	51 955	18 183	1 735	8 500	243 179	36 287	17 152	452	32 550	0	23 633	23 989	25 877	49	7 102	0	1 349	0
2012	295 420	4 343	56 726	19 017	1 686	9 108	23 0527	38 106	15 037	419	30 870	0	23 109	25 456	26 828	49	7 720	—	1 538	0

资料来源：EIA. 2014. International Energy Statistics. http://www. eia. gov/cfapps/ipdbproject/IEDIndex3. cfm.

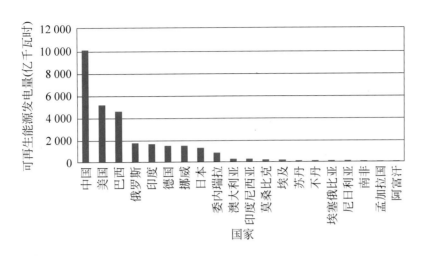

图 3-38　2012 年典型国家可再生能源发电量

资料来源：EIA. 2014. International Energy Statistics. http：//www. eia. gov/cfapps/ipdbproject/IEDIndex3. cfm.

第三节　环境变化及其应对

一、温室气体排放与气候变暖

全球气候变暖是目前国际社会最关注，同时也最严峻的环境变化。1880～2012年，全球地表平均温度大约上升了 0.85 摄氏度（IPCC，2013）。气候变暖引发的一系列严重恶果已经逐步显现，并将长期存在。国际社会越来越意识到应对气候变化的紧迫性，全世界也在积极寻找应对气候变化的方法。

（一）全球温室气体排放与气候变暖

2013 年，全球大气中二氧化碳、甲烷和氧化亚氮的浓度分别为工业革命前（1750年前）的 1.42 倍、2.53 倍和 1.21 倍；2005～2013 年，全球大气中二氧化碳、甲烷和氧化亚氮浓度持续增加，且其平均增速分别约为 0.54%，0.29 % 和 0.22%（表 3-21）。

1990～2010 年，全球二氧化碳排放量年均增速约为 2.11%，人均排放量年均增速约为 0.76%；全球甲烷排放量年均增速约为 1.21%，但人均排放量年均增速约为 −0.05%（表 3-22）。温室气体总排放量的不断增加也解释了大气中温室气体浓度的逐步增加，与气候变暖趋势一致。

表 3-21　全球主要温室气体在大气中的浓度

年份 类别	2005	2006	2007	2008	2009	2010	2011	2012	2013	2013 年与 1750 年 浓度比	2005~2013 平均增速 （%）
二氧化碳（ppm）	379.2	381.2	383.1	385.2	386.8	389.0	390.9	393.1	396	1.42	0.54
甲烷（ppb）	1782	1782	1790	1797	1803	1808.0	1813	1819	1824	2.53	0.29
氧化亚氮（ppb）	319.3	320.1	320.9	321.8	322.5	323.2	324.2	325.1	325	1.21	0.22

资料来源：世界气象组织.2007. 温室气体公报.http：//news. qq. com/a/20071124/000497. html；世界气象组织.2008. 温室气体公报.http：//www. docin. com/p-211283021. html；世界气象组织.2009. 温室气体公报.http：//www. wmo. int/pages/prog/arep/gaw/ghg/documents/GHG- bulletin2009 _ zh. pdf；世界气象组织.2010. 温室气体公报.http：//www. docin. com/p-289933850. html；世界气象组织.2011. 温室气体公报.http：//www. wmo. int/pages/prog/arep/gaw/ghg/documents /GHG bulletin_ 7_ zh. pdf；世界气象组织.2012. 温室气体公报.http：//www. docin. com/p-692872158. html；世界气象组织.2013. 温室气体公报.http：//www. chinadaily. com. cn/micro-reading/dzh/2013-11-07/content_ 10522555. html；世界气象组织.2014. 温室气体公报.http：//www. jkwshk. tv/news/view/id/4815.

表 3-22　全球主要温室气体的总排放量和人均排放量

年份 类别	1990	1995	2000	2005	2010	年均增 速（%）
二氧化碳(千吨)	22 222 874	23 202 117	24 807 255	29 677 031	33 615 389	2.11
人均二氧化碳(吨)	4.21	4.07	4.07	4.57	4.88	0.76
甲烷(千吨二氧化碳当量)	6 426 562	—	6 292 291	7 019 386	7 515 150	1.21
人均甲烷(吨二氧化碳当量)	1.22	—	1.03	1.08	1.09	-0.05

资料来源：世界银行数据库.2014. http：//data. worldbank. org. cn/indicator.

（二）典型国家的温室气体排放

2010 年二氧化碳排放量前 10 位的国家分别为：中国、美国、印度、俄罗斯、日本、德国、伊朗、韩国、加拿大、英国，合计超过全球二氧化碳总排放量60%；其中，中国、美国、印度和俄罗斯二氧化碳的排放量合计超过了全球排放量的50%。中国、印度、俄罗斯、南非、巴西5个新兴经济体国家由于人口基数大，经济发展迅速，能源结构尚处低端，全部进入二氧化碳排放前15位，其排放量合计约占全球总排放量38%（表3-23）。

表 3-23　典型国家二氧化碳总排放量

（单位：千吨）

国家 年份	发达国家					新兴经济体国家					发展中国家					最不发达国家				
	美国	德国	挪威	澳大利亚	日本	巴西	俄罗斯	中国	印度	南非	印度尼西亚	不丹	埃及	尼日利亚	委内瑞拉	阿富汗	孟加拉国	苏丹	莫桑比克	埃塞俄比亚
1990	4 768 138	—	31 364	287 331	1 094 834	208 887	—	2 460 744	690 577	333 514	149 566	128	75 944	45 375	122 162	2 677	15 533	5 559	1 001	3 018
1995	5 156 169	864 110	34 906	307 434	1 183 946	258 347	1 662 526	3 320 285	920 047	353 458	224 941	249	95 723	34 917	133 237	1 269	22 816	4 602	1 111	2 153
2000	5 713 560	829 978	38 808	329 605	1 219 589	327 984	1 558 112	3 405 180	1 186 663	368 611	263 419	400	141 326	79 182	152 415	781	27 869	5 534	1 349	5 831
2005	5 826 394	806 703	42 438	362 685	1 238 181	347 309	1 615 688	5 790 017	1 411 128	396 117	341 992	396	167 208	104 697	181 630	1 016	37 554	10 708	1 822	5 053
2010	5 433 057	745 384	57 187	373 081	1 170 715	419 754	1 740 776	8 286 892	2 008 823	460 124	433 989	477	204 776	78 910	201 747	8 236	56 153	14 173	2 882	6 494

资料来源：世界银行数据库．2014. http://data. worldbank. org. cn/indicator.

表 3-24　典型国家二氧化碳人均排放量

（单位：吨）

国家 年份	发达国家					新兴经济体国家					发展中国家					最不发达国家				
	美国	德国	挪威	澳大利亚	日本	巴西	俄罗斯	中国	印度	南非	印度尼西亚	不丹	埃及	尼日利亚	委内瑞拉	阿富汗	孟加拉国	苏丹	莫桑比克	埃塞俄比亚
1990	19.10	0.00	7.39	16.84	8.86	1.40	0.00	2.17	0.79	9.47	0.84	0.24	1.35	0.47	6.19	0.23	0.14	0.22	0.07	0.06
1995	19.36	10.58	8.01	17.01	9.44	1.60	11.22	2.76	0.96	9.04	1.16	0.49	1.56	0.32	6.03	0.07	0.19	0.15	0.07	0.04
2000	20.25	10.10	8.64	17.21	9.61	1.88	10.63	2.70	1.14	8.38	1.26	0.71	2.14	0.64	6.24	0.04	0.21	0.16	0.07	0.09
2005	19.72	9.78	9.18	17.78	9.69	1.87	11.29	4.44	1.25	8.31	1.52	0.61	2.33	0.75	6.80	0.04	0.26	0.27	0.09	0.07
2010	17.56	9.11	11.70	16.93	9.19	2.15	12.23	6.19	1.67	9.04	1.80	0.66	2.62	0.49	6.95	0.29	0.37	0.31	0.12	0.07

资料来源：世界银行数据库．2014. http://data. worldbank. org. cn/indicator.

新兴经济体国家二氧化碳的排放量虽大，但人均排放量仍低于发达国家，尤以印度最为明显。发达国家人均排放量最大，总排放量近年来较新兴经济体国家略低，但数量依然相当庞大，尤其是美国，其总量位居世界第二，人均量位居世界第一。发展中国家排放量与人均排放量逐年增加，但低于发达国家和新兴经济体国家，最不发达国家排放量与人均排放量都最低，且人均排放量远低于世界平均水平（表3-24）。

图3-39说明，人均GDP越大，相应人均二氧化碳排放量也越多，一般发达国家高于新兴经济体国家，新兴经济体国家高于发展中国家，发展中国家高于最不发达国家。

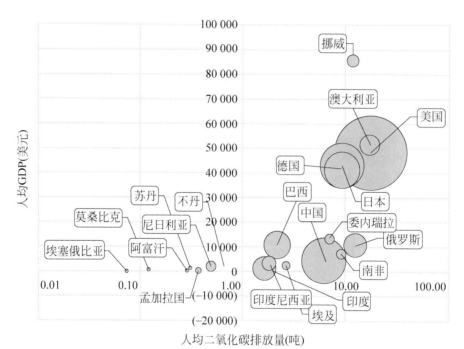

图 3-39　2010 年人均 GDP、人均二氧化碳排放、GDP 总量

注：圆的面积代表 GDP 总量，标注指向圆心

资料来源：世界银行数据库 . 2014. http：//data. worldbank. org. cn/indicator.

二、共同应对气候变化

（一）全球温室气体减排目标

1992 年通过的《联合国气候变化框架公约》（以下简称《公约》），其最终目标是"将大气中温室气体的浓度稳定在防止气候系统受到危险的人为干扰的水平上"，同时明确规定发达国家与发展中国家之间负有"共同但有区别的责任"。全球共有 192 个国家（地区）参加了《公约》，称为缔约方。《京都议定书》于 1997 年获得通过，并于 2005 年正式生效，对全球应对气候变化行动做出了强制性量化安排，它规定 39 个工业发达国家，2008～2012年，温室气体排放量要在1990年的基础上平均减少5.2%，其中欧盟将6种温室气体的排放削减8%，美国削减7%，日本削减6%。此为议定书的第一承诺期，于2012年12月截止。2012年，《公约》缔约方第18次会议通过了《京都议定书》第二承诺期修正案，为相关发达国家设定了2013年至2020年的温室气体量化减排指标，第二承诺期将于2020年到期。

政府间气候变化专门委员会报告提出将全球平均温度上升限制在2摄氏度的全球控温目标，这意味着与2010年相比，到2050年要将全球温室气体排放减少40%～70%。同时，建议发达国家到2020年应该在1990年的基础上减排25%～40%。如果将工业化以来全球温室气体的累计排放控制在1万亿吨碳（约合3.7万亿吨二氧化碳），人类有三分之二的可能性能够把全球升温幅度控制在2摄氏度（与1861～1880年相比）以内；如果把累计排放控制在1.2万亿吨碳（约合4.4万亿吨二氧化碳），有一半的可能性能够实现温控目标；如果把累计排放限额放宽到1.6亿万吨碳（约合5.7万亿吨二氧化碳），则只有三分之一的可能性能够实现温控目标。到2011年，人类已经累计排放0.5万亿吨碳（约合2万亿吨二氧化碳），未来留给人类的碳排放空间极其有限（IPCC，2014）。因此，要实现在本世纪末将升温控制在2摄氏度以下的目标，只有通过重大体制和技术变革，并及早实施全球长期减排路径，需要全世界共同的减排努力。

（二）典型国家温室气体减排承诺与履行

各国面对减排的态度以及减排承诺的履行不容乐观。至今应对气候变化的谈判历程，存在发达国家政治意愿不足和各国互信缺乏等根深蒂固的矛盾，主要的分歧是减排责任的分配和发达国家对发展中国家的资金支持。

中国于1998年签署了《京都议定书》，俄罗斯于2004年年底宣布加入。作为全球温室气体排放大国，美国从气候谈判伊始，就一直坚持"不承诺减排义务"，要求"发展中国家同样减排"。2000年11月，在《公约》第6次缔约方大会期间，美国坚持要大幅度降低它的减排指标，并于2001年3月，宣布退出《京都议定书》。2011年12月，加拿大又宣布退出《京都议定书》。

2001年7月，日本在波恩会议上重申拒绝《京都议定书》第二承诺期的立场，欧盟称加入的前提是美国、中国在内的排放国也要加入其中。目前，欧盟、澳大利亚等宣布加入《京都议定书》第二承诺期，日本、加拿大、俄罗斯宣布不加入第二承诺期。

2009年，中国公布到2020年我国单位GDP二氧化碳排放比2005年下降40%～45%；同年，巴西自愿承诺到2020年比2009年水平减排36.1%～38.9%。印度也公布了将于2020年实现在2005年温室气体排放量的基础上减少20%～25%的目标，但拒绝签署任何具有法律约束力的协议。

2014 年 10 月，欧盟提出计划到 2030 年将温室气体排放量在 1990 年的基础上减少40%。2014 年 11 月，美国在《中美气候变化联合声明》中计划于 2025 年实现在 2005 年基础上减排 26%～28%。2014 年 12 月，中国表示 2016～2020 年将把每年的二氧化碳排放量控制在 100 亿吨以下。2015 年 3 月，俄罗斯提出计划在 1990～2030 年温室气体排放量减少 25%～30%。

《公约》要求发达国家在 20 世纪末将其温室气体排放恢复到 1990 年的水平。但事实表明，多数发达国家的排放量仍在增长。除德国和俄罗斯数据缺失外，无论发展水平如何，2010 年较 1990 年，二氧化碳排放量非但没有下降，反而增加。不丹、中国、印度、印度尼西亚、阿富汗、孟加拉国、莫桑比克、埃及排放量增加了 2 倍左右，苏丹、埃塞俄比亚、巴西增加了 1 倍左右；2010 年较 1995 年，德国和日本分别减排了14% 和 10%，2010 年较 2000 年，美国、德国、日本分别减排了 5%、10%、4%；2010 年较 2005 年，美国、德国、日本、尼日利亚分别减排了 7%、8%、5%、25%（表 3-25）。

从整体上看，国家减排努力初见成效，如果未来各国切实履行其减排义务与承诺，将有望走上全球长期减排之路。

表 3-25　典型国家的二氧化碳减排比例　　　　　　（单位:%）

国家	减排比例	2010/1990	2010/1995	2010/2000	2010/2005
发达国家	美国	14	5	−5	−7
	德国	—	−14	−10	−8
	挪威	82	64	47	35
	澳大利亚	30	21	13	3
	日本	7	−1	−4	−5
新兴经济体国家	巴西	101	62	28	21
	俄罗斯	—	5	12	8
	中国	237	150	143	43
	印度	191	118	69	42
	南非	38	30	25	16
发展中国家	印度尼西亚	190	93	65	27
	不丹	271	91	19	20
	埃及	170	114	45	22
	尼日利亚	74	126	00	−25
	委内瑞拉	65	51	32	11

续表

国家 \ 减排比例	2010/1990	2010/1995	2010/2000	2010/2005
最不发达国家　阿富汗	208	549	954	711
孟加拉国	261	146	101	50
苏丹	155	208	156	32
莫桑比克	188	159	114	58
埃塞俄比亚	115	202	11	29
世界	51	45	36	13

注：2010/1990 表示 2010 年较 1990 年二氧化碳的减排比例，其余同。

资料来源：世界银行数据库 . 2014. http：//data. worldbank. org. cn/indicator.

专栏3-4　中美气候变化联合声明

2014 年 11 月 12 日，中美两国在北京共同发表《中美气候变化联合声明》。美国计划于 2025 年实现在 2005 年基础上减排 26% ~ 28% 的全经济范围减排目标，并将努力减排 28%。中国计划 2030 年左右二氧化碳排放达到峰值且将努力早日达峰，并计划到 2030 年非化石能源占一次能源消费比重提高到 20% 左右。双方均计划继续努力并随时间而提高力度。

中美两国希望，现在宣布上述目标能够为全球气候谈判注入动力，并带动其他国家也一道尽快并最好是 2015 年第一季度提出有力度的行动目标。

经济证据日益表明，现在采取应对气候变化的智慧行动可以推动创新、提高经济增长并带来诸如可持续发展、增强能源安全、改善公共健康和提高生活质量等广泛效益。应对气候变化同时也将增强国家安全和国际安全。

资料来源：新华网 . 2014 - 11 - 13. 中美气候变化联合声明（全文）. http：//news. xinhuanet. com/energy/2014-11/13/c_ 127204771. htm.

三、主要污染物排放与环境污染

硫、氮、可吸入颗粒物（PM_{10} 和 $PM_{2.5}$）、臭氧是四大损害空气质量的污染物。空气质量与气候变化、平流层臭氧损耗密切相关，严重危害人类健康。

（一） 主要污染物现状

颗粒性污染物，尤其是细颗粒物 $PM_{2.5}$，是损害人类健康的最重要的空气污染物（WHO，2011）。最近的一项研究估计，2010 年，空气污染给中国和印度分别造成了1.4 万亿和 0.5 万亿美元的社会代价，室外空气污染在 OECD 国家造成的人口死亡及疾病问题的经济影响为 1.7 万亿美元。

图 3-40 ~ 图 3-43 是 1990 ~ 2009 年，不同类型典型国家可吸入颗粒物 PM_{10} 的年均浓度。世界 PM_{10} 浓度虽然逐年下降，但仍高达世界卫生组织认定的安全值的 2 倍。发达国家年均浓度均低于世界年均浓度，并且呈现逐年下降趋势，挪威、澳大利亚和美国的 PM_{10} 浓度分别于 1994 年、1995 年和 2008 年达到安全水平。

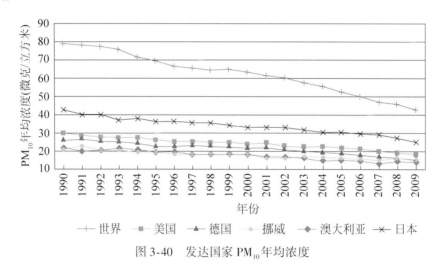

图 3-40　发达国家 PM_{10} 年均浓度

资料来源：新浪财经全球宏观经济数据库.2012. http：//finance. sina. com. cn/worldmac/.

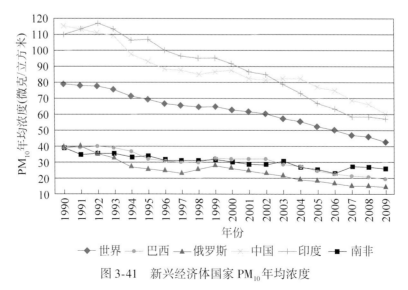

图 3-41　新兴经济体国家 PM_{10} 年均浓度

资料来源：新浪财经全球宏观经济数据库.2012. http：//finance. sina. com. cn/worldmac/.

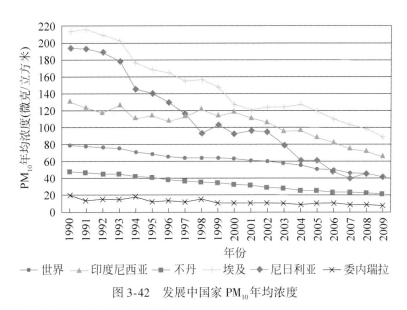

图 3-42　发展中国家 PM_{10} 年均浓度

资料来源：新浪财经全球宏观经济数据库. 2012. http：//finance. sina. com. cn/worldmac/.

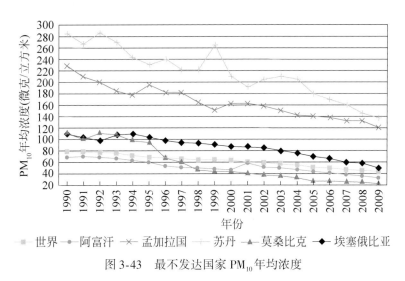

图 3-43　最不发达国家 PM_{10} 年均浓度

资料来源：新浪财经全球宏观经济数据库. 2012. http：//finance. sina. com. cn/worldmac/.

新兴经济体国家 PM_{10} 浓度整体呈现下降趋势，但仍高于发达国家，尤其是中国和印度年均浓度均高于世界年均浓度，俄罗斯、巴西分别于 2005 年、2009 年达到安全水平。

发展中国家 PM_{10} 浓度整体呈现下降趋势，除委内瑞拉于 1991 年达到安全水平外，整体浓度较高，尤其埃及、印度尼西亚、尼日利亚（除 2006 ~ 2009 年）远远高于世界年均浓度。

最不发达国家 PM_{10} 浓度虽然也整体呈现下降趋势，但是污染程度最严重，除阿富汗低于世界年均浓度，以及莫桑比克于 1997 年开始低于世界年均浓度，其他国家均高于世界平均浓度。直至 2009 年，苏丹和孟加拉国年均浓度仍高达世界年均浓度的 3 倍左右，最不发达国家尚未达到安全水平。

表 3-26 是 2009~2013 年一些国家户外 $PM_{2.5}$ 的年均暴露水平，除查询不到数据的国家外，只有挪威、澳大利亚、日本 3 个发达国家处于安全水平。新兴经济体国家中，中国和印度分别高达安全值的 4 倍和 5 倍。发展中国家的情况同样不容乐观，欠发达国家污染更为严重。

2013 年，印度首都新德里成为全球污染最严重的城市，空气中 $PM_{2.5}$ 年均浓度为每立方米 153 微克，远远超出了 WHO 规定的安全标准。其他印度城市的空气污染也十分严重，在污染排名前 20 位的城市中，印度占了 13 个。

表 3-26　典型国家年均 $PM_{2.5}$ 浓度　（单位：微克/立方米）

国家	浓度	年份
美国	11.82	2012
德国	17.16	2011
挪威	8.32	2011
澳大利亚	5.76	2010~2011
日本	9.64	2010
巴西	22.25	2011
俄罗斯	21.81	2009
中国	41.27	2010
印度	58.76	2009~2012
南非	26.921	2011~2012
印度尼西亚	21.04	2011
不丹	10.08	2011
埃及	74	2011
尼日利亚	—	—
委内瑞拉	25.52	2011
阿富汗	84.11	2009
孟加拉国	79.44	2013
苏丹	—	—
莫桑比克		
埃塞俄比亚	—	—

资料来源：WHO. 2014. http://www. who. int/phe/health_ topics/outdoorair/databases/cities/en/.

（二）主要污染物排放的时间变化

根据世界银行数据库的数据计算，2010年与1990年相比较，世界一氧化氮排放量增加了6.6%，20个国家中，不考虑没有数据的，除了5个发达国家、俄罗斯和莫桑比克外，其余国家排放量都有不同程度的增加，其中苏丹和埃及的增幅高达一倍，尼日利亚约增加了86%，中国和孟加拉国的增幅也达70%左右（表3-27）。

表3-27 一氧化氮排放量 （单位：千吨二氧化碳当量）

年份 国家		1990	2000	2005	2008	2010
发达国家	美国	311 889	326 741	320 596	302 596	304 082
	德国	73 188	52 459	51 514	49 966	42 432
	挪威	4 926	4 766	4 985	4 103	3 299
	澳大利亚	63 067	75 584	63 038	58 047	51 462
	日本	36 175	31 996	29 968	28 243	25 740
新兴经济体国家	巴西	155 788	167 644	238 198	190 764	207 576
	俄罗斯	150 942	93 230	78 052	63 409	63 728
	中国	318 402	392 367	463 166	505295	550 297
	印度	159 463	199 496	211 193	221 516	234 136
	南非	21 527	23 217	25 177	22 860	21 870
发展中国家	印度尼西亚	88 950	90 677	156 645	97 287	91 313
	不丹	—	—	—	—	—
	埃及	11 937	18 209	21 993	25 016	24 618
	尼日利亚	19 048	20 972	21 573	39 163	35 475
	委内瑞拉	12 018	13 224	14 949	17 243	15 836
最不发达国家	阿富汗	—	—	—	—	—
	孟加拉国	15 151	19 614	21 487	22 348	26 160
	苏丹	35 986	43 813	48 685	89 037	83 293
	莫桑比克	10 619	9 610	9 333	2 134	2 217
	埃塞俄比亚	25 279	26 661	30 267	36 844	39 072
世界		2 683 822	2 644 602	2 853 922	2 807 337	2 859 834

资料来源：世界银行数据库. 2014. http：//data. worldbank. org. cn/indicator.

OECD国家1990~2012年PM$_{10}$排放量逐渐减少，PM$_{2.5}$排放量逐渐增加，这与全球趋势一致。图3-44和图3-45中硫氧化物和氮氧化物都指人均排放，分别表现为二氧化硫和二氧化氮。1990~2012 年，除澳大利亚外，发达国家、OECD 国家和 OECD 欧洲成员国的人均硫氧化物和氮氧化物排放量整体上均呈现下降趋势，尤其是美国下降幅度比较大。

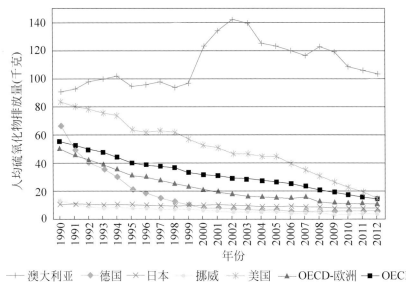

图 3-44   人均硫氧化物排放量

资料来源：经济合作与发展组织数据库 . 2015. http：//stats. oecd. org/.

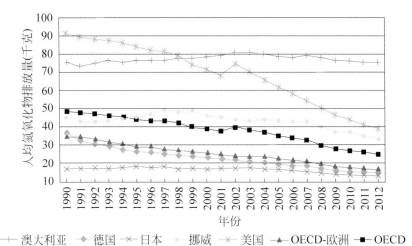

图 3-45   人均氮氧化物排放量

资料来源：经济合作与发展组织数据库 . 2015. http：//stats. oecd. org/.

第四节　生态足迹与生态系统服务

一、生 态 足 迹

生态足迹又称"生态占用"，指人类消费及此过程中所产生的废弃物吸纳所需的生物生产性土地面积（单位：全球公顷）。

（一）全球生态足迹动态

2011 年，全球生态足迹总量为 185 亿全球公顷，人均生态足迹为 2.7 全球公顷。1961 ~ 2011 年，人均生态足迹相对稳定在 2.4 ~ 2.9 全球公顷；但世界人口数量由 31 亿增加到 70 亿，生态足迹总量增加了 146%（图 3-46）。

半个多世纪以来，燃烧化石燃料产生的碳足迹一直是生态足迹的主要组分，并且呈上升趋势。1961 年，碳足迹占总生态足迹的 36%；到 2011 年，碳足迹占比为 55%。

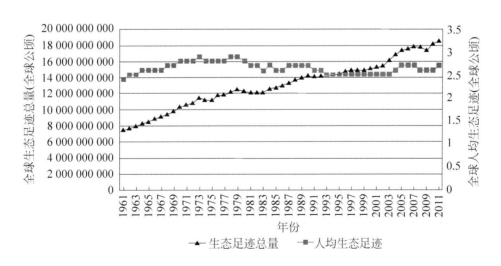

图 3-46　全球总生态足迹与人均生态足迹

资料来源：GFN. 2015. http：//footprintnetwork. org/en/index. php/GFN/page/public_ data_ package.

欧洲和北美地区的人均生态足迹高于全球平均水平；高收入国家的人均生态足迹高于全球平均水平，是低收入国家的的 5 倍（表 3-28）。

表 3-28　2011 年区域人均生态足迹

区域	人均生态足迹（全球公顷）	相较于世界人均生态足迹（%）
非洲	1.0	40
亚太地区	1.8	70
欧洲-27	4.1	150
中亚	2.5	90
北美	6.7	250
欧洲其他区域	3.9	150
低收入国家	1.0	40
中低等收入国家	1.1	40
中高等收入国家	2.6	100
高收入国家	5.1	190

注：欧洲-27 指不包括克罗地亚的欧盟成员国。

资料来源：GFN. 2015. http：//footprintnetwork. org/en/index. php/GFN/page/public_ data_ package.

（二）典型国家生态足迹

一个国家人均生态足迹的规模和组成，取决于该国人均使用的商品与服务以及提供这些商品与服务时各种资源（包括化石燃料）的使用效率（WWF，2014）。

发达国家人均生态足迹均高于全球人均水平，尤其是澳大利亚和美国，分别为全球平均水平的 3.1 倍和 2.5 倍。

新兴经济体国家的生态足迹总量相对较高，人均生态足迹除巴西和俄罗斯外，仍低于全球平均水平，尤其是中国和印度分别是全球平均水平的 93% 和 36% 左右，但是由于人口数量大，生态足迹总量分别位居全球第一和第三。

发展中国家生态足迹总量和人均量相对较低，除不丹外，人均生态足迹低于全球平均水平；最不发达国家生态足迹总量和人均量最低，人均生态足迹约为全球平均水平的 30%（表 3-29）。

表3-29 2011年典型国家人均生态足迹、人均生态承载力和生态赤字

国家	发达国家					新兴经济体国家					发展中国家					最不发达国家				
	美国	德国	挪威	澳大利亚	日本	巴西	俄罗斯	中国	印度	南非	印度尼西亚	不丹	埃及	尼日利亚	委内瑞拉	阿富汗	孟加拉	苏丹	莫桑比克	埃塞俄比亚
生态足迹总量（亿全球公顷）	21.29	3.62	0.24	1.89	4.84	5.61	6.40	34.84	11.11	1.28	3.24	0.03	1.38	1.69	0.77	0.19	0.99	—	0.21	0.84
人均生态足迹（全球公顷）	6.8	4.4	4.8	8.3	3.8	2.9	4.5	2.5	0.9	2.5	1.3	4.1	1.7	1.0	2.6	0.6	0.7	—	0.9	0.9
生态承载力总量（亿全球公顷）	11.49	1.71	0.41	3.65	0.88	18.18	9.61	13.01	5.50	0.58	2.95	0.05	0.43	1.00	0.81	0.12	0.57	—	0.51	0.48
人均生态承载力（全球公顷）	3.7	2.1	8.4	16.1	0.7	9.2	6.7	0.9	0.5	1.1	1.2	6.2	0.5	0.6	2.8	0.4	0.4	—	2.1	0.5
生态赤字总量（亿全球公顷）	-9.79	-1.91	0.18	1.76	-3.96	12.56	3.21	-21.83	-5.62	-0.70	-0.29	0.02	-0.95	-0.69	0.04	-0.06	-0.43	—	0.30	-0.36
人均生态赤字（全球公顷）	-3.1	-2.3	3.6	7.7	-3.1	6.4	2.2	-1.6	-0.5	-1.4	-0.1	2.1	-1.2	-0.4	0.1	-0.2	-0.3	—	1.2	-0.4
需要地球（个）	3.9	2.5	2.8	4.8	2.2	1.7	2.6	1.4	0.5	1.4	0.8	2.4	1.0	0.6	1.5	0.4	0.4	—	0.5	0.5

资料来源：GFN. 2015. http://footprintnetwork.org/en/index.php/GFN/page/public_data_package.

人均生态足迹与国家发展水平高度相关。人均生态足迹大的国家，其人类发展水平较高，人均 GDP 也较大，发达国家的人均生态足迹往往较高；人均生态足迹小的国家，其人类发展水平较低，人均 GDP 也较低，最不发达国家的人均生态足迹往往最低；新兴经济体国家和发展中国家的人均生态足迹、人均 GDP 和人类发展水平整体上均处于中间水平，新兴经济体国家的人均生态足迹一般大于发展中国家（图 3-47）。

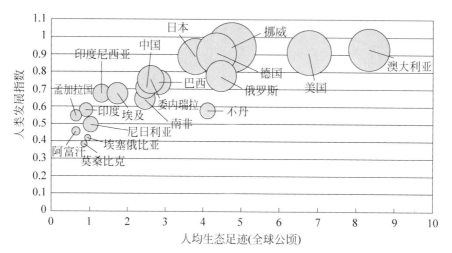

图 3-47　2011 年典型国家人均生态足迹、人均 GDP、人类发展指数

注：圆的面积表示人均 GDP，标注指向圆心。

资料来源：GFN. 2015. http://footprintnetwork. org/en/index. php/GFN/page/public_data_package.

（三）生态足迹的可持续性

从全球来看，可持续性要求人均生态足迹不高于人均生态承载力。按目前的世界人口和地球生态承载力，人均生态足迹应该不高于 1.7 全球公顷，但实际上已经超过，世界可持续发展面临巨大挑战（图 3-48）。

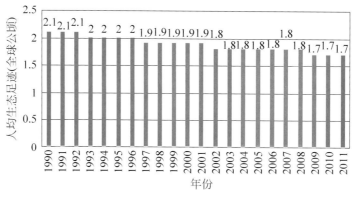

图 3-48　理想的人均可持续生态足迹

资料来源：GFN. 2015. http：//footprintnetwork. org/en/index. php/GFN/page/public_data_package.

要实现生态足迹的可持续性，人类一方面可通过不断提高创新能力、挖掘现有资源潜力、发现新资源、在生态保护和改良上加大投资力度、提高产出、优化格局、高效管理等途径积极提高生态承载力；另一方面可通过控制人口、加强教育、转变观念、改变消费方式、提高资源利用效率等途径，在保证生活质量的前提下千方百计降低人均生态足迹。

二、生态承载力

生态承载力是生态系统实际可用于生产可再生资源及吸收二氧化碳排放的土地面积，用以衡量生态圈再生和供给生命的能力，也以"全球公顷"为单位，是判断生态足迹合理性的参照。生态承载力是动态的，可以通过技术进步、增加投入、提高产出、优化格局、高效管理等途径来提高。

（一）全球生态承载力的动态

2011 年，地球的生态承载力总量为 120 亿全球公顷，人均生态承载力为 1.7 全球公顷。1961 ~ 2011 年，全球生态承载力总量增加了 23%，但由于人口增长，人均生态承载力减少了 47%（图 3-49）。

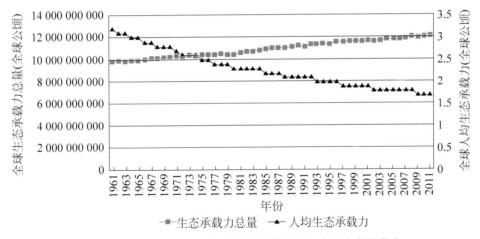

图 3-49　1961 ~ 2011 年全球总生态承载力与人均生态承载力

资料来源：GFN. 2015. http：//footprintnetwork. org/en/index. php/GFN/page/public_ data_ package.

欧洲和北美地区的人均生态承载力高于全球平均水平；高收入国家和中高等收入国家的人均生态承载力高于全球平均水平。整体上看，收入水平越高，人均生态承载力越大，高收入国家是中低等收入国家的将近 3 倍（表 3-30）。

表 3-30　2011 年区域人均生态承载力

区域	人均生态承载力（全球公顷）	相较于世界人均生态承载力（%）
非洲	1.0	60
亚太地区	0.9	50
欧洲-27	2.3	130
中亚	1.0	60
北美	4.7	270
欧洲其他区域	5.0	290
低收入国家	1.1	70
中低等收入国家	0.8	50
中高等收入国家	2.3	130
高收入国家	3.0	180

注：欧洲-27 指不包括克罗地亚的欧盟成员国。

资料来源：GFN. 2015. http：//footprintnetwork. org/en/index. php/GFN/page/public_ data_ package.

（二）典型国家生态承载力

从表 3-29 可见，发达国家生态承载力总量，除美国和澳大利亚分别位居全球第三和第七外，相对不高，但其人均生态承载力除日本外，均高于全球平均水平，尤其是澳大利亚和挪威，分别为全球平均水平的 9.5 倍和 4.9 倍。

新兴经济体国家的生态承载力总量最高，将近占全球总量的一半，人均生态承载力除巴西和俄罗斯外，仍低于全球平均水平。巴西的生态承载力总量位居全球第一，人均生态承载力是全球平均水平的 5.4 倍。中国的生态承载力总量位居全球第二，但人均生态承载力仅为全球平均水平的 53%。俄罗斯的生态承载力总量位居全球第四，人均生态承载力是全球平均水平的 3.9 倍。

发展中国家生态承载力总量除印度尼西亚和尼日利亚外，相对较低，人均生态承载力除不丹和委内瑞拉外，低于全球平均水平；最不发达国家生态承载力总量和人均量均最低，除莫桑比克外，人均生态承载力不足全球平均水平的 30%。

三、生态赤字与生态盈余

生态承载力小于生态足迹时，就出现生态赤字；生态承载力大于生态足迹时，则表现为生态盈余。

（一）全球生态赤字的动态

1961 年至今，人类对自然的需求已经超过地球的可供给能力。2011 年，我们需要 1.5 个地球的资源，才能提供我们目前使用的生态服务（WWF，2014）。

1961～1971 年，全球人均生态承载力大于人均生态足迹，全球处于生态盈余状态。1970～2011 年，人均生态承载力小于人均生态足迹，全球处于生态赤字状态，并且生态赤字逐渐升高，2011 年，全球人均生态赤字将近 1 全球公顷（图 3-50）。

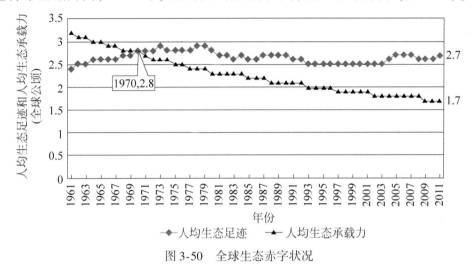

图 3-50　全球生态赤字状况

资料来源：GFN. 2015. http：//footprintnetwork.org/en/index.php/GFN/page/public_ data_ package.

人均生态赤字，欧洲–27、北美和中亚地区高于全球平均水平，非洲处于生态平衡状态，其他欧洲处于生态盈余状态；高收入国家高于全球平均水平，中低等收入和中高等收入国家低于全球平均水平，低收入国家处于生态盈余状态（表 3-31）。整体上来说，收入水平越高，人均生态赤字越大。

表 3-31　2011 年区域人均生态赤字　　　（单位：全球公顷）

区域	人均生态赤字
非洲	0.0
亚太地区	−0.9
欧洲–27	−1.8
中亚	−1.5
北美	−2.0
欧洲其他区域	1.1
低收入国家	0.2

区域	人均生态赤字
中低等收入国家	−0.3
中高等收入国家	−0.3
高收入国家	−2.1

资料来源：GFN. 2015. http：//footprintnetwork. org/en/index. php/GFN/page/public_ data_ packag.

按目前的模式预测，到 2030 年，我们将需要两个地球来满足我们每年的需求。随着世界人口预计在 2050 年和 2100 年分别达到 96 亿和 110 亿，可供我们每个人使用的生态承载力还将进一步缩水（WWF，2014）。

（二）典型国家生态赤字

发达国家除挪威和澳大利亚外，均处于生态赤字状态，并且人均赤字水平高于全球平均水平，美国的生态赤字总量位居全球第二。新兴经济体国家除巴西和俄罗斯外，均处于生态赤字状态，中国和南非的生态赤字水平高于全球平均水平，中国和印度的生态赤字总量分别位居全球第一和第三。发展中国家除不丹和委内瑞拉外，均处于生态赤字状态，人均赤字水平相对较低；最不发达国家除莫桑比克外，均处于生态赤字状态，人均赤字水平最低（表3-29）。

四、生态系统服务与生物多样性

生态系统服务是人类从生态系统获得的各种收益，包括供给服务、调节服务、支持服务和文化服务（Millenium Ecosystem Assessment，2005。）

（一）全球生态系统服务动态

1961～2001 年，人为因素对生态系统改变的速度和广度超过了人类历史上任何一个可比时期。地球自然生态系统每年提供价值约 15 万亿英镑的产品，但是人类活动破坏了大约 2/3 提供上述产品的生态环境。目前，地球上 24 个生态系统中的 15 个正在退化或者表现出不可持续性，并且这种退化趋势在 21 世纪上半叶可能会严重恶化，并且成为千年发展目标实现的障碍（Millenium Ecosystem Assessment，2005a）。过去 50 年，60% 的生态系统服务已经退化（图3-51）。虽然粮食产量、水产养殖、家畜量由于生产技术提高等手段而增加，但是由于土地退化，生态系统的生产潜力已经开始下降。过去人类对生物资源的生产常常维持高于其可持续生产的水平之上；长期看来，这种过度收获资源的生产将会下降，生态系统的供给服务在经历快速增长之后最终可能崩溃。生态系统破坏、环境污染、资源耗损及物种灭绝等也将导致许多生态系统的调节和文化服务不断下降。人类对食物、淡水、木材、纤维和燃料的需求不断增长，但是获取生态系统服务的成本却日益加大。生态系统退化对人类发展和福祉的冲击日益加剧，尤其对穷人影响最严重，将导致贫困加剧。

	增强	退化	平衡
供给服务	作物产量 家畜量 水产养殖	捕鱼量 野生食品 薪柴 遗传资源 生物化学产品 淡水	木材 纤维
调节服务	碳吸收功能	空气质量调节 全球和地区气候调节 侵蚀调控 水质净化 病虫害控制 传粉作用 自然灾害调节	水调节 疾病控制
文化服务		精神和宗教 美学价值	休闲和生态旅游

图 3-51　1961～2001 年生态系统服务动态

资料来源：Millenium Ecosystem Assessment. 2005a. Ecosystems and Human Well-being: Synthesis. Washington, DC: Island Press.

Roush（1997）通过八种类型生态系统价值的估算，得出湿地的单位面积价值最高，其次是湖泊、河流，然后是近海水域、热带森林、其他森林，海洋、草地、农田最低（Roush，1997）。然而，由于自然变化和人为因素，湿地大面积退化，过去几十年中有 35% 的红树林区已经丧失（Millenium Ecosystem Assessment，2005b）。自 1990 年以来，富营养化沿海地区的数量已显著上升，至少有 415 个沿海地区已表现出严重的富营养化，而其中只有 13 个正在恢复（UNEP，2012）。

千年生态系统评估未来情景显示，政策的重大转变可以部分缓解生态系统退化带来的负面后果，可以在 2050 年前实现生态系统服务功能的改善。

专栏 3-5　联合国《千年生态系统评估报告》十大观点

1. 世界上的每个人体面、健康、安全地生活都必须依赖于自然和生态系统提供的服务。

2. 为满足对食物、淡水、纤维和能源的需要，人类在过去几十年中给生态系统带来了前所未有的变化。

3. 这些变化改善了数以十亿计人的生活，但同时削弱了自然产生其他关键服务功能，如净化空气和水、减少灾害损失、制造天然药物等的能力。

4. 最严重问题是：自然条件下鱼类的可怕现状，以及居住在自然条件特别是供水条件恶劣的干旱地区 20 亿人口的脆弱生活条件。

5. 人类活动已经将这个星球逼到了大规模物种灭绝的边缘，这更加威胁到人类自身的福祉。

6. 因生态系统破坏造成的自然条件缺失是达到《千年发展目标》确定的减少贫困、饥饿、疾病的重大障碍。

7. 除非人类对待生态系统的态度改变并有所行动，否则生态系统将在未来 10 年面临更大压力。

8. 地区团体如果拥有自然资源的所有权、能够分享自然资源开发带来的收益、能够参与决策，自然资源可能会得到更好的保护。

9. 先进的技术和知识能够大幅减轻人类活动对生态系统的影响，但这些技术和知识需要彻底利用，直到人们都改变观念，不再把生态系统当作可以不受限制加以利用的资源，并把生态系统的价值考虑进去。

10. 更好地保护自然资产需要政府、商界、国际机构等各级参与。生态系统的生产力取决于在投资、贸易、补贴、税收、法规等方面的政策。

资料来源：Millenium Ecosystem Assessment. 2005a. Ecosystems and Human Well-being: Synthesis. Washington, DC: Island Press.

（二）全球生物多样性丧失与地球生命力指数动态

目前地球上的哺乳动物、鸟类、爬行类和鱼类数量平均约为 40 年前的一半。地球生物多样性严重丧失，并且大部分不可逆。2014 年，全球受到威胁的鱼类为 6870 种，约占世界鱼类数据库统计的总鱼类的 21%；受到威胁的哺乳动物种类为 3246 种。

地球生命力指数（LPI）通过追踪哺乳类、鸟类、鱼类、爬行类和两栖类动物种群的变化，反映了地球生态系统的健康状况。地球生命力指数由陆生、淡水、海洋物种三个独立的指标组成，每个指标赋以相同权重，以 1970 年的值为 100，来比较脊椎生物物种与种群生物多样性的时空变化。地球生命力指数从 1970 年逐渐下降，至 2010 年，已下降了 52%，其中，陆生物种在 1970～2010 年减少了 39%，淡水物种减少 76%，海洋物种减少了 39%（表 3-32）。栖息地丧失和退化、捕猎和捕鱼开发以及气候变化，是地球生命力指数下降的主要原因。

表 3-32　地球生命力指数（LPI）

年份 项目	1970	1975	1980	1985	1990	1995	2000	2003	2005	2007	2008	2010
陆生	100	97	96	86	81	71	62	69	—	—	—	61
淡水	100	103	99	95	90	85	71	73	—	—	—	24
海洋	100	112	111	106	100	91	78	70	72	70	—	61
LPI	100	104	102	96	90	82	70	71	—	70	72	48

资料来源：梁艳，张琦，余国培 . 2012. 诠释地球生命力报告：1998～2010. 世界地理研究：21（2）：35-40；WWF. 2012. 地球生命力报告 2012——迈向里约+20 特别摘要 . http://www.wwfchina.org/content/press/publication/2012LPR-RioCN.pdf；WWF. 2014. 地球生命力报告 2014：摘要 . http://www.docin.com/p-968288029.html.

（三）典型国家生物多样性状况

世界上 17 个拥有最多已知物种的国家，即澳大利亚、巴西、中国、哥伦比亚、刚果民主共和国、厄瓜多尔、印度、印度尼西亚、马达加斯加、马来西亚、墨西哥、秘鲁、菲律宾、巴布亚新几内亚、南非、美国和委内瑞拉，它们被称为生物多样性丰富的国家。

生物多样性效益指数是根据各国代表性物种、其受胁状况及其各国栖息地种类的多样性所得出的各国相对生物多样性潜力的综合指标。其数值从 0（无生物多样性潜力）直至 100（最大生物多样性潜力）。

美国、澳大利亚、巴西、中国、印度、印度尼西亚受到威胁的鱼类和哺乳类较多。除美国和中国外，多数国家生物多样性效益指数 2005～2008 年呈现下降趋势（表 3-33）。

表 3-33　不同类型典型国家生物多样性状况

项目 国家	受胁鱼类 2014 年	受到威胁的哺乳动物种类 2014 年	生物多样性效益指数 2005 年	生物多样性效益指数 2008 年
美国	236	35	90	94
德国	23	5	1	1
挪威	19	7	2	1

续表

项目	受胁鱼类	受到威胁的哺乳动物种类	生物多样性效益指数	
国家	2014 年	2014 年	2005 年	2008 年
澳大利亚	106	55	96	88
日本	67	27	41	36
巴西	84	82	100	100
俄罗斯	36	31	37	34
中国	122	73	65	67
印度	213	94	44	40
南非	87	24	24	21
印度尼西亚	145	184	90	81
不丹	3	26	1	1
埃及	40	18	3	3
尼日利亚	60	26	7	6
委内瑞拉	37	34	27	25
阿富汗	5	11	4	3
孟加拉国	18	33	2	1
苏丹	21	12	5	5
莫桑比克	54	12	8	7
埃塞俄比亚	14	33	9	8

资料来源：世界银行数据库 . 2014. http：//data. worldbank. org. cn/indicator.

第五节　走向人与自然和谐

人类足迹与自然承载力之间的冲突已对世界可持续发展构成严峻挑战。在人与自然的关系中，人是主动的，人类不能听任形势如此恶化下去，必须积极采取对策，摆脱人类发展受限于自然极限的困境。世界的未来充满挑战，也出现机遇，各国正从观念意识、社会体制、科学技术几大层面上努力走向可持续发展，人与自然和谐的曙光初现。本节从经济增长与资源环境脱钩、创新能力提高资源利用效率、能源转型和绿色发展等视角，探讨人与自然实现和谐的前景。

一、经济增长与资源环境脱钩

迄今的人类历史中，经济总量总是与资源消耗量和废物排放量挂钩，甚至同步增长。经济增长一直在无限制地继续，而自然资源和环境容量总是有极限的，所以经济总量发展到目前水平就遇到了自然资源和生态环境承载力的限制。通过产业转型和技术进步等途径，提高资源利用效率，可以实现经济增长与资源消耗和环境损害不同程度的脱钩，这是突破自然极限，实现可持续发展的一条重要途径。

应用脱钩理论，根据经济增长与资源消耗及废物排放的定量关系表达式——IGT方程和I_eGTX方程（陆钟武等，2011），可以探讨全球及各国经济增长对资源的依赖程度。

脱钩指数的最终表达式为

$$D = \frac{t}{g} \times (1 + g)$$

式中，g 为从基准年到其后第 n 年 GDP 的年均增长率（增长时，g 为正值；下降时，g 为负值），t 为同期内单位 GDP 资源消耗或者废物排放的年均下降率（下降时 t 为正值；升高时，t 为负值）。D 值为对应的脱钩指数，根据 D 值的大小，可将资源消耗及废物排放与 GDP 的脱钩程度分为 3 个等级（表3-34）。

表3-34　不同脱钩状态下的 D 值

脱钩状况	$g>0$	$g<0$
绝对脱钩	$D \geqslant 1$	$D \leqslant 0$
相对脱钩	$0 < D < 1$	$0 < D < 1$
未脱钩	$D \leqslant 0$	$D \geqslant 1$

本报告以二氧化碳排放为例，计算全球及各国的脱钩指数。其中，GDP 为 2005 年不变价美元，单位 GDP 二氧化碳排放量指平均产生 1 美元（2005 不变价美元）所排放的二氧化碳量（吨/美元），g 为基准年 2002～2010 年 GDP 的年均增长率，t 为从同期内单位 GDP 二氧化碳排放量的下降率，D 表示二氧化碳排放脱钩指数。根据世界银行数据，分别计算 g、t、D（表3-36～表3-38）。

（一）　全球二氧化碳排放脱钩状态

如表3-35 所示，2003～2007 年，全球二氧化碳排放由未脱钩达到相对脱钩，人类摆脱自然极限的努力初见成效，但 2008～2010 年又陷入波动，说明道路是曲折的。

表 3-35　　2003～2010 年全球二氧化碳排放脱钩指数

指数 年份	g	t	D	脱钩状况
2003	0.03	-0.031	-1.15	未脱钩
2004	0.04	-0.011	-0.27	未脱钩
2005	0.04	-0.001	-0.03	未脱钩
2006	0.04	0.007	0.17	相对脱钩
2007	0.04	0.015	0.40	相对脱钩
2008	0.01	-0.010	-0.71	未脱钩
2009	-0.02	-0.016	0.76	相对脱钩
2010	0.04	-0.008	-0.20	未脱钩

（二）典型国家二氧化碳排放脱钩状态

典型国家 GDP 增长率如表 3-36，单位 GDP 二氧化碳排放下降率如表 3-37，据此计算出二氧化碳排放脱钩指数如表 3-38。从表 3-38 可见，2003 年，20 个国家中，9 个处于脱钩状态，其中巴西、不丹、尼日利亚处于绝对脱钩状态；2004 年，14 个处于脱钩状态，其中德国、俄罗斯、不丹、委内瑞拉处于绝对脱钩状态；2005 年，15 个处于脱钩状态，其中德国、挪威、日本、南非、孟加拉、苏丹、莫桑比克、埃塞俄比亚处于绝对脱钩状态；2006 年，15 个处于脱钩状态，其中美国、日本、不丹、尼日利亚、委内瑞拉处于绝对脱钩状态；2007 年，16 个处于脱钩状态，其中德国、俄罗斯、尼日利亚处于绝对脱钩状态；2008 年，11 个处于脱钩状态，其中美国、德国、日本、尼日利亚、孟加拉、莫桑比克处于绝对脱钩状态；2009 年，11 个处于脱钩状态，其中美国、德国、挪威、日本、巴西、俄罗斯处于绝对脱钩状态；2010 年，10 个处于脱钩状态，其中澳大利亚、南非、印度尼西亚、埃塞俄比亚处于绝对脱钩状态。2003～2007 年，处于脱钩状态的国家数量在增加，显示出二氧化碳减排的努力取得一定成效。2008～2010 年，处于脱钩状态的国家的数量呈下降趋势，说明二氧化碳排放的态势是波动的。德国、日本在多数年份处于绝对脱钩状态，展现了经济增长摆脱自然极限的可能性。

表 3-36 2003～2010 年典型国家 GDP 增长率（g）

国家年份	发达国家					新兴经济体国家					发展中国家						最不发达国家			
	美国	德国	挪威	澳大利亚	日本	巴西	俄罗斯	中国	印度	南非	印度尼西亚	不丹	埃及	尼日利亚	委内瑞拉	阿富汗	孟加拉国	苏丹	莫桑比克	埃塞俄比亚
2003	0.03	-0.01	0.01	0.03	0.02	0.01	0.07	0.10	0.08	0.03	0.05	0.08	0.03	0.10	-0.08	0.08	0.05	0.08	0.06	-0.02
2004	0.04	0.01	0.04	0.04	0.02	0.06	0.07	0.10	0.08	0.05	0.05	0.06	0.04	0.34	0.18	0.01	0.06	0.04	0.09	0.14
2005	0.03	0.01	0.03	0.03	0.01	0.03	0.06	0.11	0.09	0.05	0.06	0.07	0.04	0.03	0.10	0.11	0.06	0.07	0.09	0.12
2006	0.03	0.04	0.02	0.03	0.02	0.04	0.08	0.13	0.09	0.06	0.06	0.07	0.07	0.08	0.10	0.06	0.07	0.10	0.06	0.11
2007	0.02	0.03	0.03	0.04	0.02	0.06	0.09	0.14	0.10	0.06	0.06	0.18	0.07	0.07	0.09	0.14	0.07	0.12	0.07	0.11
2008	0.00	0.01	0.00	0.04	-0.01	0.05	0.05	0.10	0.04	0.04	0.06	0.05	0.07	0.06	0.05	0.04	0.06	0.03	0.06	0.11
2009	-0.03	-0.06	-0.02	0.02	-0.06	0.00	-0.08	0.09	0.08	-0.02	0.05	0.07	0.05	0.07	-0.03	0.21	0.05	0.03	0.06	0.09
2010	0.03	0.04	0.00	0.02	0.05	0.08	0.05	0.10	0.10	0.03	0.06	0.12	0.05	0.08	-0.01	0.08	0.06	0.03	0.07	0.13

资料来源：世界银行数据库. 2014. http://data. worldbank. org. cn/indicator.

表 3-37 2003～2010 年典型国家单位 GDP 二氧化碳排放下降率（t）

国家 年份	发达国家					新兴经济体国家					发展中国家					最不发达国家				
	美国	德国	挪威	澳大利亚	日本	巴西	俄罗斯	中国	印度	南非	印度尼西亚	不丹	埃及	尼日利亚	委内瑞拉	阿富汗	孟加拉国	苏丹	莫桑比克	埃塞俄比亚
2003	0.022	-0.013	-0.128	0.014	0.000	0.043	0.040	-0.113	0.031	-0.064	0.014	0.161	-0.127	0.140	-0.078	-0.496	0.045	-0.037	-0.139	-0.128
2004	0.018	0.021	0.037	0.034	0.006	0.006	0.068	-0.062	0.025	-0.073	-0.015	0.230	0.020	0.221	0.259	-0.245	-0.104	-0.208	0.079	0.067
2005	0.026	0.030	0.030	-0.008	0.030	0.003	0.052	0.016	0.042	0.119	0.042	-0.200	-0.061	-0.043	0.022	-0.246	0.108	0.125	0.127	0.138
2006	0.041	0.033	-0.019	0.006	0.022	0.037	0.045	0.017	0.024	-0.016	0.043	0.073	0.000	0.130	0.139	-0.248	-0.202	0.024	-0.022	0.032
2007	0.002	0.061	0.008	0.021	0.006	0.015	0.080	0.073	0.024	0.011	-0.023	0.152	-0.006	0.095	0.059	-0.308	0.060	0.022	-0.125	0.021
2008	0.027	0.011	-0.115	0.009	0.025	-0.015	0.022	0.055	-0.082	-0.012	-0.036	-0.026	0.045	0.085	-0.009	-0.904	0.096	0.025	0.075	0.028
2009	0.034	0.009	0.049	-0.002	0.035	0.050	0.004	-0.001	-0.009	-0.100	-0.050	0.136	0.039	0.276	-0.025	-0.373	-0.073	-0.082	-0.033	0.039
2010	0.002	0.022	-0.209	0.074	-0.016	-0.063	-0.058	0.025	0.081	0.115	0.098	-0.098	0.016	-0.020	-0.105	-0.164	-0.016	0.026	-0.045	0.134

资料来源：世界银行数据库 . 2014. http://data. worldbank. org. cn/indicator.

表 3-38 2003～2010 年典型国家二氧化碳排放脱钩指数（D）

国家 年份	发达国家					新兴经济体国家					发展中国家					最不发达国家				
	美国	德国	挪威	澳大利亚	日本	巴西	俄罗斯	中国	印度	南非	印度尼西亚	不丹	埃及	尼日利亚	委内瑞拉	阿富汗	孟加拉国	苏丹	莫桑比克	埃塞俄比亚
2003	0.81	1.78	-13.15	0.48	-0.01	3.79	0.58	-1.24	0.43	-2.23	0.31	2.26	-4.11	1.49	0.92	-6.37	0.90	-0.52	-2.45	5.81
2004	0.49	1.76	0.98	0.84	0.24	0.12	1.02	-0.67	0.34	-1.67	-0.31	4.13	0.51	0.88	1.68	-23.43	-1.76	-5.56	0.98	0.56
2005	0.82	4.29	1.21	-0.24	2.31	0.11	0.88	0.16	0.50	2.38	0.77	-3.01	-1.41	-1.29	0.23	-2.45	1.93	1.79	1.59	1.31
2006	1.57	0.93	-0.86	0.21	1.33	0.97	0.59	0.15	0.29	-0.29	0.83	1.14	0.00	1.72	1.55	-4.72	-3.25	0.26	-0.37	0.33
2007	0.10	1.94	0.29	0.57	0.27	0.27	1.01	0.58	0.27	0.20	-0.39	1.00	-0.09	1.49	0.74	-2.55	0.90	0.22	-1.85	0.20
2008	-10.35	1.08	-170.75	0.26	-2.39	-0.30	0.45	0.63	-2.19	-0.33	-0.63	-0.57	0.68	1.43	-0.19	-25.93	1.70	0.87	1.37	0.29
2009	-1.18	-0.16	-2.95	-0.11	-0.59	-15.13	-0.05	-0.01	-0.11	6.48	-1.13	2.18	0.88	4.25	0.75	-2.14	-1.52	-2.60	-0.55	0.48
2010	0.10	0.56	-43.92	3.84	-0.37	-0.90	-1.35	0.26	0.87	3.77	1.68	-0.93	0.32	-0.28	6.95	-2.11	-0.31	0.76	-0.68	1.20

二、增强创新能力，突破自然极限

"创新"就是把生产要素和生产条件的新组合引入生产体系，"建立一种新的生产函数"以获取潜在的利润（Schumpeter，1934）。创新能力尤其是其中科技创新能力的提高可以不断突破资源环境的约束，促进经济社会的可持续发展。化石能源是典型的不可再生资源，典型地代表着自然资源的极限。分析创新能力与单位化石能源消耗产生 GDP 的相关关系，可以从一个侧面揭示人类努力摆脱资源限制的潜力。

2007 年，英士国际商学院（INSEAD）首次启动全球创新指数（global innovition index，GII）研究，2014 年通过 81 项指标评估全球 143 个经济体的创新能力和可衡量成果。单位化石能源消耗产生 GDP 是指平均每千克油当量的化石能源消耗所产生的按购买力平价计算的 GDP（2005 年不变价购买力平价美元/千克石油当量）。因此，可以用依赖于创新指数表征国家创新能力，用单位化石能源消耗产生 GDP 表征自然资源的极限。

通过计算各国全球创新指数与单位化石能源消耗产生 GDP 的相关系数，得出多数典型国家的全球创新指数与单位化石能源消耗产生 GDP 呈高度正相关，尤其是德国、日本（表 3-39）。

表 3-39　德国、日本的全球创新指数与单位化石能源消耗产生 GDP

	项目	2007 年	2009 年	2010 年	2011 年	2012 年	相关系数
德国	全球创新指数	4.89	4.99	4.32	5.49	5.62	0.94
	单位化石能源消耗产生 GDP（美元/千克石油当量）	8.22	8.13	7.94	8.88	9.08	
日本	全球创新指数	4.48	4.65	4.50	5.03	5.17	0.97
	单位化石能源消耗产生 GDP（美元/千克石油当量）	7.28	7.22	7.14	8.52	9.37	

注：2011、2012 年全球创新指数采取百分制，为了数据统一，将其处理为 10 分制。

资料来源：Dutta S. 2007. Global Innovation Index 2007. Fontainebleau，France；Dutta S. 2009. Global Innovation Index 2008 – 2009. Fontainebleau，France；Dutta S. 2010. Global Innovation Index 2009 – 10. Fontainebleau，France；Dutta S. 2011. The Global Innovation Index 2011：Accelerating Growth and Development. Fontainebleau，France；Dutta S. 2012. The Global Innovation Index 2012：Stronger Innovation Linkages for Global Growth. Fontainebleau，France；Dutta S，Caulkin S. 2007. Global Innovation Index：More on methodology. Fontainebleau，France；世界银行数据库.2014. http：//data. worldbank. org. cn/indicator.

2007～2012 年，德国全球创新指数由 4.89 提高到 5.63，日本的全球创新指数由 4.48 提升到 5.17。2010 年，德国和日本每百万人中研发（R&D）人员数分别是全球平均水平的 3.1 倍和 4 倍；研发支出占 GDP 的比例分别是全球平均水平的 1.3 和 1.5 倍；科技期刊文章分别占全球总量的 8.1% 和 8.5%；专利申请量分别占全球总量的 4.1% 和 25%。德国实施资源替代战略，大力支持科学技术研发，形成了产学研相结合的创新体系，不断推动经济发展。如德国鲁尔区通过创新区域发展规划，调整产业结构，成为世界依赖矿产资源的老工业区成功转型的典范。日本是典型的自然资源匮乏、国土空间局促的国家，通过大力发展节能技术，努力推动高新技术创新及应用，形成了以科技和创新为主的发展模式。日本不仅生产出各种技术密集型产品，也是循环经济水平最高的国家。因此，德国和日本单位化石能源消耗产生的 GDP 分别从 2007 年的 8.22 和 7.28 提升到 2012 年的 9.08 和 9.37。两国近年来在二氧化碳减排方面也表现突出。

德国和日本的发展道路说明国家创新能力的提高是摆脱自然极限的一条重要途径，对于其他国家未来发展方向具有启示意义。

三、能源结构转型

（一）全球能源结构及其发展趋势

当前的能源结构转型一方面延续着人类能源结构变迁中"去碳化"的基本方向，强调清洁、环保、低排放；另一方面也是对工业革命以来化石能源消费方式和诸多问题的反思和调整，强调高效、节能、可再生。这一趋势不仅体现在发达国家的新产业革命中，而且为新兴经济体国家的未来发展指明了方向（《世界能源中国展望》课题组，2013）。到 2040 年全球一次能源需求将增长 37%，但走上了能源强度较低的发展路径。全球能源需求增长明显放缓，从过去 20 年每年 2% 下降到 2025 年之后每年 1%，这主要得益于政府的政策推动、非化石能源开发成本下降、碳交易价格的上升、全球经济结构向服务业和轻工业部门转型（IEA，2014）。此外，未来全球能源需求格局会出现更为显著的变化，欧洲、日本、韩国和北美地区的能源消费水平基本不变，消费的增加主要集中在亚洲、非洲、中东和拉丁美洲。

预计到 2040 年，世界能源供应结构中石油、天然气、煤炭和低碳能源（核能和可再生能源）的占比将平分秋色。石油的份额继续下降，作为主导能源的地位将受到煤炭的挑战，预计在世界能源需求结构的比例将由 1990 年的 36.8% 下降到 2040 年的 26%。天然气的份额稳步上升，将由 1990 年的 19% 上升到 2040 年 24.2%，是化石燃料中增长最快的。煤炭资源丰富，供应有保障，未来消费量的多少取决于污染控制和二氧化碳减排的需要，预计全球煤炭需求比例将由 1990 年的 25.4% 下降到 2040 年的24.3%。核电、水电、生物质能以及其他可再生能源合计在世界能源需求结构的比例将由 1990 年 18.8% 上升到 2040 年的 25.5%（图 3-52）。

电力需求将引领全球能源转型。到 2040 年为应对电力需求的增加，以及替代到2040 年要退役的现有装机容量（约占现役装机容量的 40%），需要新建 7200 吉瓦的装机容量。到 2040 年，一些国家可再生能源的强劲增长，将会使可再生能源发电量占全球发电量的比重提高至 1/3。此外，全球的核电装机容量将增加近 60%，从2013 年的 392 吉瓦增长到 2040 年的 620 吉瓦以上。然而，核电在全球发电量中的份额相比当前仅会上升 1 个百分点，达到 12%（核电所占比重的峰值出现在约 20 年前）（国际能源署，2014）。

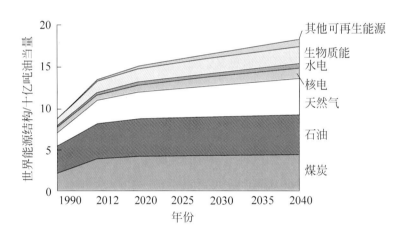

图 3-52　1990～2040 年世界及中国的能源结构

资料来源：IEA. 2014. World Energy Outlook 2014. OECD/IEA，Paris.

（二）主要国家和地区的能源政策

1. 美国——能源独立，绿色清洁

美国的能源政策的核心是"能源独立"，根本目标在于保障能源安全。奥巴马执政以来，将能源产业的转型和发展作为经济复兴计划的核心，能源政策包括：提高国内原油产量，鼓励更多的海外石油勘探和生产（但要安全有效）；通过增加天然气、生物燃料的产量以及提高能效来降低对原油的依赖；关注清洁能源，可再生能源的发展，保持美国在清洁能源技术上的领先地位。在能源独立政策驱动下，美国页岩气产量剧增、能源效率不断提升、可再生能源利用规模不断扩大，有力地促进了能源的低碳化发展。2013 年，美国二氧化碳排放量比 2007 年的历史峰值降低近

10%。此外，页岩气革命使大量低价天然气在与石油竞争时更具优势（陈嘉茹等，2015）。在2035年前，80%的电力将源自清洁能源。新的清洁能源标准（CES）将促使投资者将资金更多地投入到清洁能源经济中，创造就业机会，减少空气污染和温室气体排放。

2. 欧盟——节能减排、低碳高效

自20世纪90年代开始，欧盟逐渐意识到气候与能源政策的重要性，开始新的气候政策与能源战略，1997年欧洲议会与欧盟委员会出台《社区战略和行动白皮书》。2000年进一步发表名为《向能源供给安全的欧盟战略迈进》绿皮书，强调欧盟作为化石能源匮乏的地区，如果不采取措施，保守估计在未来30年内整个欧盟能源进口依赖会达到70%，直指能源安全隐患。2007年欧盟理事会在布鲁塞尔一致通过《能源与气候一体化决议》，提出了极具挑战性的目标，即到2020年温室气体排放要在1990年基础上减少20%，可再生能源占整个能源比重的20%，能源效率要提高20%，这一目标简称为"高效能目标"。2010年，欧盟先后颁布《欧盟2020》和《能源2020》等战略文件，指出低碳、高效的清洁能源对于确保欧盟未来国际竞争优势，促使欧盟经济低碳化、降低能源消耗强度、确保能源安全以及欧盟经济的可持续发展具有决定性意义。2014年初，欧盟公布新气候变化和能源政策，明确提出到2030年欧盟向低碳经济转型的三个目标：减排目标，温室气体排放量比1990年减少40%；可再生能源比例目标，在能源消费结构中可再生能源的占比至少提高到27%；进一步提高能效，在欧盟层面上制定了提高能效的政策性指导框架。综合来看，欧盟的能源政策旨在达到三个目的：保持经济竞争力、保障能源安全供应和环境的可持续性（陈嘉茹等，2015）。

3. 俄罗斯——提升竞争力、出口多元化

1992年9月，俄联邦政府通过了《俄罗斯在新经济条件下能源政策的基本构想》，主要任务是维持俄罗斯与原苏联其他国家之间互利的能源合作及能源出口市场。此后，俄联邦政府先后于1995年、2003年、2009年、2014年颁布了《2010年前俄罗斯联邦能源政策的主要方向》、《2020年前俄罗斯能源战略》、《2030年前俄罗斯能源战略》、《2035年前俄罗斯能源战略（基本规定）》，设定的战略目标为：能源安全、能源效率、能源的预算效率和能源的生态安全（陈小沁，2014）。未来，俄罗斯能源战略的关键任务具体涉及能源行业的现代化，能源基础设施和能源市场的发展，能源资源储藏、开采和加工效率的提高，能源产业和服务可获得性和质量的提高，出口的灵活性和多元化，能源公司在国际市场上竞争力的增强和能源可持续发展，以及与传统和新兴的能源市场建立稳定关系，维护俄罗斯在世界能源市场体系中的利益等（刘乾，2014）。

4. 中国——优化能源结构、深化市场改革

自 20 世纪 80 年代以来，中国的能源政策经历了三个重要时期：20 世纪 80 年代的第一个十年为第一个时期，重点解决能源供应短缺和价格机制僵化等问题；90 年代的第二个十年重点解决政企不分和垄断经营等问题；进入 21 世纪后的十余年为第三个时期，重点强调发挥政策导向作用、优化能源结构和深化市场化改革（李伟等，2013）。2012 年 10 月，中国国务院发布《中国的能源政策》白皮书，提出中国能源政策的基本内容是：坚持"节约优先、立足国内、多元发展、保护环境、科技创新、深化改革、国际合作、改善民生"的能源发展方针，推进能源生产和利用方式变革，构建安全、稳定、经济、清洁的现代能源产业体系，努力以能源的可持续发展支撑经济社会的可持续发展。中国能源政策的走势是短期内强化节能减排指标的约束效力，中长期内构建较为稳定的国际能源供应体系和更加合理的国内能源价格机制（王衍行，2012）。

专栏 3-6　联合国"人人享有可持续能源"十年（2014～2024）

2012 年，联合国大会宣布，2014～2024 年将成为"人人享有可持续能源"（sustainable energy for all）的十年，强调了能源问题对于可持续发展以及实现 2015 年后发展议程的重要性。同年成立的高层次工作组制定了以三个相互关联目标为基础的全球行动议程：①确保普遍获得现代能源服务；②使能效改善速率增长一倍；③让可再生能源在全球能源结构中的比例翻一番。

资料来源：联合国. 2013. 人人享有可持续能源倡议. http://www.se4all.org/decade/.

四、绿色发展

面对日益加剧的全球环境问题，绿色发展已经成为当今世界发展的一个重要趋势。绿色发展经历了清洁生产、循环经济、生态工业园区、低碳经济、绿色经济等阶段。

清洁生产是指将整体预防的环境战略持续应用于生产过程、产品和服务中，以期增加生态效率并减少对人类和环境的风险。清洁生产着眼于全球环境的彻底保护，保障环境和经济的协调发展。1989 年，联合国环境规划署制订了《清洁生产计划》，决定在全球范围内推行清洁生产。1994 年，联合国可持续发展委员会再次认定清洁生产是可持续发展的基本条件。

20 世纪 70 年代末以来，不少发达国家的政府和各大企业集团都纷纷研究开发和采用清洁工艺，开辟污染预防的新途径，把推行清洁生产作为经济和环境协调发展的一项战略措施，代表性国家有美国、日本、德国、丹麦。联合国环境规划署致力于帮助发展中国家开展清洁生产，世界银行等国家金融组织也积极资助在发展中国家展开清洁生产的培训工作。

20 世纪 90 年代之后，循环经济成为国际社会发展趋势。1998 年德国引入循环经济概念，确立了"3R"原则的中心地位，即减量化（reduce）、再利用（reuse）、再循环（recycle）。循环经济是物质闭环流动型经济的简称。循环经济从本质上说是一种生态经济。美国杜邦化学公司创造性地把"3R"原则发展成为与化学工业实际相结合的"3R制造法"，达到了少排放甚至零排放目标。

生态工业园区是一个包括自然、工业和社会的地域综合体，是依据清洁生产和循环经济理论形成的一种新型工业组织形态。

2009 年，哥本哈根气候大会之后，掀起了以新的经济增长方式、生活方式和消费方式为代表的低碳经济浪潮。2003 年，低碳经济概念在欧盟国家得到广泛推广，欧盟实施排放交易指令，有效控制能源密集型企业碳排放。欧盟积极推行绿色新政并注重挖掘新能源的经济效能。

2008 年，联合国环境规划署提出"全球绿色新政"（global green new deal）。2009 年，美国政府开始推行包括应对气候变化、开发新能源、节能增效等方面的"绿色新政"，并强调美国必须进行全面改革，实行绿色经济（green economy）。联合国环境规划署给出了服务于实践操作层面的绿色经济产业部门和领域，包括生态环境系统的基础设施建设、清洁技术、可再生能源等八个领域。

绿色经济是促成提高人类福祉和社会公平，同时显著降低环境风险和生态稀缺的经济。2012 年 6 月，联合国可持续发展大会提出以发展绿色经济为主题，明确了全球经济向绿色转型的发展方向，由此绿色经济和绿色发展成为全球广泛共识。欧盟各国还通过实施绿色关税、绿色节能标签、产品绿色认证、新能源产业软贷款、新能源产业投资补贴、新能源发电上网电价补贴、新能源产业竞标制度、新能源产业减免税负等一系列政策，促进"绿色经济"快速发展。在绿色创新方面，欧盟希望加强同世界新兴经济体，如中国、俄罗斯、印度、巴西等国家的合作关系，积极促进新兴经济体成为欧盟的绿色创新伙伴和绿色经济的大市场。

专栏 3-7 《迈向绿色经济》主要结论

1. 将全球生产总值的 2% 投资于十大主要经济部门可以加快向低碳、资源有效的绿色经济转型。

2. 绿色经济不仅会促进经济增长，特别是自然资本方面的增长，而且也会推动国内生产总值包括人均生产总值的增加。

3. 绿色经济认可自然资本的价值并对自然资本投资。

4. 绿色经济有助于减少贫困。

5. 在向绿色经济过渡的过程中，新的就业机会将会不断涌现，最终超过从"褐色经济"中失去的工作岗位数量。

6. 在将政府投资和支出优先投入到可刺激经济部门的绿色转型领域方面，我们正处在一个十字路口。

7. 绿色经济转型所需的融资规模是巨大的，但其数额小于全球年度投资额。

8. 预计将产生的增长和就业至少相当于常规情景下的发展，甚至超过常规情景，中长期的经济表现更是如此，同时可明显地带来更多的环境和社会效益。

资料来源：UNEP. 2011. Towards a Green Economy：Pathways to Sustainable Development and Poverty Eradication. www. unep. org/green economy.

第四章
社会难题与人文响应

可持续发展要以人为本，人是发展的核心和目的。当前人类社会面临一系列紧迫难题，全社会正在积极应对，试图通过不断优化社会结构和提升人类能力来寻求解决之道。本章主要关注人口、健康、贫困、教育、失业、社会冲突等方面问题，并评估世界和典型国家的相关状态和应对成效。联合国、世界银行等权威国际组织根据世界各国经济、社会发展水平将全球 200 多个国家和地区划分为发达国家、新兴经济体国家、发展中国家和最不发达国家四大类。据此，从每一类国家中选取 5 个，共计 20 个典型国家作为研究对象。

第一节　人口与健康

一、人口增长与结构

（一）人口数量、增长率与人口密度

1. 人口数量与增长率

据联合国《世界人口展望 2012》预测，世界人口将从 2010 年的 69.16 亿人增长到 2100 年的 108.54 亿人（图 4-1），世界人口增长率从 2000 年的 1.31% 下降到 2013 年的 1.16%（图 4-2）。美国、挪威等发达国家的人口增长率将持续下降，其中，德国和日本将会达到零增长和负增长；新兴经济体国家中巴西、中国、印度和南非的人口增长率也在逐年下降，而俄罗斯已在零增长上下徘徊；印度尼西亚、不丹等发展中国家的人口增长率放缓，苏丹、莫桑比克等不发达国家由于贫困、战争、自然灾害等原因人口增长率呈逐年下降的趋势（图 4-3）。

同 2010 年相比，到 2099 年除发达国家中的德国和日本、新兴经济体国家中的俄罗斯和中国的人口数量会有所下降外，其余典型国家的人口均有不同程度的上升（图 4-4）。

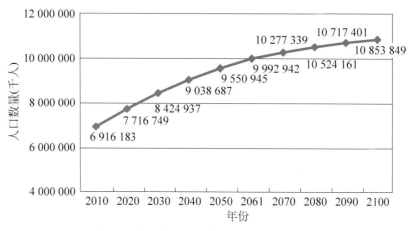

图 4-1 世界人口发展趋势 （2010～2100 年）

资料来源：UN. 2014. World Population Prospects：The 2012 Revision. http：//esa. un. org/wpp.

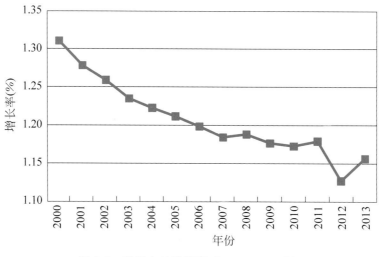

图 4-2 世界人口增长率 （2000～2013 年）

资料来源：UN. 2014. World Population Prospects：The 2012 Revision. http：//esa. un. org/wpp.

2. 人口分布与人口密度

地球上人口最稠密地区约占全球陆地面积的 7%，却居住着世界 70% 人口，而且世界 90% 以上的人口集中分布在 10% 的土地上。欧亚两洲约占地球陆地总面积 32%，而人口却占世界人口总数的 75% 以上。世界人口的 60% 生活在亚洲；非洲、北美洲和拉丁美洲约占世界陆地面积的一半，而人口尚不到世界总人口的 1/4；大洋洲地广人稀，南极洲迄今尚无固定的居民。

世界陆地面积为 13 432 万平方千米，2013 年人口为 71.2 亿，平均人口密度约为 53 人/平方千米 （图 4-5）。欧洲和亚洲人口密度最大，平均每平方千米都在 90 人以上，非洲、拉丁美洲和北美洲平均每平方千米人口密度在 20 人以下。发达国家中的德

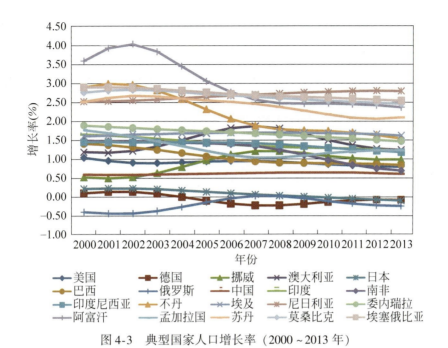

图 4-3 典型国家人口增长率（2000~2013 年）

资料来源：UN. 2014. World Population Prospects：The 2012 Revision. http：//esa. un. org/wpp.

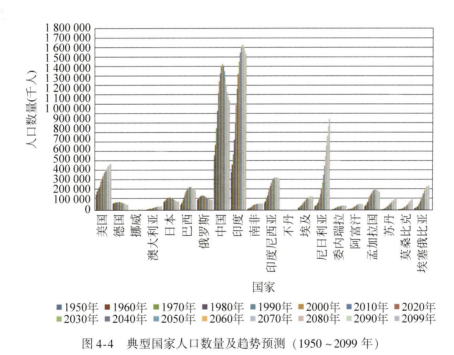

图 4-4 典型国家人口数量及趋势预测（1950~2099 年）

资料来源：UN. 2014. World Population Prospects：The 2012 Revision. http：//esa. un. org/wpp.

国，新兴经济体国家中的中国和印度，发展中国家中的印度尼西亚、埃及、尼日利亚，不发达国家中的孟加拉国和埃塞俄比亚，人口密度均超过了世界平均人口密度（图 4-6）。

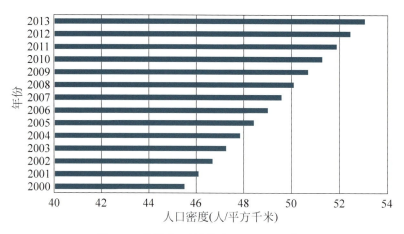

图 4-5　世界人口密度（2000～2013 年）

资料来源：世界银行数据库．2014. http：//data. worldbank. org. cn/indicator.

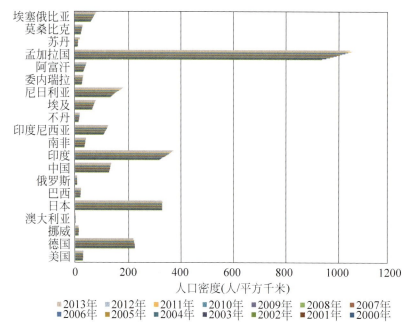

图 4-6　典型国家人口密度（2000～2013 年）

资料来源：世界银行数据库．2014. http：//data. worldbank. org. cn/indicator.

（二）老龄化问题

　　人口老龄化既是人类最伟大的成就之一，同时也是目前人类面临的严峻挑战之一。1956 年联合国发布《人口老龄化及其社会经济后果》提出了划分人口年龄类型的标准，如表 4-1 所示。当一个国家或地区 65 岁及以上老年人口数量占总人口比例超过 7% 时，则意味着这个国家或地区进入老龄化；为了适应发展中国家和地区的需要，1982 年维也纳老龄问题世界大会确定：当一个国家或地区 60 岁及以上老年人口占总人口比例超过 10%，意味着这个国家或地区进入老龄化。

表 4-1 联合国人口年龄类型划分标准

	年轻型	成年型	老年型
65 岁及以上老年人口比重	4% 以下	4% ~7%	7% 及以上
0 ~14 岁少年儿童比重	40% 及以上	30% ~40%	30% 以下
老少比（老年人口/少年儿童人口）	15% 以下	15% ~30%	30%
年龄中位数	20 岁以下	20 ~30 岁	30 岁及以上

资料来源：联合国，1956

发达国家中由于社会医疗与社会福利水平较高，人口老龄化的比重在上升，而发展中国家的"未富先老"问题成为一大社会难题。发达国家的人口老龄化呈现一个随经济和社会稳步增长而逐渐进展的过程，经过了几十年和几代人；而在发展中国家，这个过程被压缩到两个或三个十年。面对人口老龄化，最亟待解决的问题就是如何使逐渐萎缩中的劳动力队伍能够供养得起依赖其他人生活的那部分人群（包括儿童和老人），这种供养的压力在欠发达、最不发达国家和地区尤为突出（表 4-2）。

表 4-2 2013 年世界养老供养比率

国家/地区	养老供养比率
世界平均水平	8.3
发达地区	4.0
欠发达地区	10.8
最不发达国家	16.0

资料来源：UN. 2013. World Population Ageing 2013. United Nations Publication. USA：New York.

联合国经济与社会事务局人口司的数据（图 4-7）显示，2012 年全世界 60 岁及以上的人口数量超过了 8 亿人，到 2050 年这一数字将突破 20 亿人，其中 2050 年不发达国家的 60 岁及以上人口数量将是 2012 的 3.04 倍。

由于医疗和社会保障水平的差异，短期内老龄化问题在发达国家较为突出。2013 年发达国家的典型国家在全球老年人比率排名中均排在世界前 40 位，日本 60 岁及以上老年人口比重在全球排名榜首（表 4-3）；但从长远来看，新兴经济体国家与发展中国家的老龄化问题最为严峻（图 4-8）。中国、印度等金砖国家以及印度尼西亚、不丹、埃及等发展中国家到 2050 年 60 岁及以上的人口数量将是 2012 年的 3 倍多；阿富汗、埃塞俄比亚等不发达国家到 2050 年 60 岁及以上的人口数量将是 2012 年的 4 倍左右，老龄化问题将成为这些国家发展的重要挑战。

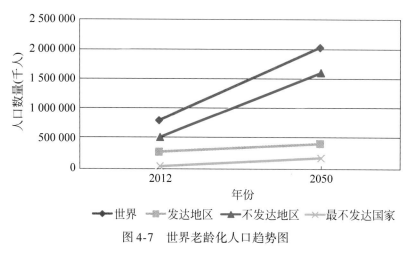

图 4-7   世界老龄化人口趋势图

资料来源：UN. 2012. Population Ageing and Development. USA：New York.

表 4-3   2013 年世界老年人口比重排名

国家类型	国家	60 岁及以上人口比重（%）	世界排名
发达国家	美国	19.5	39
	德国	26.8	3
	挪威	21.3	27
	澳大利亚	19.5	38
	日本	32.0	1
新兴经济体国家	巴西	11.0	79
	俄罗斯	18.8	44
	中国	13.8	67
	印度	8.2	105
	南非	8.4	101
发展中国家	印度尼西亚	7.9	108
	不丹	6.9	121
	埃及	8.5	99
	尼日利亚	4.4	179
	委内瑞拉	9.3	96
	阿富汗	3.8	193
最不发达国家	孟加拉国	6.8	122
	苏丹	4.9	158
	莫桑比克	4.9	160
	埃塞俄比亚	5.0	153

资料来源：UN. 2013. World Population Ageing 2013. United Nations Publication. USA：New York.

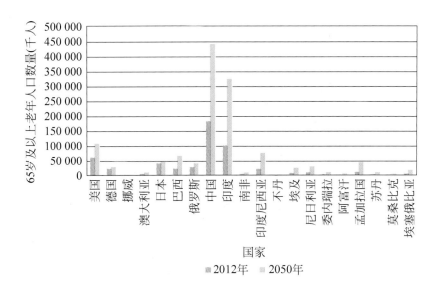

图 4-8　典型国家的老龄化人口趋势

资料来源：UN. 2012. Population Ageing and Development. USA；New York.

（三）城镇人口比重

城镇人口比重在某种程度上代表了一个国家或地区的发展水平。全世界城镇人口比重从 2000 年的 46.55% 提高到 2013 年的 53%（图 4-9）；在典型国家中（图 4-10），2013 年美国、德国、日本等发达国家的城镇人口比重均在 70% 以上。新兴经济体国家中除印度外，中国、巴西、俄罗斯、南非的城镇人口比重均超过 50%。发展中国家和不发达国家的城镇人口比重差异加大，除印度尼西亚和委内瑞拉外，其余典型国家的城镇人口比重均未达到世界平均水平，城镇化水平有待提高。

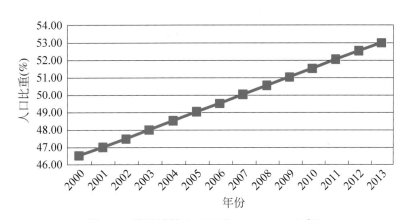

图 4-9　世界城镇人口比重（2000～2013 年）

资料来源：世界银行数据库 . 2014. http：//data. worldbank. org. cn/indicator.

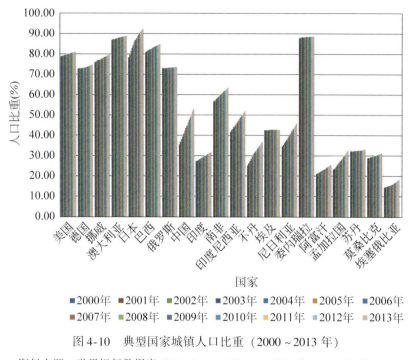

图 4-10　典型国家城镇人口比重（2000～2013 年）

资料来源：世界银行数据库 . 2014. http：//data. worldbank. org. cn/indicator.

二、人 口 控 制

（一）人口政策

联合国的经济和社会事务部会定期发布《世界人口政策报告》，对世界各国的人口状况和人口政策进行了详细的分析。其人口政策主要集中在以下几个方面。

（1）人口规模、增长与年龄结构，主要包括：人口规模和人口增长、人口老龄化两个方面。在过去的二十多年里，许多欠发达国家的政府已经意识到降低高人口增长率的重要性，同时越来越多的发达国家政府已经充分意识到低人口增长率和人口老龄化带来的社会问题。从图 4-11 可以清楚地看到，世界范围内通过对本国人口实施政策干预来降低人口增长率的国家数量越来越多。

（2）生育水平、生殖健康和计划生育。在生育水平方面，2013 年，在发达地区有超过 2/3 的政府采取政策措施以提高国家的生育水平；与此相对应的是，在欠发达地区只有 14% 的政府采取政策措施以提高生育水平。而发达地区和欠发达地区的政府都在一直采取措施以降低青少年的生育水平。从图 4-12 可以看出，在世界范围内越来越多的国家在降低生育水平、加大对生育的干预力度。在计划生育方面，2013 年，全球81% 的政府直接支持采取计划生育，这一比例较 1976 年的 63% 有了极大提升。从

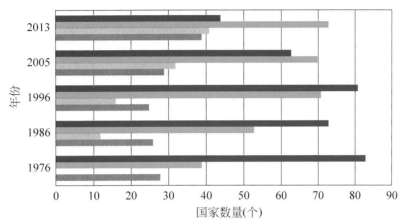

图 4-11　应对人口增长率的国家政策变化趋势

资料来源：UN. 2013. World Population Policies 2013.

http：//www. un. org/en/development/desa/population/publications/policy/world-population-policies-2013. shtml.

图 4-13 可以看出，支持实施计划生育政策的国家在逐渐增多，支持力度也在不断增强。在生殖健康方面，2013 年，世界上有 97% 的政府允许通过流产挽救产妇生命。

（3）健康与死亡率。这一方面主要体现在降低产妇死亡率和儿童死亡率，采取措施降低艾滋病给人类健康带来的巨大威胁。

（4）移民，主要包括：人口的空间分布和内部迁移及国际移民问题等。

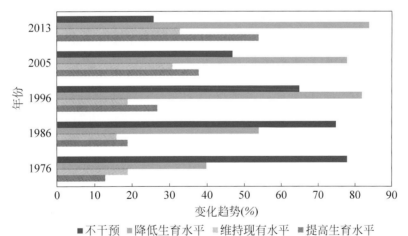

图 4-12　应对生育水平的国家政策变化趋势

资料来源：UN. 2013. World Population Policies 2013.

http：//www. un. org/en/development/desa/population/publications/policy/world-population-policies-2013. shtml.

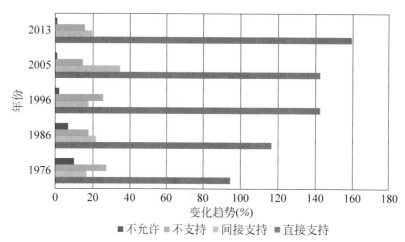

图 4-13　国家政策对计划生育的态度变化趋势

资料来源：UN. 2013. World Population Policies 2013.

http：//www. un. org/en/development/desa/population/publications/policy/world-population-policies-2013. shtml.

（二）政策效应

20 世纪世界人口政策的两项重大成就分别是死亡率普遍下降和生育率随之降低。过去几十年的努力表明，政府的政策和承诺可在影响人口动态变化方面大有作为，没有政府的承诺以及全社会的不断参与，就不可能取得成功，而《国际人口与发展会议行动纲领》（以下简称《行动纲领》）就是其具体体现。1994 年开罗国家人口与发展大会颁布的《行动纲领》提出一整套目标和建议，旨在改善人类福祉和促进可持续发展及持久经济增长，其目标和宗旨与其他国家商定的发展目标相一致，其建议采取的行动也充分支持实现这些目标，包括联合国千年发展目标。《行动纲领》的核心包括那些直接与人口动态有关并影响到人口增长和结构的政策、方案和措施指南。

联合国千年发展目标中有三项与人口问题有关，分别是促进两性平等并赋予妇女权力、降低儿童死亡率和改善产妇保健。为了考察联合国的人口政策效应，本报告将联合国人口政策同联合国千年发展目标相结合，通过联合国千年发展目标中有关人口目标的完成情况进行综合评价。

1. 促进两性平等并赋予妇女权利

首先，在小学和初中教育消除性别歧视。联合国千年发展目标的时间表是最好是在 2005 年，但不晚于 2015 年，其规定的性别平等指数（gender parity index）达到 0.97 ~1.03。就联合国人口政策的效果来看，消除小学教育性别歧视方面，除撒哈拉以南非洲、大洋洲和西亚外，世界其余地区均已实现 2015 年联合国千年发展目标性别平等指数（图 4-14）；消除中学教育性别歧视方面，除撒哈拉以南非洲、大洋洲、西亚和南亚与联合国千年发展目标稍有差距外，世界其余地区均已达到2015年联合国千年发展目标（图4-15）。因此，联合国人口政策在消除教育性别歧视方面效果显著。

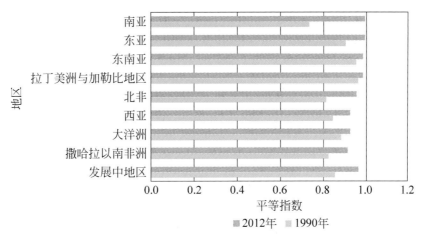

图4-14　小学教育消除性别歧视趋势图（1990年、2012年）

资料来源：UN. 2014. The Millennium Development Goals Report 2014.

http：//www. undp. org/content/undp/en/home/librarypage/mdg/

the- millennium- development- goals- report- 2014. html.

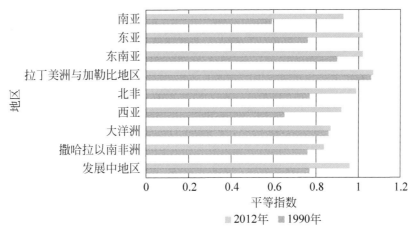

图4-15　中学教育消除性别歧视趋势图（1990年、2012年）

资料来源：UN. 2014. The Millennium Development Goals Report 2014.

http：//www. undp. org/content/undp/en/home/librarypage/mdg/

the- millennium- development- goals- report- 2014. html.

其次，赋予妇女权利。虽然联合国在推进维护妇女权利方面做出了诸多努力，女性在劳动力市场的地位有了一定提高，但由于宗教信仰、生活习惯等原因的影响，劳动力市场中的性别歧视依然存在（图4-16）。

2. 降低儿童死亡率

根据联合国数据显示，全球2012年全年的儿童死亡人数较1990年减少了600万，儿

童死亡率仅为 1990 年的一半。联合国千年发展目标的儿童死亡率标准为在 1990~2015
年，5 岁以下的儿童死亡率减少 2/3，即到 2015 年，5 岁以下儿童死亡率降至 1990 年的
1/3。尽管取得了实质性进展，但世界各国仍落后于联合国千年发展目标中的儿童死亡率
标准，截至 2012 年，世界范围内只有东亚和北非达到了这一目标，其他各地区仍在为之
努力（图 4-17）。

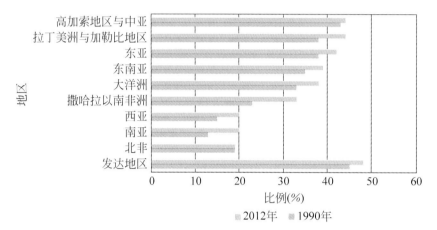

图 4-16　从事非农业生产的女性员工比例（1990 年、2012 年）

资料来源：UN. 2014. The Millennium Development Goals Report 2014.

http：//www. undp. org/content/undp/en/home/librarypage/mdg/

the-millennium-development-goals-report-2014. html.

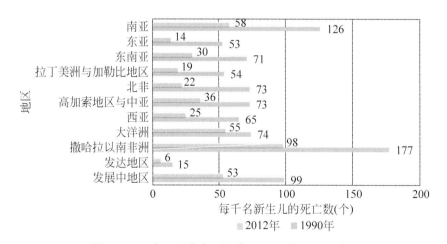

图 4-17　5 岁以下儿童死亡率（1990 年、2012 年）

资料来源：UN. 2014. The Millennium Development Goals Report 2014.

http：//www. undp. org/content/undp/en/home/librarypage/mdg/

the-millennium-development-goals-report-2014. html.

3. 改善产妇保健

2012 年，全球有 52% 的产妇获得了 4 次以上的产前保健访问，这一数字比 1990 年的 37% 提高了 15 个百分点，但 2013 年全球仍有大约 30 万的女性死于与怀孕、分娩相关的病症，而且在发展中地区的农村，仍有大量未经专业培训的医务人员在从事着与分娩相关的工作。联合国千年发展目标是在 1990 年至 2015 年之间，将产妇死亡率减少 3/4，即将 2015 年的产妇死亡率降至 1990 年的 1/4。截至 2012 年，世界范围内绝大多数发展中地区尚未达到这一标准（图 4-18）。1990 年以来虽取得了一定成就，但仍需要更多的工作来减少产妇的死亡率。

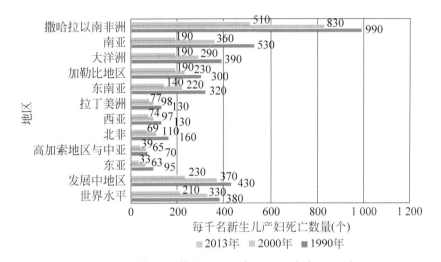

图 4-18　产妇死亡数量（1990 年、2000 年与 2013 年）

资料来源：UN. 2014. The Millennium Development Goals Report 2014.

http：//www. undp. org/content/undp/en/home/librarypage/mdg/

the-millennium-development-goals-report-2014. html.

三、健　康

传统的健康观念多强调人生理上的身体健康，而现代的健康观念则普遍认为只有身心都达到健康的状态，才是真正意义上的健康。1990 年，世界卫生组织明确了健康的定义：一个人只有在身体、心理、社会适应和道德四个方面都健康，才算是完全健康。本报告基于世界可持续发展的视角，着重探讨的是世界人口的身体健康，主要包括人口预期寿命、婴幼儿死亡率、疾病对人口健康的影响以及世界各国对医疗卫生支出情况。

1. 预期寿命

预期寿命是世界卫生组织统计健康状况的关键性指标，一般分为出生预期寿命（life expectancy at birth）和 60 岁预期寿命（life expectancy at age 60）两种（孟群，

2013)。出生预期寿命指的是一个国家或地区每个新生儿期望能够生存的平均年数，反映了人口的总死亡率水平，概括了儿童、青少年、成人和老年人等不同年龄组的死亡率特征；60 岁预期寿命指的是一个国家或地区年满 60 岁的人可期望生存的平均年数，反映了 60 岁以上人口的总死亡率，概括了 60 岁以上各年龄组的死亡率模式。

根据联合国的数据显示，随着各国医疗卫生条件和社会保障措施的不断发展，世界出生预期寿命在持续增加（图 4-19）。20 世纪 80 年代，全球出生预期寿命为 62.4 岁，到 2015 年出生预期寿命已达到 70 岁，预计到 2050 年全球出生预期寿命可以达到 75.9 岁（图 4-20）。就典型国家来看，发达国家的预期寿命高于新兴经济体国家、发展中国家和最不发达国家，日本 2015 年的预期寿命已突破 80 岁，预计 2050 年的预期寿命可以达到 88.4 岁，位列典型国家之首；尼日利亚为典型国家中预期寿命最低的国家，2050 年仅为 65.4 岁，远低于世界平均水平（图 4-21）。

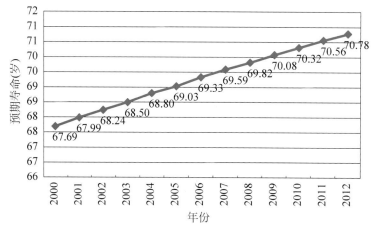

图 4-19　世界出生预期寿命（2000～2012 年）

资料来源：世界银行数据库 . 2014. http：//data. worldbank. org. cn/indicator.

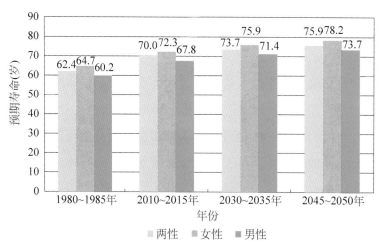

图 4-20　世界预期寿命（1980～2050 年）

资料来源：UN. 2013. Profiles of Ageing 2013. http：//esa. un. org/unpd/popdev/AgingProfiles2013/default. aspx.

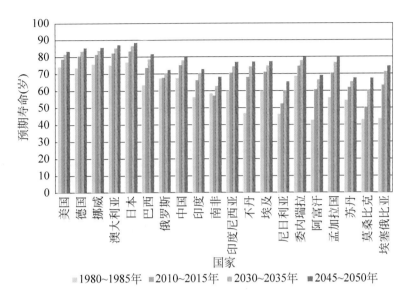

图 4-21　典型国家预期寿命（1980～2050 年）

资料来源：UN. 2013. Profiles of Ageing 2013. http：//esa. un. org/unpd/popdev/AgingProfiles2013/default. aspx.

2. 婴幼儿死亡率

2000 年以来，全球的婴幼儿死亡率持续下降，从 2000 年的 53‰下降到 2013 年的 33.6‰，下降了近 20 个千分点（图 4-22）。就典型国家来看，由于医疗卫生事业发达，发达国家的婴幼儿死亡率远低于新兴经济体国家、发展中国家和最不发达国家，日本自 2002 年以来就将婴幼儿死亡率控制在 3‰以下；由于贫困、医疗卫生事业落后等原因，最不发达国家的婴幼儿死亡率最高，均在 30‰以上（图 4-23）。

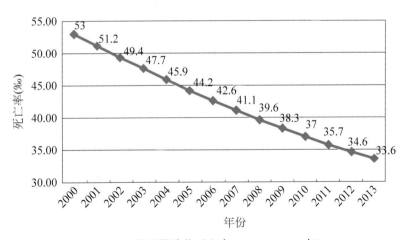

图 4-22　世界婴幼儿死亡率（2000～2013 年）

资料来源：世界银行数据库 . 2014. http：//data. worldbank. org. cn/indicator.

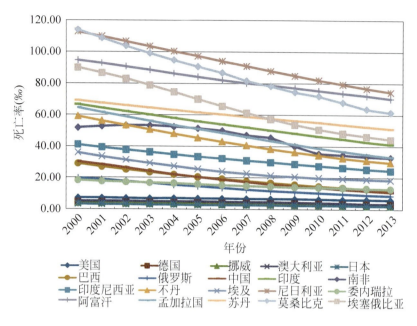

图 4-23　典型国家婴幼儿死亡率（2000～2013 年）

资料来源：世界银行数据库 . 2014. http：//data. worldbank. org. cn/indicator.

3. 疾病对人口健康的影响

自 20 世纪 60 年代后期以来，原有的传染病诸如麻疹、肺结核、鼠疫等得到了有效控制。但是随着社会的进步和人居环境的变化，现有人群的抵抗力下降，抗生素类药物被滥用，进而使一些传染病的病原体发生变异或产生抗药性，新的传染病不断出现。登革热、军团病、艾滋病等都有一定规模的爆发，尤其在公共卫生事业不发达的国家肆虐。20 世纪 90 年代以来，传染性疾病进入大规模爆发流行期：非洲的脑膜炎和黄热病、印度的鼠疫、俄罗斯的白喉、拉丁美洲的霍乱和黄热病、英国的疯牛病、香港的禽流感等大规模传染病疫情再次给世界敲响了警钟。2003 年的 SARS 在短短几个月时间内席卷了全球 27 个国家和地区，让全社会再次清醒地认识到，人类社会与传染病的斗争仍在继续。

4. 医疗卫生支出

医疗卫生支出主要涉及医疗卫生的管理支出、医疗服务支出、医疗保障支出、疾病防控支出、妇幼保健支出等。医疗卫生支出是衡量一个国家或地区的国家财政对医疗卫生事业支持程度的重要统计指标。

就全世界来看，医疗卫生支出占 GDP 的比重呈上升趋势，由 2000 年的 9.28% 上升为 2012 年的 10.19%（图 4-24）。就典型国家来看，发达国家的医疗卫生支出占 GDP 比重较高，一般都维持在 10% 上下；发展中国家和最不发达国家由于受制于经济落后、人口众多，医疗卫生支出占 GDP 比重普遍较低，一般都维持在 5% 上下（图 4-25）。

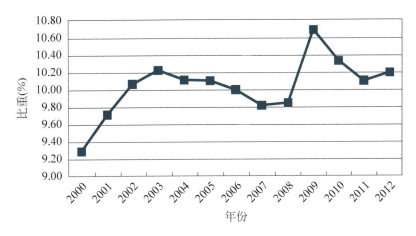

图 4-24 医疗卫生支出占 GDP 比重的世界平均水平（2000 ~ 2012 年）

资料来源：世界银行数据库 . 2014. http：//data. worldbank. org. cn/indicator.

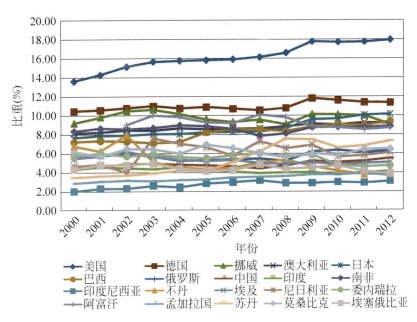

图 4-25 典型国家医疗卫生支出占 GDP 比重（2000 ~ 2012 年）

资料来源：世界银行数据库 . 2014. http：//data. worldbank. org. cn/indicator.

第二节　社会冲突与社会治理

维护社会稳定始终是世界各国高度关注的一个重大问题。当前国际社会总体和平、缓和、稳定，局部战乱、紧张、动荡。由于经济、政治、历史、文化、民族、宗教等多方面因素的影响，一些国家和地区的矛盾在进一步激化，社会动荡加剧，直接影响了经济社会的发展和人民生活水平的提高。本报告关注失业与就业、社会治理和社会和谐态势。

一、失业与就业

（一）失业

失业威胁着作为社会基本单元的家庭的收入和稳定，失业率长期居高不下还会带来诸如盗窃、抢劫等一系列社会问题，降低失业率成为了各国政府宏观调控的主要目标之一。

失业可以分为摩擦性失业、结构性失业和周期性失业三种。当劳动者从一种生产活动转移到另一种生产活动时，通常会出现一个时间和空间的滞后，由此而产生摩擦性失业；而当技术进步或产业结构变动造成一部分劳动者的技能无法适应新的岗位需要时，便产生结构性失业。摩擦性失业与结构性失业又被称为自然失业，这是因为一个正常的经济规律不可能完全消除摩擦性失业和结构性失业。周期性失业则是宏观经济在衰退过程中所发生的失业现象。随着宏观经济形势的好转，周期性失业现象可以得到缓解甚至被消除。

这里讨论的失业为周期性失业。就世界范围来看，2000 年至 2013 年全球的失业人口比重一直维持在 5.5% ~ 6.5%（图 4-26）。就典型国家来看，除了新兴经济体国家中的南非、发展中国家的埃及和最不发达国家中的苏丹失业率较高以外，其余国家的失业率与世界平均失业率的总体水平差距不大（图 4-27）。而根据世界劳工组织的预测，在未来一段时期内，世界的平均失业率仍将维持在较高水平（图 4-28）。

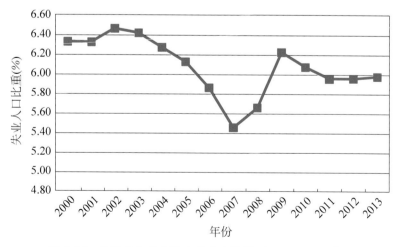

图 4-26　世界总失业人数占劳动力比重（2000 ~ 2013 年）

资料来源：世界银行数据库 . 2014. http: //data. worldbank. org. cn/indicator.

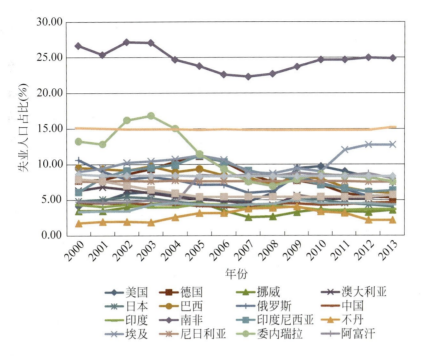

图 4-27　典型国家总失业人口占劳动力比重（2000~2013 年）

资料来源：世界银行数据库 . 2014. http：//data. worldbank. org. cn/indicator.

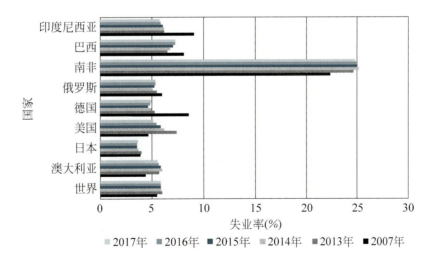

图 4-28　世界失业情况发展趋势（2007~2017 年）

资料来源：International Labour Organization. 2015. World Employment and Social Outlook Trends 2015.

http：//www. ilo. org/global/research/global-reports/weso/2015/lang--en/index. htm.

（二）就业

就世界范围内来看，受当前复杂的国际经济形势影响，就业人口比例持续下降，由 2000 年的 61.14% 下降到 2013 年的 59.65%（图 4-29）。就典型国家来看，2013 年各国就业人口比例较 2000 年均有不同程度的下滑，典型国家中除了印度、南非、埃及、阿富汗和苏丹的就业人口比例低于世界水平外，其余各国均在世界就业人口比例水平之上（图 4-30）。

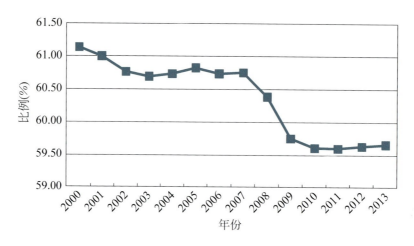

图 4-29　世界就业人口比例（2000～2013 年）

资料来源：世界银行数据库 . 2014. http：//data. worldbank. org. cn/indicator.

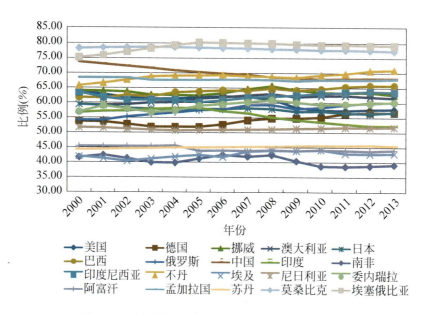

图 4-30　典型国家就业人口比例（2000～2013 年）

资料来源：世界银行数据库 . 2014. http：//data. worldbank. org. cn/indicator.

二、社会治理

（一）社会治理能力

社会治理能力能够反映出一个国家政府的综合管理能力。世界银行使用世界治理指数（the worldwide governance indicators，WGI）对全球 215 个经济体的政府治理水平进行综合考量。

世界治理指数由 Daniel Kaufmann 等学者结合在工业化国家和发展中国家大量受访企业、市民和专家的意见确定的六项聚合指标构成，数据源来自各种调查机构、智库、非政府组织和私营企业，主要涉及政府治理的六个维度，分别是：①话语权和问责制（voice and accountability），反映了一个国家的公民能够在多大程度上参与选择他们的政府，以及言论自由、结社自由和媒体自由等。②政治稳定无暴力（political stability and absence of violence），反映了民众对动摇或通过违宪、暴力手段推翻政府可能性的认知，这些暴力手段还包括有政治动力的事件和恐怖主义。③政府效率（government effectiveness），反映了一个国家的公民对政府提供服务的认知，包括对公共服务质量的认知；对行政部门及其独立于政治压力程度的认知；对政策制定与政策实施质量的认知；对政府政策承诺可信度的认知。④监管质量（regulatory quality），反映了一个国家的公民对政府制定和实施政策法规、促进私营部门发展的认知能力。⑤法治（rule of law），反映了一个国家的公民有信心遵守社会规则，特别是对合同执行的质量、产权、警察和法院以及犯罪与暴力可能性的认知能力。⑥控制腐败（control of corruption），反映了一个国家的公民对国家公权力行使私人收益，包括各种形式的腐败以及"获取"国家经营与私人利益的认知能力。

根据世界银行的"世界治理指数专题"所发布以上 6 个维度的数据，通过标准化与等权的方法，计算出 2013 年全球典型国家的世界治理指数（WGI）。其阈值在 0 ~ 1，指数数值越接近 1，表明该国家的治理能力越强；反之，指数数值越接近 0，表明该国家的治理能力越弱。如图 4-31 所示，发达国家的 WGI 指数显著高于其他类型国家；发展中国家和最不发达国家的 WGI 指数普遍较低。

（二）腐败控制

腐败是危害国家安全与社会稳定的毒瘤，控制腐败不仅是打击犯罪的重要举措，也是政府治理能力的重要体现。"透明国际"（Transparency International）是一个国际知名的从事反腐败研究的非政府组织，由世界银行负责非洲地区项目的前德籍官员彼得·埃

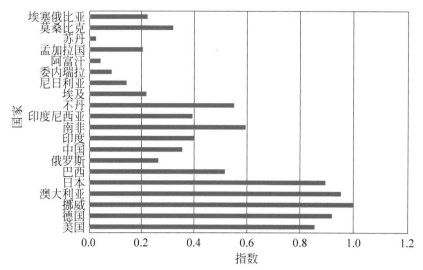

图 4-31　典型国家的世界治理指数（2013 年）

资料来源：世界银行

根于 1993 年 5 月注册成立。从 1995 年起，"透明国际"每年发布全球清廉指数（corruption perceptions index，CPI），给世界提供一个可供比较的国际贪污状况列表。"透明国际"的全球清廉指数排名是依据世界银行、环球透视、英国经济学人智库组织和世界经济论坛专家的评估，以及对居民和商业领袖进行调查后制定的。

在 2013 年的全球清廉指数报告中，丹麦和新西兰并列最清廉的国家，而索马里、朝鲜和阿富汗为全球贪腐问题最严重的国家。就典型国家而言，发达国家因经济、体制、文化等因素清廉指数偏低，国家排名都在前 20 位；发展中国家和最不发达国家的清廉指数普遍偏低，除苏丹外国家排名均排在 110 位之后（表 4-4）。

表 4-4　典型国家的全球清廉指数（2013 年）

国家类型	国家名称	得分	世界排名
发达国家	美国	73	19
	德国	78	12
	挪威	86	5
	澳大利亚	81	9
	日本	74	18
新兴经济体国家	巴西	42	72
	俄罗斯	28	127
	中国	40	80
	印度	36	94
	南非	42	72

续表

国家类型	国家名称	得分	世界排名
发展中国家	印度尼西亚	32	114
	不丹	63	31
	埃及	32	114
	尼日利亚	25	144
	委内瑞拉	20	160
最不发达国家	阿富汗	8	175
	孟加拉国	27	136
	苏丹	11	174
	莫桑比克	30	119
	埃塞俄比亚	33	111

资料来源：Transparency International. 2013. Corruption Perceptions Index 2013. http://www. transparency. org/cpi.

三、社 会 和 谐

（一）幸福指数

"幸福指数"的概念最早是由不丹国王提出并率先在全国建立国民幸福指数（gross national happiness index）。人均 GDP 不高却能够生活得很幸福，"不丹模式"受到世界广泛关注。近年来，西方国家尝试用幸福指数而非 GDP 等经济指数来衡量一个国家或地区的人民对生活水平、政府管理、社会发展的满意程度。虽然幸福指数为非经济统计数据，但它能够反映社会整体的运行状况和民众的生活状态的，也是社会发展的"晴雨表"。

联合国在不丹举行幸福指数讨论大会上的基础上，发布了全球首份幸福指数报告——"全球幸福指数报告"（*World Happiness Report*，WHR），时间跨度从 2005 年至 2011 年，调查对象是全球 156 个国家。该报告的标准包括 9 个大领域：教育、健康、环境、管理、时间、文化多样性和包容性、社区活力、内心幸福感、生活水平等。全球幸福指数的阈值为 0~10，指数数值越接近 10，表明该国家的幸福程度越高；反之，指数数值越接近 0，表明该国家的幸福程度越低。根据报告显示，北欧的丹麦成为全球最幸福国家；西非的多哥成为全球最不幸福的国家。就不同类型的典型国家而言，经济和社会发展水平较高的国家均排名靠前，而最不发达国家排名相对靠后（表 4-5）。

表4-5 典型国家的全球幸福指数（2013年）

国家类型	国家名称	得分	世界排名
发达国家	美国	7.082	17
	德国	6.672	26
	挪威	7.655	2
	澳大利亚	7.35	10
	日本	6.064	43
新兴经济体国家	巴西	6.849	24
	俄罗斯	5.464	68
	中国	4.978	93
	印度	4.772	111
	南非	4.963	96
发展中国家	印度尼西亚	5.348	76
	不丹	—	—
	埃及	4.273	130
	尼日利亚	5.248	82
	委内瑞拉	7.039	20
最不发达国家	阿富汗	4.04	143
	孟加拉国	4.804	108
	苏丹	4.401	124
	莫桑比克	4.971	94
	埃塞俄比亚	4.561	119

注：不丹不参与评分及排名。

资料来源：UN. 2013. World Happiness Report 2013. http://worldhappiness. report/ed/2013.

（二）全球和平指数

全球和平指数（global peace index，GPI）着眼于评估和维系和平，寻找与冲突相关的文化和机制因素，运用一套测量指标，对国家和地区的和平程度及生活稳定程度做出评分及排名。

全球和平指数是由澳大利亚企业家、慈善家史蒂夫·基利亚（Steve Killelea）发明的，指数引用联合国及国际组织的资料，包括国家军费、国家因组织性冲突死亡人数、联合国派遣人员的数目等数据，对全球162个国家及地区的和平程度及生活稳定程度进行综合评价。该指数由澳大利亚经济与和平研究所于2007年首次发布，指数越小，排名越靠前，表示和平程度越高。该指数目的在于摒除以往单以战争作为粗陋的指标，有系统地量度和平的结构，而指数为和平程度提供量化的指标，可作跨时间及地域的比较，并且期望指数能引发及影响国际领袖，使他们能就和平问题做出妥善的反应。

就典型国家而言，德国、挪威等欧洲发达国家的和平程度较高，尼日利亚、埃塞俄比亚等非洲国家和平程度较低。美国、中国、俄罗斯等大国受到恐怖主义、极端主义的潜在威胁较大，和平程度偏低。而战乱不断的阿富汗、苏丹等最不发达国家排在最后（表4-6）。

表4-6　典型国家的全球和平指数（2013年）

国家类型	国家名称	得分	世界排名
发达国家	美国	2.126	99
	德国	1.431	15
	挪威	1.359	11
	澳大利亚	1.438	16
	日本	1.293	6
新兴经济体国家	巴西	2.051	81
	俄罗斯	3.060	155
	中国	2.142	100
	印度	2.570	141
	南非	2.292	121
发展中国家	印度尼西亚	1.879	54
	不丹	1.487	20
	埃及	2.258	113
	尼日利亚	2.693	148
	委内瑞拉	2.370	128
最不发达国家	阿富汗	3.440	162
	孟加拉国	2.159	105
	苏丹	3.242	158
	莫桑比克	1.910	60
	埃塞俄比亚	2.630	146

资料来源：Institute for Economics & Peace. 2014. Global Peace Index Report 2014. http：//www. visionof-humanity. org/sites/default/files/2014％20Global％20Peace％20Index％20REPORT. pdf.

专栏4-1　全球治理（global governance）概念

治理是各种各样的个人、团体——公共的或个人的——处理其共同事务的总和。这是一个持续的过程，通过这一过程，各种互相冲突和不同的利益可望得到调和，并采取合作行动。这个过程包括授予公认的团体或权力机关强制执行的权力，以及达成得到人民或团体同意或者认为符合他们的利益的协议。

全球治理并没有简单的模式或定规，也没有一个简单的构架或者一组构架。它是一个广泛的、充满活力的、复杂的进程，要求根据不断变化的情况不断作出有关的决策。虽然必须适合于各不同地区的具体要求，但在治理时必须对人类的生存和发展问题作出总体的对策。鉴于这些问题的一贯性，在处理时也必须采取一贯的对策，不能朝三暮四。

行之有效的全球性决策，必须是以地方性的、全国性的或地区性的有影响的决定为依据，并能汲取各行各业的人们以及各层次的组织的技能和资源。必须在各团体和进程之间建立起融洽的关系，以使总体的执行人能够汇集信息、情况和权力，就共同关切的事务作出共同决策，并付诸实践。

资料来源：卡尔松，兰法尔 . 1995. 天涯成比邻——全球治理委员会的报告 . 中国对外翻译出版社公司译 . 北京：中国对外翻译出版公司.

第三节　贫困与反贫困

一、贫困状况

终结贫困的意义不只在消除贫困本身，同时也是解决各种经济问题、社会问题、文化问题、政治问题乃至于环境问题的关键。贫困通常会带来恶性循环，使穷人没有能力改善他们的生活状态。在许多发展中国家，穷人挣扎在正常的、积极的社会生活的边缘，他们没有政治影响，缺乏教育、卫生、住房、个人安全、稳定收入和足够食物等方面的权利。

贫困首先是一种社会生活中的经济现象，可以有人为界定的标准，即贫困线。目前，世界普遍以1.25美元/天作为极度贫困（extreme poverty）的分界线。1990年，世界银行首次在当年的发展报告中提出减贫战略。1998年世界银行制定了国际发展目标，此目标确立了减贫、改善卫生与教育以及环境保护等具体目标，该目标首先在20世纪90年代后期联合国主要会议上取得共识，随后又被国际货币基金组织（IMF）、经济合作与发展组织（OECD）以及其他机构所采用。1999 年，联合国《千年宣言》中，149 位国家首脑批准了扩展的目标，反映了世界各国对这些目标的空前共识。2000 年 9 月，全球各国首脑在纽约联合国总部进行了会晤，并表决通过了联合国千年宣言。各国承诺将建立新的全球合作伙伴关系以降低极端贫穷人口比重，并设立了一系列以 2015 年为最后期限的目标，即"千年发展目标"，如表 4-7 所示。

表 4-7　联合国千年发展目标

联合国"千年发展目标"（MDGs）	1. 根除极度贫困和饥饿
	2. 普及初等教育
	3. 促进性别平等和赋予妇女能力
	4. 降低婴儿死亡率
	5. 改善孕产妇健康状况
	6. 防治 HIV/艾滋病、疟疾和其他疾病
	7. 确保环境的可持续
	8. 建立全球发展伙伴关系

联合国千年发展目标明确提出：从 1990 年到 2015 年，将全球每日收入不足 1.25 美元的人口比例减半。根据世界银行的数据资料显示，1990 年，全球极度贫困人口（按每天 1.25 美元衡量）约占全球总人口比例的 36.4%。2011 年，全球极度贫困人口占全球总人口比例约为 14.5%（图 4-32），提前实现了联合国"千年发展目标"。与此同时，世界极度贫困人口的数量也从 1990 年的 19.21 亿人下降到 2011 年的 10 亿人（图 4-33）。

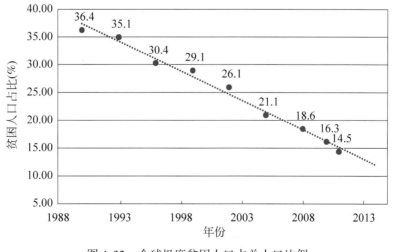

图 4-32　全球极度贫困人口占总人口比例

资料来源：世界银行数据库. 2014. http：//data. worldbank. org. cn/indicator.

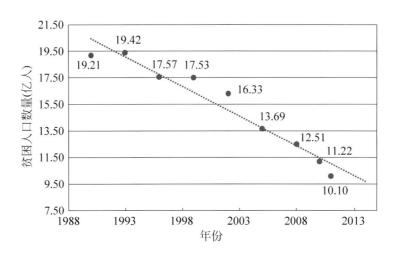

图 4-33　全球极度贫困人口数量（1988～2013 年）

资料来源：世界银行数据库 . 2014. http：//data. worldbank. org. cn/indicator.

专栏 4-2　千年发展减贫目标实现了吗？

从 1990 年到 2010 年，全球极度贫困的发生率从 43.1% 下降到了 20.6%，比期望的 2015 年实现了第一项千年发展目标提前了 5 年。然而，世界范围内的贫困状况真的大为好转了吗？

1. 从全球角度来看，千年发展目标中减贫目标的实现主要归功于中国的减贫成果。除去中国的减贫人口，从 1990 年到 2010 年，只有 5% 的人口跨过了每天 1.25 美元的极度贫困线。如果从各国家的角度来看，还有相当多的国家并没有实现千年发展目标中的极度贫困人口占比减半的目标，尤其是在非洲和大洋洲。

2. 使极度贫困人口占比减半并不意味着全球贫困现象的巨大改善。事实上，由于人口基数的膨胀，从 1990 年到 2010 年，全球极度贫困人口数量仅从 19 亿减少到了 12 亿，减幅不到 40%。特别是在撒哈拉以南非洲，从 1980 年到 2011 年，极度贫困人口数量甚至仍在不断增长。《2014 非洲千年发展目标报告》指出：尽管非洲极度贫困人口的比例正在下降，但是不足以在 2015 年达到千年发展目标的减贫目标。

3. 从对贫困问题的认识上，贫困并不只是收入不足的现象，而已经被广泛地认为是一个多维度的现象，包括健康、教育、医疗、社会参与等，换言之，收入不足只是一个贫困问题的一个方面。因此，我们并不能确定在广泛意义上对贫困现象的消除是快于或者慢于对收入不足问题的解决。

4. 使用全球统一的以美元购买力平价（purchasing power parity，PPP）方式来衡量极度贫困这一充满不确定性的问题，一直以来都饱受争议。因为 PPP 更多地是针对国际贸易和金融资产的购买力评价。而对于人们生活息息相关的各个国家内部的商品和服务价格不具有太多的参考价值。

5. 用每天 1.25 美元的标准衡量最不发达国家的极度贫困现象或许是合适的。但对于发展中国家的极度贫困现象，其合理性正受到越来越多的质疑，尤其是对于目前正与日俱增的中等收入国家中的贫困现象。如贫困问题非常严重的墨西哥，按 1.25 美元的标准，2014 年，其全国极度贫困率仅为 0.72%，按墨西哥国内贫困标准，其贫困率则高达 52.3%。

资料来源：OECD. 2013. Development Co-operation Report 2013：Ending Poverty. http：//www. oecd. org/dac/dcr2013. htm.

《2014 人类发展报告》指出：在 104 个发展中国家中，有 12 亿人口的日平均收入不超过 1.25 美元。但如果按照多维贫困指数（MPI）来衡量的话，估计在 91 个发展中国家便有 15 亿多维贫困人口，全球有 22 亿人口生活在多维贫困或准多维贫困之下。MPI 不仅可以衡量遭受剥夺人口的比例，还可以衡量每户贫困家庭遭受的剥夺强度，从而更全面地展示具体的情况。多维贫困人口比例通常高于日均生活费低于 1.25 美元的人口比例。在柬埔寨，2010 年的多维贫困人口比例为 47%，但日均生活费低于 1.25 美元的人口比例只有 19%。相反的，巴西和印度尼西亚的收入贫困人口比例却比较高。此外，虽然许多国家的多维贫困人口和极度贫困人口数量都在下降，但下降的速度差异颇大。在印度尼西亚，多维贫困人口数量比极度贫困人口数量下降得快，但在秘鲁却正好相反（图 4-34）。

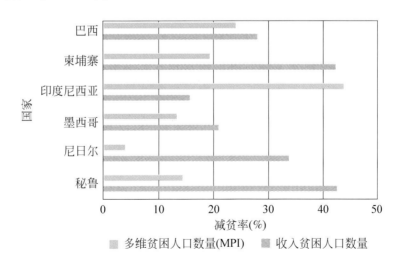

图 4-34　极度贫困人口与多维贫困人都数量关系

资料来源：UNDP. 2014. 2014 Human Development Report.

http：//www. undp. org/content/undp/en/home/librarypage/hdr/2014-human-development-report.

二、贫困成因

国家或者一个地区的贫困现象往往并不是由于人们的懒惰或者不思进取，而是有着更为深层次的原因，主要包括以下五个方面：历史原因、战争和政治动荡、国家债务、歧视与社会不公以及自然灾害。这些原因单独或者相互交加导致了国家性、区域性的贫困现象。

1. 历史原因

世界上大多数的最贫穷国家都是曾经的殖民地、奴隶贩卖区。这些地区的资源被系统性地掠夺并用于殖民国家的发展。尽管存在如美国、澳大利亚、加拿大这样的特例，大部分前殖民地国家的殖民主义遗留使得这些国家的大多数人不能够获得土地、资本、教育以及其他资源。在这些国家，贫困是一个历史遗留问题。

2. 战争和政治动荡

安全与稳定对生存与发展至关重要。没有了安全与稳定，经济不可能取得发展，生产要素也不可能被合理地采集并分配给个人，人们很难得到足够的技能和教育，从而依靠自己的努力走出生活的贫困。同样，战争和政治动荡使得这些国家的法律无力保护人们的财产安全和投资安全，导致国际投资者对这些国家的市场望而却步。事实上，在整个 20 世纪，最贫穷的国家往往是刚经历过内战或者是严重的政治动荡，它们中的绝大部分都没有一个强有力的政府来保护他们的人民免受暴力伤害。

3. 国家债务

很多贫穷国家都背负了沉重的债务负担，这些债务往往来自于富有的国家或者是国际经济组织。贫穷国家平均需要为他们所获得的每 1 美元援助，支付 2.3 美元的本息。除此之外，诸如世界银行和国际货币激进组织的结构化调整政策往往要求这些贫困国家向外界的投资者开放市场。这样一来会提升国内的市场竞争。近年来，对于削减国家债务的呼声日渐高涨，债务削减也被视为减少贫困的关键之一。联合国也已经在调整其援助政策，以减少其对脆弱人群的压力。

4. 歧视与社会不公

贫困和社会不公是两件不同方面的事情，但是社会不公往往会滋生贫困。不平等的社会地位使得社会地位较低的群体很难获得足够的方式与资源去养活自己。联合国社会政策和发展司（United Nations Social Policy and Development Division）指出收入分布、生产资料获取、信息获得、市场进入、社会服务获取等方面的不平等现象正在全球范围内扩散，由之带来了贫困的恶化。联合国和其他一些援助机构同时支持，性别歧视已经成为影响世界贫困现象的一个重要因素。

5. 自然灾害

在相对贫困的国家和地区，偶然发生的重大自然灾害已经成为扶贫工作的巨大障碍。例如，孟加拉国洪水、非洲之角地区的干旱以及海地地震都是很好的例子。在这些案例中，原本就很贫困的人们沦为了国内难民，失去了他们原本拥有的为数不多的东西，被迫重新开始他们生活的脚步，并且必须依靠他人才能生存下去。根据世界银行的报告，在 2008 年纳尔吉斯飓风袭击缅甸的两年之后，当地渔民的负债程度已经翻倍。所罗门群岛在 2007 年经历了一场地震和海啸的灾难的损失相当于当年国家预算的95%。离开国际援助，这些国家的政府几乎不可能满足国内民众的需求。

三、贫困分布

世界极度贫困人口主要集中在印度、撒哈拉以南非洲、拉丁美洲及加勒比海地区以及中国，这四个国家或地区集中了全球约 70% 的极度贫困人口。

（一）印度

印度是世界上极度贫困人口最多的国家。自 1975 年至 2015 年这 30 年来，印度的极度贫困人口比率从 65.89% 下降到了 23.63%，下降幅度超过一半，为联合国千年目标的实现做出了自己的贡献（图 4-35、图 4-36）。但是，伴随着印度人口的快速增长，直到 2005 年之前，印度极度贫困人口的绝对数量并没有明显下降，反而在低速增长。最近 10 年，随着印度政府扶贫力度的加大，极度贫困人口数量有所下降，但是总体而言，印度的贫困问题仍不容乐观。

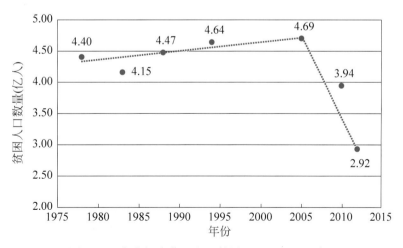

图 4-35　印度极度贫困人口数量（1975～2015 年）

资料来源：世界银行数据库 . 2014. http：//data. worldbank. org. cn/indicator.

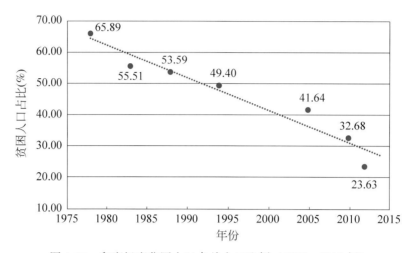

图 4-36 印度极度贫困人口占总人口比例（1975～2015 年）

资料来源：世界银行数据库 . 2014. http：//data. worldbank. org. cn/indicator.

世界银行的一份报告显示，2012 年印度极度贫困人口数为 2. 92 亿，约占当年全世界极度贫困人口总数的 30%，高于 1981 年的 22%，即印度极度贫困人口数量的下降速度低于全球平均水平。印度是一个发展极不协调的国家，牛津贫困和人类发展项目（OPHI）2010 年报告称，印度有 8 个邦的贫困程度就像 26 个最贫困的非洲国家那样严重，这 8 个邦居住着 4. 21 亿多维贫困人口，比非洲 26 个最贫困国家的穷人加起来还多。

过去 20 年，印度虽然经济保持了 7% 左右的增长，其高等教育和 IT 产业更是取得了辉煌的成绩。但与此同时，印度的 15 岁以上成人文盲率高达 37%，儿童营养不良率超过 40%。另有数据显示，印度 55% 的人口会在户外如厕，而且他们鲜有用手纸的习惯。2014 年，印度首都孟买为了打击民众随地如厕的恶习，不惜出动高压水车进行巡逻。此外，印度根深蒂固的种姓制度将人进行贵贱区别，这也给印度扶贫工作带来了很大障碍。

（二）撒哈拉以南非洲

1981～2010 年，撒哈拉以南非洲仍是世界上唯一贫困人口不断增加的地区，且年平均增幅高达 6. 69%（图 4-37）。1981 年撒哈拉以南非洲的极度贫困人口数为 2. 07 亿，占当时全世界绝对贫困人口的 10. 5%，2012 年撒哈拉以南非洲的极度贫困人口数为 4. 15 亿，占当年全世界极度贫困人口的 41. 0%。近 30 年来，撒哈拉以南非洲的极度贫困人口占其总人口比例一直在 50% 左右徘徊，具体分为两个阶段，1980～1993 年，呈上升趋势；1993 年至今呈下降趋势，考虑到极度贫困人口数量的持续增长，极度贫困人口比率的下降更多是由人口增长带来的"假象"（图 4-38）。

根据国际粮食政策研究所发布的《2012 全球饥饿指数报告》，1990～2012 年，饥

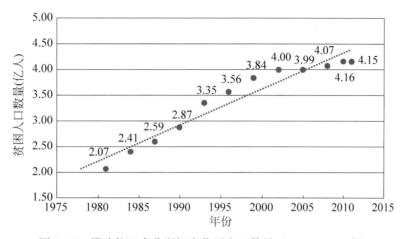

图 4-37　撒哈拉以南非洲极度贫困人口数量（1975～2015 年）

资料来源：世界银行数据库 . 2014. http：//data. worldbank. org. cn/indicator.

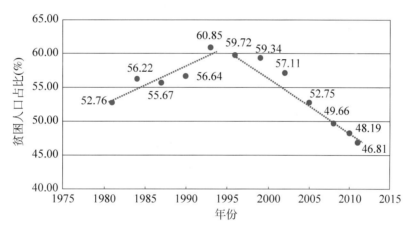

图 4-38　撒哈拉以南非洲极度贫困人口占总人口比例（1975～2015 年）

资料来源：世界银行数据库 . 2014. http：//data. worldbank. org. cn/indicator.

饿状况恶化最严重的国家大都来自撒哈拉以南非洲。布隆迪、科特迪瓦、科摩罗等国冲突连年、政局不稳，是导致贫困的主要原因。斯威士兰、博茨瓦纳也名列贫困榜前茅。除了政局不稳和战乱等因素，疾病也常常成为非洲贫困的"帮凶"。联合国非洲经济委员会 2005 年发布的一项报告指出，在全球 1400 万感染艾滋病或者肺结核（肺结核往往与艾滋病相伴而生）的病人中，70% 生活在非洲。在非洲，每 100 名成年人中就有 7 名是艾滋病毒携带者。医疗条件落后、药品昂贵及艾滋病预防教育的缺失，成为抗击艾滋病事业的严重障碍，也直接阻碍了撒哈拉以南非洲国家的脱贫进程。不过，据世界银行预测，随着地区冲突的缓和，以及经济环境的改善未来撒哈拉以南非洲地区的经济增长将超过 5%，远超全球平均水平。希望这样的经济发展能给撒哈拉以南非洲带来更多的"面包和药品"。

（三） 拉丁美洲及加勒比海地区

从世界银行的数据来看，拉丁美洲和加勒比海地区的极度贫困状况并不如印度和撒哈拉以南非洲地区严重。2011 年，该地区极度贫困人口数为 2700 万人（图 4-39），占当地总人口的 4.63%，为近 30 年来的最低水平（图 4-40）。然而，事实上，以墨西哥为代表的拉丁美洲国家正在面临越来越严峻的贫困考验。

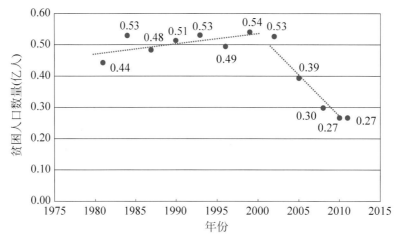

图 4-39　拉丁美洲及加勒比海地区极度贫困人口数量（1975~2015 年）

资料来源：世界银行数据库 . 2014. http：//data. worldbank. org. cn/indicator.

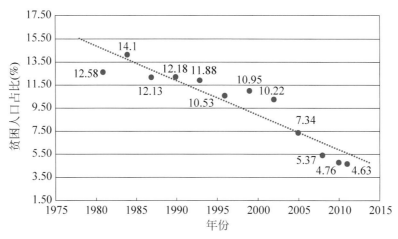

图 4-40　拉丁美洲及加勒比海地区极度贫困人口占总人口比例（1975~2015 年）

资料来源：世界银行数据库 . 2014. http：//data. worldbank. org. cn/indicator.

墨西哥人均 GDP 已超过 10 000 美元，属于世界银行划分的中等偏上收入国家。可见当今世界，贫困问题并不仅仅发生在低收入国家中。墨西哥统计局数字显示，从 2006 年到 2012 年，墨西哥家庭月平均收入从 1213 美元下降到 1059 美元，下降幅度达 12.8%。与此同时，水、电、煤、气、基本食品等基础商品价格均有大幅增长。2008

年，墨西哥 4880 万人口为贫困人口，即占其总人口的 44.5%，到 2013 年上升到 5900 万，占其总人口的 52.3%。

贫富差距是拉美地区贫困人口大面积分布的重要原因。墨西哥是拉美国家中贫困人口最为集中的国家。在拉美 1.68 亿的贫困人口中，墨西哥贫困人口占到了 1/3。墨西哥过去大规模城市化进程导致了严重的两极分化，特别是 1994 年加入北美自由贸易区后，墨西哥对美国农产品敞开国门，使得本国农业遭受巨大冲击，大批农民和小农户纷纷破产，农村成年男子被迫进城谋生或选择移民美国，这种被动的"去农业化"现象直接导致农村贫困问题凸显。

（四）中国

世界银行公布的最新数字显示，改革开放之初，中国拥有全世界近 43% 的极度贫困人口，在过去的几十年里，中国脱贫工作取得巨大进展，到 2011 年，中国极度贫困人口仅占世界极度贫困人口总数的比例的 7%。

从国内视角来看，中国极度贫困人口数量从 1981 年的 8.38 亿下降到 2011 年的 0.84 亿（图 4-41），极度贫困人口占比从 84.27% 下降到 6.26%（图 4-42）。从 1990 年到 2005 年，中国贫困人口减少的数量占到同期全世界贫困人口减少总数的 76.09%，已提前实现贫困人口减半的目标。

中国政府历来都十分重视发展粮食生产，且把保障粮食安全作为中国农业发展的最主要目标，不但解决了十几亿人口的温饱问题，还提高和改善了几亿农民的收入和生活水平。改革开放以来，中国粮食生产取得了很大进展，粮食总产量从 1978 年的 3.05 亿吨增加到 2012 年的 5.90 亿吨，单位面积产量从每公顷 2527.3 千克增加到 5301.8 千克。同期，人均粮食占有量从 319 千克增加到 437 千克，远远超过了人均 248.56 千克/年的"营养标准线"。

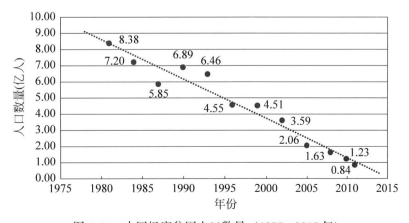

图 4-41　中国极度贫困人口数量（1975～2015 年）

资料来源：世界银行数据库. 2014. http：//data. worldbank. org. cn/indicator.

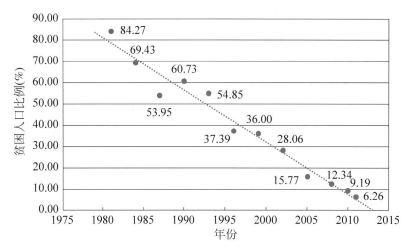

图 4-42　中国极度贫困人口占总人口比例（1975～2015 年）

资料来源：世界银行数据库 . 2014. http：//data. worldbank. org. cn/indicator.

城镇化是中国扶贫工作的一大促进因素，在中国未来的城镇化浪潮中，更多的农村人口将被转移至城市，这将在很大程度上促进中国的扶贫工作。

中国贫困人口占农村人口的比重从 2000 年时的 10. 2% 下降到 2010 年的 2. 8%，基本解决了农村居民的生存、食品和穿衣问题。

专栏 4-3　中国反贫困的经验与成就

中国持续实施由政府主导的扶贫开发战略，农村贫困发生率由 2000 年的 10. 2% 降至 2010 年的 2. 8%，成为最早实现联合国千年发展目标中贫困人口减半的国家。

2001 年颁布实施的《中国农村扶贫开发纲要（2001—2010 年)》明确提出了 2010 年减贫目标，即尽快解决少数贫困人口温饱问题，进一步改善贫困地区的基本生产生活条件，巩固温饱成果，从多个方面促进贫困地区的发展，提高贫困人口的生活质量和综合素质，加强贫困乡村的基础设施建设，改善生态环境，逐步改变贫困地区经济、社会、文化的落后状况，为达到小康水平创造条件。

2007 年，中国政府在农村推行最低生活保障制度；2010 年，592 个国家扶贫开发工作重点县的"低保户"比重为 9. 9%。2000～2010 年，按照中国政府当时的扶贫标准，贫困人口由 9422 万人下降到 2688 万人，贫困发生率由 10. 2% 下降到 2. 8%。在扶贫重点县，贫困发生率从 2002 年的 24. 3% 下降到 2010 年的 8. 3%。到 2010 年年底，扶贫重点县通公路、通电、通电话以及能够接收电视节目的自然村比例分别达到 88. 1%、98. 0%、92. 9% 和 95. 6%；有安全饮用水的农户比例达到 86.0%；身体健康的人口比例为 93.1%，有病能够及时就医的人口比例为 91.4%；7 至 15 岁儿童在校率达到 98%，农户家庭劳动力中的文盲半文盲比率降至 10.3%。

21 世纪初，中国组织了 272 个中央党政机关、民主党派中央、社会团体和大型国有企业，定点帮扶 481 个扶贫重点县，选派优秀中青年干部到扶贫重点县工作，组织东部 15 个省（直辖市）对西部 11 个省（自治区、直辖市）开展对口帮扶。针对贫困妇女、贫困儿童、残疾人、少数民族等特殊贫困群体，发起了救助贫困母亲的"幸福工程"、专门资助贫困地区失学女童的"春蕾计划"、援助西部缺水地区妇女的"母亲水窖"工程、针对贫困残疾人的康复扶贫专项贷款等。积极引导和支持民营企业、民间力量、国外政府、非政府组织和国际多边组织参与扶贫开发，提升贫困地区发展能力。

资料来源：中华人民共和国可持续发展国家报告. 2012.

四、未来目标

随着 2015 年联合国千年发展目标的到期，国际社会对于下一阶段减贫目标的讨论日益热烈。2013 年 4 月 20 日，世界银行行长金墉在世界银行和国际货币基金组织联合发展委员会会议上表示，建立一个没有贫困的世界不再是遥远的梦想，如果有各国领导人的专注、合作和远见卓识，世界可以在一代人之内基本消除绝对贫困。具体来看，要在 2030 年将全球绝对贫困率（即日均生活费在 1.25 美元以下的世界人口的比例）降至 3% 以下。联合发展委员会当天发布的公报指出，到 2030 年将绝对贫困率降到 3%，是一个非常具有雄心的全球目标。实现这一目标，需要发展中国家普遍实现强劲的经济增长，并以前所未有的程度有效地将经济增长转化为减贫成果。

根据联合国发布的《世界人口展望：2012 修订版》，2013 年世界人口已经达到 72 亿，并给出了 2013 ~ 2050 年，世界各地区的期望人口年增长率，分为低增长期望、中等增长期望、高增长期望、恒定增长期望（表 4-8）。可以看到，最不发达地区的人口增长率远高于其他地区，这为 2030 年将极度贫困人口占总人口比例降至 3% 以下的目标带来了很大的挑战。

表 4-8　联合国人口期望增长率（2013~2050 年）　　（单位:%）

地区	预期人口年增长率			
	低	中	高	常值
全世界	0.41	0.78	1.13	1.18
发达国家	-0.23	0.11	0.43	0.03
发展中发达国家	0.53	0.9	1.25	1.37
最不发达国家	1.55	1.89	2.22	2.82
欠发达国家	0.3	0.68	1.04	1.01
非洲	1.75	2.07	2.39	2.87
亚洲	0.11	0.5	0.86	0.81
欧洲	-0.48	-0.12	0.22	-0.26
拉丁美洲及加勒比海	0.24	0.64	1.03	0.98
北美洲	0.29	0.62	0.93	0.66
大洋洲	0.74	1.07	1.38	1.31

资料来源：UN. 2014. World Population Prospects：The 2012 Revision.　http：//esa. un. org/wpp.

按照表 4-8 所提供的中等增长率，2030 年全球人口将达到 80.47 亿，按照 3% 的极端贫困目标，全世界极度贫困人口总数应下降到 2.41 亿以下。这意味着，按照当前贫困人口的比例分布，印度需要在 15 年内使其国内的极度贫困人口数从现在的 2.92 亿下降到 0.58 亿。撒哈拉以南非洲地区需要在 15 年内将其区域内贫困人口从 4.15 亿下降到 0.83 亿，而中国需要将国内的 8400 万极度贫困人口基本消除。这一下降速度对于经济增长较为强劲的中国和印度或许可以实现，而对于基础较差，贫困情况较为严重且人口总数高速增长的撒哈拉以南非洲地区将面临重重挑战。

据世界银行《2014—2015 全球监测报告》显示，尽管全球减贫工作取得较大进展，预计 2030 年全球极端贫困人口（日均收入低于 1.25 美元）仍将达 4.12 亿，其中撒哈拉以南非洲地区和南亚地区为重灾区，预计为 3.77 亿。从这点来看，要实现世界银行行长金墉提出的 2030 年"消除极端贫困人口、促进共同繁荣"目标恐怕需要更加强劲的经济增长作为基础以及全世界的共同努力。

第四节　教育与创新能力

一、教育状况

教育是可持续发展变革、提高人们将社会理想转变成现实的能力的主要力量。教育不仅提供科学与技术技能，还为追求和应用这些技能提供动力、证明和社会支持。我们需要通过教育培养可持续发展所需的价值观、行为方式和生活方式。

联合国千年发展目标提出，要在 2015 年前，使所有儿童都能完成小学的全部课程。在世界各国的共同努力下，在这一目标上，取得了一定的成绩，但离完全实现还有很长的路要走。世界银行所发布的数据显示，1990～2012 年，世界范围内的基础教育工作取得了明显的成就，15 岁以上成年人识字率从 1990 年的 75.79% 上升到 2000 年81.95%，再到 2010 年 84.29%（图 4-43）。小学入学率由 1984 年的不到 80% 上升到2012 年的 89%，中学入学率从 1998 年的 51.66% 上升到 2012 年的 64.64%（图 4-44）。

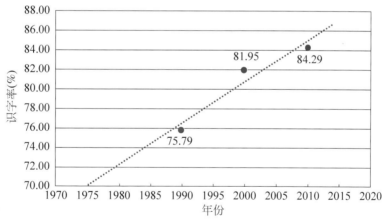

图 4-43　全球 15 岁以上成人识字率（1970～2020 年）

资料来源：世界银行数据库 . 2014. http：//data. worldbank. org. cn/indicator.

从世界各个地区的小学净入学率情况来看，发展中国家的基础教育普及工作取得了显著的成果，尤其是从 2000 年至 2012 年，从 83% 提高到 90%，上升了 7 个百分点。提升最为显著的是非洲，撒哈拉以南非洲地区从 1990 年的 52% 提升到了 2012 年的78%，提升了 26 个百分点；北非从 1990 年的 80% 一跃提升到 2012 年的 99%，提升了19 个百分点；但是非洲仍然面临着人口膨胀的巨大挑战，在 2012 年，仍然有 3300 万名适龄儿童失学，占全球失学适龄儿童总数的 57%，其中 56% 是女孩（图 4-45）。

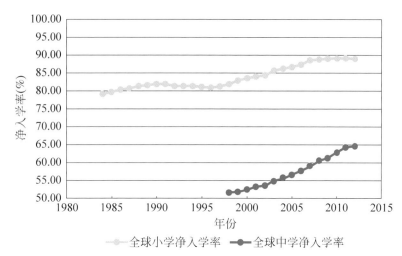

图 4-44　全球中小学净入学率（1980~2015 年）

资料来源：世界银行数据库 . 2014. http：//data. worldbank. org. cn/indicator.

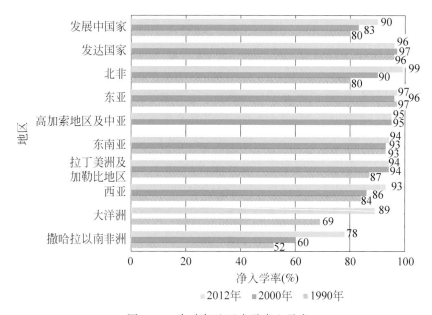

图 4-45　全球各地区小学净入学率

资料来源：世界银行数据库 . 2014. http：//data. worldbank. org. cn/indicator.

　　从全球视角来看，贫困、性别和城乡差异是影响入学率的最大三个因素。根据 UNDP 在发展中国家为期 6 年的家庭调查显示：最为贫困的 20% 的家庭中儿童的辍学率比最富有的 20% 的家庭高出 3 倍。在最为贫困的家庭中，女孩更有可能被排除在教育之外。城乡差异同样明显，农村儿童的辍学率两倍于同地区的城市儿童。在撒哈拉以南非洲地区，只有 23% 的女孩能完成小学教育。在此之外，弱势儿童比如残疾儿童面临更为严峻的辍学风险。这些孩子往往更需要教育，然而在很多发展中国家中，缺乏针对弱势儿童的教育系统。这些孩子往往不能获得很好的教育，面临着边缘化的危险。

仍有一些事实值得我们注意：在5800万名小学失学适龄儿童中，一半生活在受战争、冲突影响的地区；约1/4发展中国家的儿童在进入小学后面临辍学的可能；全世界仍有7.81亿成年人缺乏基本的读写能力，其中60%以上是女性。

二、劳动力状况

（一）全球概况

随着近几十年来世界人口总数的膨胀，全球劳动力资源在数量上呈现快速增长的态势，世界劳动力人口数从1990年的23.34亿上升到2013年的33.15亿，年均增长率1.6%；与此同时劳动力占总人口的比例稳中有升，从1990年的44.22%上升到2013年的46.52%（图4-46）。

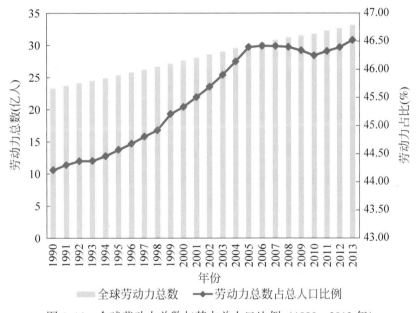

图4-46 全球劳动力总数与其占总人口比例（1990~2013年）

资料来源：世界银行数据库. 2014. http：//data. worldbank. org. cn/indicator.

劳动力的增长量大部分产生在发展中国家。这期间，发展中国家还出现过大规模的"从农村到工厂"迁移潮，因此，非农就业岗位在全球就业总量中的占比从1980年的54%上升到了2010年的近70%。这种转变不仅大力推动了中国、印度和其他发展中国家经济发展，也使得过去20年全球约6.2亿人成功脱贫，这无疑是最为显著的成就。而发达国家则通过投资于技术、利用新兴劳动力大军，增强本国的生产力，并发展教育为智力劳动者提供新的高薪岗位。

据国际劳工组织估计，世界范围内的劳动力参与率在逐步下降，从1990年的66.30%下降到2013年的63.46%。劳动力参与率方面依旧表现出了巨大的性别差异，男性的劳动力参与率远高于女性的劳动力参与率，约高出 26%，并且在近二十多年来，这一差距并未有明显的缩小（图 4-47）。

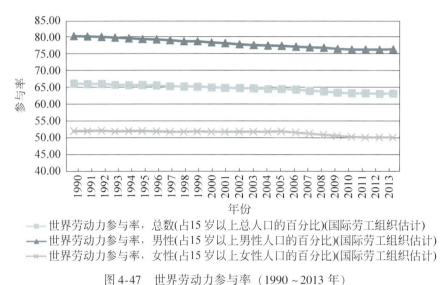

图 4-47　世界劳动力参与率（1990～2013 年）

资料来源：World Employment and Social Outlook Trends 2015. http：//www. ilo. org/global/
research/global-reports/weso/2015/lang--en/index. htm.

（二）典型国家概况

尽管从世界视角来看，劳动力占总人口的比重相对稳定，不同国家与地区之间的差异较大，本报告从发达国家、新兴经济体国家、欠发达国家和最不发达国家中各选取了 5 个典型国家做研究对象，如图 4-48 所示。

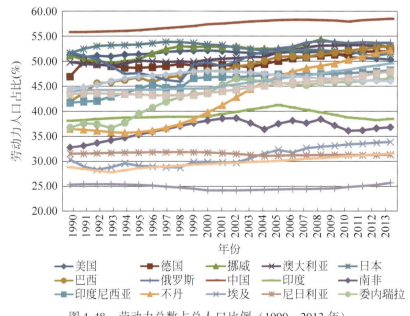

图 4-48　劳动力总数占总人口比例（1990～2013 年）

资料来源：世界银行数据库 . 2014. http：//data. worldbank. org. cn/indicator.

选取的 20 个典型国家中，2013 年劳动力占人口总数比例排名如表 4-11 所示。排名前三位的均为新兴经济体国家：中国、俄罗斯、巴西。年轻的新兴经济体国家中，劳动年龄人口占总人口比重较大所带来的"人口红利"是新兴经济体国家快速发展的重要助力，根据中国一些机构的研究，中国经济增长的 27% 得益于"人口红利"。作为发达国家代表的挪威、澳大利亚、德国、日本、美国五国占据了 4~9 名中的 5 个位置，这些国家教育健康条件良好，劳动力水平较高；阿富汗由于多年的战乱，劳动力人口比重最低，仅为 25.6%（表 4-9）。

表 4-9 典型国家劳动力占总人口比例（2013 年）

国家类型	国家	比例（%）
发达国家	美国	50.3
	德国	52.1
	挪威	52.8
	澳大利亚	52.8
	日本	51.5
新兴经济体国家	巴西	53.0
	俄罗斯	53.6
	中国	58.4
	印度	38.4
	南非	36.7
发展中国家	印度尼西亚	48.1
	不丹	52.2
	埃及	33.8
	尼日利亚	31.2
	委内瑞拉	46.5
最不发达国家	阿富汗	25.6
	孟加拉国	49.6
	苏丹	31.5
	莫桑比克	46.0
	埃塞俄比亚	48.0

资料来源：世界银行数据库 . 2014. http：//data. worldbank. org. cn/indicator.

随着人口大规模的快速增长，以及全球市场日渐开放，发展中经济体被称为全球低端劳动力的最大供应方。在实现国家工业化的过程中，这部分劳动力填补了日益增长的国内需求，同时还帮助满足全球经济的需求。

（三）全球劳动力结构性短缺

全球劳动力数量的增长并不能掩饰对劳动力质量需求与供给之间的失衡，据麦肯锡 2012 年发布的《全球劳动力报告》预测，到 2020 年，全球劳动力供需将面临多方面的失衡，最显著的失衡主要包括（图4-49）：

（1）高技能劳动力的潜在短缺量在 3800 万～4000 万，相当于此类需求量的 13%。根据目前受教育劳动力增长情况看，到 2020 年，发达经济体受过高等教育的劳动力将短缺 1600 万～1800 万，其余 2300 万的缺口将出现在中国。

（2）就全球而言，将出现 9000 万～9500 万低端劳动力的潜在过剩，相当于此类供应量的 10%。在发达经济体中，没有受过高等教育的劳动力将比需求量多出 3200 万至 3500 万，印度及更为年轻的发展中国家，过剩的低端劳动力可能多达 5800 万。

（3）发展中国家对中等技能劳动力的潜在短缺量约为 4500 万，相当于此类需求量的 15%。在印度、南亚和非洲国家中，工业化将会增加对受过初等教育和职业培训的劳动力需求。但是由于高中普及率和毕业率较低，印度的此类劳动力需求缺口或将达到 1300 万，更加年轻的发展中经济体对此类劳动者的需求缺口可能为 3100 万。

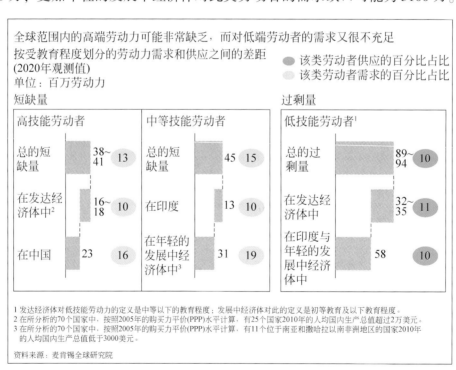

图 4-49　全球劳动力结构性失衡

资料来源：McKinsey Global Institute. 2012. The world at work：Jobs，pay，and skills for 3. 5 billion people　http：//www. mckinsey. com/ ～/media/mckinsey/dotcom/insights% 20and% 20pubs/mgi/research/labor% 20markets/the% 20world% 20at% 20work/mgi- global_ labor_ full_ report_ june_ 2012. ashx.

就发达国家而言，这些失衡将导致更加长期的持续性的高失业率。更多没有受过高等教育以上培训的年轻人将很难在就业市场上立足，较为年长的劳动力也将被市场抛弃，因为他们不能胜任新时期的工作岗位。高技能和低技能劳动者之间的收入差距将更为明显，这无疑将制约国民生活水平的提高，并加重公共部门的负担，令社会各阶层的关系变得紧张。对于中国而言，高素质人才的供应不足会拖慢中国产业向高附加值产业迈进的步伐，并制约劳动生产力的提高，而劳动生产率的提高在当今时代对经济增长变得日益重要。印度及南亚和撒哈拉以南非洲地区则不同，这些地区将会出现大量过剩的低端劳动力，他们只能从事仅够维持生计的农业生产或者是沦落为城市贫民。

三、创 新 能 力

（一）创新型国家

创新能力作为可持续发展的智力支持系统，是可持续发展能力的核心因素之一。在知识经济时代，科技创新是经济增长的发动机，是人类社会全面可持续发展的有力保障。

对国家而言，创新能力已经成为国家综合实力的重要组成部分，也是国家经济繁荣与发展的重要保障。由此，出现了创新型国家的概念：创新型国家是指以技术创新为经济社会发展核心驱动力的国家。主要表现为：整个社会对创新活动的投入较高，重要产业的国际技术竞争力较强，投入产出的绩效较高，科技进步和技术创新在产业发展和国家的财富增长中起重要作用。作为创新型国家，应具备以下四个特征：①创新投入高，国家的研发投入即研发支出占 GDP 的比例一般在 2% 以上；②科技进步贡献率达 70% 以上；③自主创新能力强国的对外技术依存度指标通常在 30% 以下；④创新产出高，世界上公认的 20 个左右的创新型国家所拥有的发明专利数量占全世界总数的 99%。

（二）国家创新能力

影响力较大的国家创新能力评价指标体系——《全球创新指数》由美国康奈尔大学、欧洲工商管理学院和世界知识产权组织共同发行，每年出版一期。《全球创新指数》共调查世界各地的 143 个主要经济体，使用 81 个指标来他们的创新能力以及可衡量的成果。《全球创新指数》共设五个投入参数（机构、人力、常用与 ICT 基础架构、市场复杂度和业务复杂度）以及两个产出参数（科学与创新成果、健康要素）。

《全球创新指数》认识到创新是经济增长与繁荣的关键以及发达国家和新兴经济体国家都需要一个广阔的创新视野，其指标选取超越了传统对于创新的测量范畴，加入了比如研发水平之类的指标。《全球创新指数》的目标是捕获适用于发达经济体和新兴经济体的多维度的创新，为决策者和商业领袖提供了一个全面的创新驱动和产出的分析。2014 年典型国家的全球创新指数如表 4-10 所示。

表 4-10　典型国家全球创新指数（2014 年）

国家类型	国家名称	得分	世界排名
发达国家	美国	60.09	6
	德国	56.02	13
	挪威	55.59	14
	澳大利亚	55.01	17
	日本	52.41	21
新兴经济体国家	巴西	36.29	61
	俄罗斯	39.14	49
	中国	46.57	29
	印度	33.70	76
	南非	38.25	53
发展中国家	印度尼西亚	31.81	87
	不丹	31.83	86
	埃及	30.03	99
	尼日利亚	27.79	110
	委内瑞拉	25.66	122
最不发达国家	阿富汗	—	—
	孟加拉国	24.35	129
	苏丹	12.66	143
	莫桑比克	28.52	107
	埃塞俄比亚	25.36	126

资料来源：Johnson Cornell University，INSEAD，WIPO. 2014. The Global Innovation Index 2014. http：//www. globalinnovationindex. org/content. aspx？page＝GII-Home.

从表 4-10 可见，国家的收入水平是国家创新能力的保障基础。2014 年创新指数显示：典型发达国家的创新指数高居全球前列，美国最高，居世界第 6 位，日本最低，位于 21 位；典型新兴经济体国家之中，中国排名世界第 29 位，居新兴经济体国家之首，未来几年在榜单中的排名有望进入前 10 位，印度最低，居于世界第 76 位；典型发展中国家的创新能力排名在第 100 位左右，不丹最高，位于第 86 位，委内瑞拉最低，居第 122 位。典型不发达国家的创新能力均在 100 名以后，与典型发展中国家差距不大，莫桑比克最高，居第 107 位，苏丹最低，居第 143 位，阿富汗没有纳入统计。

专栏 4-4　国家创新体系中的大学

研究型大学在现代知识经济中起着十分重要的作用，它不仅是基础知识的一种源泉，同时也是产业相关技术的源泉。认识到这一点，各个工业化国家政府从 20 世纪 70 年代就已经开始着手推出众多的举措，旨在将大学与产业创新更加紧密地联系在一起。许多举措试图基于大学研究来刺激当地经济发展，比如通过在研究型大学校园附近建立"科学园"来支持"产业孵化器"和公共的"种子资本"，以及其他形式的"中介机构"组织，所有这些都被认为有助于大学和产业创新联系起来。

自 1970 年以来，OECD 国家中的大学也已经受到公共基金紧缩的影响。在许多 OECD 国家成员国中，对高等教育的公共基金增长已经减缓，致使大学在寻找新的基金来源的过程中变得更加积极主动和"企业化"。大学的决策层也在促进学术研究对国家经济做出更多的贡献，并且通过寻求和产业更紧密的联系以获得更多的研究支持。

如今，大学已经被普遍认为是国家创新系统中关键的主体之一。OECD 国家的大学不同程度地结合了教育与研究的功能。这种人才培养与学术研究的结合可能比专注于其中单独一个行为更加有效。比如，受过培训的人才向产业界和其他职业的流动对于科学研究的扩散是非常有利的，来自学生的要求和他们的潜在雇主对课程中的"实用性"的要求能加强学术研究项目与社会需求之间的联系。

总之，研究型大学正在各个国家的创新体系中发挥着越来越重要的作用。大学的发展水平往往决定了一个国家的创新水平。

资料来源：詹·法格博格，戴维·莫利，理查德·纳尔逊.2009.牛津创新手册.柳卸林，郑刚，蔺雷，等译.北京：知识产权出版社.

第五节　走向社会和谐

一、社会和谐进程与未来情景

社会和谐是世界可持续发展的题中要义，可持续发展所倡导的人与人之间的和谐正是建立在社会和谐基础之上的。世界可持续发展的最终理想状态就是国家与国家之间搁置争议、和平共处，共同应对影响人类发展的经济、环境和社会问题。因此，走向社会和谐不仅是新型国际关系的集中体现，同时也是全人类渴求共同发展的真挚呼声。

本报告基于世界可持续发展的社会维度，构建社会和谐指数（social harmony indicator，SHI）指标体系（表4-11），旨在通过对全球社会和谐指数的研究发现各国政府在治理过程中存在的问题。

表4-11 社会和谐指数

一级指标	二级指标	三级指标
社会和谐指数（SHI）	社会治理	治理能力
		社会清廉
		和平指数
	社会稳定	幸福体验
		基尼系数
	社会发展	教育投入
		创新能力

1. 指标说明

世界社会和谐指数研究指标体系具体包括社会治理、社会稳定和社会发展3大子系统及其分属的7大要素。其中：①社会治理：是对世界各国政府社会管理能力和管理水平的综合度量，由治理能力、社会清廉及和平指数三项组成。②社会稳定：是对世界各国政府应对国内社会矛盾、平衡社会各阶层利益能力的综合度量，由幸福体验和基尼系数两项组成。③社会发展：是对世界各国政府促进本国人民发展、提升国家综合竞争能力的综合度量，由教育投入和创新能力两项组成。

2. 指标量化

在世界社会和谐指数研究指标体系中，对三级指标进行说明与界定，并给出了详细的计算方法与权威的资料来源，如表4-12所示。

表4-12 社会和谐指数研究三级指标计算公式及其说明

指标名称	指标说明	计算方法与资料来源	备注
治理能力	衡量一个国家或地区政府管理的效率	世界治理指数（WGI）中的"政府效率"	正向指标
社会清廉	反映一个国家或地区政府行政过程中的清正廉洁能力	全球清廉指数（CPI）	正向指标
和平指数	反映一个国家或地区政府维护国家或区域和平的能力	全球和平指数（GPI）	负向指标

指标名称	指标说明	计算方法与资料来源	备注
幸福体验	反映一个国家或地区人民体验到的幸福感，是政府管理能力的体现	幸福指数（WHR）	正向指标
基尼系数	衡量一个国家或地区人民收入与分配公平程度	基尼系数，世界银行数据库	负向指标
教育投入	衡量一个国家或地区政府对教育的重视程度和投入力度	教育支出占 GDP 比重，世界银行数据库	正向指标
创新能力	反映一个国家或地区政府推动创新产出、创新驱动发展的水平	全球创新指数（GII）	正向指标

3. 测算结果

根据上文的指标说明与指标量化，通过计算得出全球典型国家 2013 年社会和谐指数，结果如表 4-13 所示。测算结果显示，社会和谐指数与国家类型基本一致，即除个别国家以外，发达国家的社会和谐指数较高，最不发达国家国家的社会和谐指数较低。

表 4-13　典型国家社会和谐指数（2013 年）

国家	社会治理	社会稳定	社会发展	社会和谐指数 SHI	排名
挪威	0.990	1.000	0.961	0.984	1
澳大利亚	0.944	0.864	0.812	0.874	2
德国	0.921	0.814	0.832	0.856	3
美国	0.790	0.734	0.894	0.806	4
日本	0.934	0.711	0.713	0.786	5
巴西	0.529	0.550	0.725	0.601	6
委内瑞拉	0.253	0.686	0.726	0.555	7
中国	0.517	0.496	0.650	0.554	8
印度尼西亚	0.493	0.533	0.524	0.517	9
印度	0.410	0.513	0.544	0.489	10
南非	0.546	0.128	0.792	0.488	11
俄罗斯	0.284	0.529	0.607	0.473	12
莫桑比克	0.428	0.382	0.584	0.465	13
埃塞俄比亚	0.347	0.483	0.550	0.460	14
埃及	0.343	0.481	0.510	0.445	15
孟加拉国	0.347	0.536	0.366	0.417	16

续表

国家	社会治理	社会稳定	社会发展	社会和谐指数	
				SHI	排名
尼日利亚	0.234	0.456	0.220	0.303	17
苏丹	0.044	0.439	0.164	0.216	18
阿富汗	0.013	0.472	0.000	0.162	19

注：不丹因缺少数据不参与测算。

二、人类发展指数动态与未来情景

人类发展指数（human development index，HDI）是联合国开发计划署（UNDP）于 1990 年创立的。人类发展指数由预期寿命、成人识字率和人均 GDP 的对数三个指标构成，分别反映人的长寿水平、教育水平和生活水平，然后按照一定的计算方法，得出当年世界各国的综合指数，据此衡量当年各国的人类发展水平。根据人类发展指数的高低，联合国开发计划署将世界各国依次分为极高人类发展水平、高人类发展水平、中等人类发展水平和低人类发展水平四个组别。人类发展指数从动态上对世界人类发展的状况进行了反映，揭示了一个国家的优先发展项，为世界各国特别是发展中国家制定发展政策提供了一定依据，有助于挖掘一国经济发展的潜力。通过分解人类发展指数，可以发现一个国家或地区社会发展中的薄弱环节，为经济与社会发展提供预警。由于人类发展指数的计算公式曾在 2009 年进行了细微的调整，致使世界人类发展指数的发展产生了较大波动（图 4-50）。

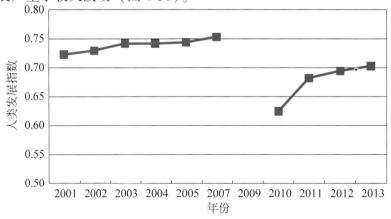

图 4-50　世界人类发展指数（2001～2013 年）

注：2009 年因调整计算公式导致较大波动

资料来源：UNDP，Human Development Report（2003～2014）.

就人类发展指数的发展动态来看，虽然世界各个区域的人类发展指数都在增长，但增速放缓的迹象已经显现，其中阿拉伯国家、拉丁美洲和加勒比地区以及亚洲的增速变慢尤为明显（图4-51）。就典型国家的人类发展指数来看，人类发展水平较低的组别与较高组别之间的差距正在不断缩小；而且从典型国家来看，不同类型的国家内部差距也在缩小（图4-52）。

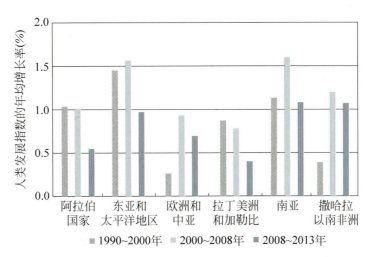

图4-51　人类发展指数的年均增长率

资料来源：UNDP. 2014. 2014 Human Development Report.

http：//www. undp. org/content/undp/en/home/librarypage/hdr/2014-human-development-report.

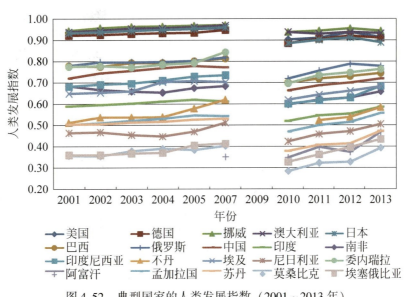

图4-52　典型国家的人类发展指数（2001～2013年）

注：2009年因调整计算公式导致较大波动

资料来源：UNDP, Human Development Report（2003～2014）.

本报告认为，世界各国人类发展指数达到 0.8 的时候将是社会问题减少、人类发展水平较高的阶段。因此，本报告根据现有不同组别人类发展水平的年均增长率（图 4-53），估算出世界平均 HDI 值发展趋势和不同类型的典型国家人类发展指数达到 0.8 时的时间。就世界范围来看，人类发展指数大约将在 2040 年前后达到 0.8，之后增速将进一步放缓，预计将在 21 世纪末达到 0.95（图 4-54）。

就典型国家来看，美国、德国等发达国家在 2013 年就已经达到人类发展指数为 0.8 的目标；新兴经济体国家与发展中国家大致在 2050 年前后达到该目标；而最不发达国家达到该目标的时间将在 2060 年前后（表 4-14）。

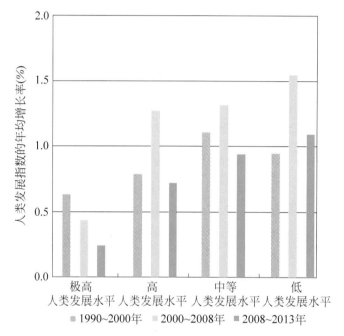

图 4-53　不同组别的人类发展指数年均增长率

资料来源：UNDP. 2014. 2014 Human Development Report.

http：//www. undp. org/content/undp/en/home/librarypage/hdr/2014-human-development-report.

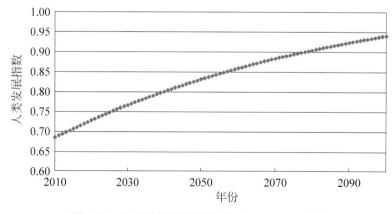

图 4-54　世界平均 HDI 值估算（2010～2090 年）

表 4-14 典型国家人类发展指数达到 0.8 目标的实现时间

国家类型	国家名称	目标实现时间
发达国家	美国	2013
	德国	2013
	挪威	2013
	澳大利亚	2013
	日本	2013
新兴经济体国家	巴西	2024
	俄罗斯	2017
	中国	2029
	印度	2053
	南非	2040
发展中国家	印度尼西亚	2035
	不丹	2053
	埃及	2036
	尼日利亚	2067
	委内瑞拉	2020
最不发达国家	阿富汗	2074
	孟加拉国	2058
	苏丹	2073
	莫桑比克	2089
	埃塞俄比亚	2080

第五章
未来 15 年后发展目标的重整

第一节　可持续发展目标的理论与生成

进入 21 世纪以来，人类价值目标的一个重大变化是对非持续发展问题的反省和对可持续发展的探求。可持续发展是人类对发展认识深化的重要标志，强调发展的"整体性"、"长远性"和"系统性"，本节将从理论层面，阐述可持续发展目标的特征、体系和生成。

一、可持续发展的目标

可持续发展是一个复杂系统，涉及多元的、多向的、多层次的复杂非线性关系，相应的发展目标也具有多维性，不仅关注自然界的健康发展，而且强调人与自然、人与社会的全面发展。

（一）可持续发展的多目标性

可持续发展的最终目标是不断满足人类的需求和愿望，也就是既要满足现代人的需要，又要照顾后代人未来的需要。实现其最终目标需要处理好人与人及人与自然的关系，相应的阶段性目标涉及资源、经济、社会、环境、文化等多个方面。例如，《21世纪议程》提出的可持续发展目标涵盖消除贫困，改变消费方式、保护人类健康、促进农业和乡村发展、保护生物多样性、推动教育公平等多个方面。联合国千年发展目标涉及消除贫困；促进儿童、产妇和性健康；扩大教育提供面并强调教育中的性别平等；建立可持续发展的国家战略。联合国开放工作组（UNGA Open Working Group on Sustainable Development Goals，OWG）于 2014 年通过的可持续发展目标建议方案涵盖了可持续发展的各个重要方面和努力方向，相应的可持续发展目标包括人的自身发展、资源利用与发展、环境可持续性和实施手段四个维度下的 17 个发展目标，具体包括消除贫困、确保公平的教育环境、实现性别平等、确保用水安全、促进包容性的经济增长、建设有复原力的基础设施、应对气候变化、重振可持续发展全球伙伴关系等。

（二）多目标间的不可公度性

可持续发展的各项目标分别属于资源、经济、社会、环境、文化等多个子系统，这些目标的衡量标准或计量单位是不同的，因而难以进行直接比较。例如，消除贫困目标可以用生活不足 1.25 美元/天的极端贫困人口比例（百分比）或各地区在 2030 年的贫困线标准（美元/天）表征，确保公平教育环境目标的实现则用公民平均受教育年限（年）或中小学辍学率（百分比）描述，而应对气候变化目标的计量单位又变为人均甲烷排放量（吨二氧化碳当量/人）、人均二氧化碳排放量（千吨/人）。此外，可持续发展各项目标的性质也存在差异性，即同时涉及定量目标和定性目标两类。例如，"海洋和海洋资源的可持续发展"是一项定量目标，可以用海洋保护区占领海比例表征，而"重振可持续发展全球伙伴关系"是一项定性目标，只能用关系的等级予以描述。鉴于可持续发展各项目标间量纲的不统一或定量目标与定性目标共存的问题，可以采用四类综合评价方法对上述目标进行处理，即折算指数法、综合效用法、分解综合法和模糊综合评判方法。

（三）多目标间的优先等级性

实现经济、社会和环境的协调发展是可持续发展所追求的目标。然而，这三维度下的具体目标之间可能存在相互制约的关系，需要根据可持续发展的规律，不断调整经济、社会、环境维度下可持续发展目标的优先级，使其与特定的发展阶段相协调。鉴于此，报告对不同社会经济发展阶段的优先目标定义如下。

（1）当社会经济处于贫困阶段时，可持续发展优先等级最高的目标是摆脱贫困，其次为消除饥饿、实现粮食安全、改善营养等。此时，资源的合理利用问题、环境污染问题尽管十分重要，但尚无力顾及。

（2）当社会经济达到温饱阶段时，可持续发展的主要问题是寻求发展机遇、巩固脱贫，相应的优先发展目标为加快经济发展、建设基础设施等。此时，应根据社会经济实力，逐渐开始重视资源利用和环境污染问题。

（3）当社会经济达到小康阶段时，应开始重视全社会整体的、全局性的资源利用和环境污染问题，相应的优先发展目标可以是发展可持续的现代能源、提供并以可持续方式管理水资源、确保包容性和公平的优质教育等。

（4）当社会经济达到富裕阶段时，应对各领域的可持续发展进行全面的、及时的部署，对妨碍可持续发展的因素进行全方位、及时的限制和调整，具体的优先发展目标可以包括促进包容与可持续的产业化、推进科技进步与创新能力建设、建设包容且有复原力的城市和人类居住区等。

专栏5-1　多目标决策的理论与方法

1. 多目标决策问题（Multi-objective Optimization and Decision Problem，MODP）的五个要素

（1）决策单元（Decision Mabing Unit，DMU），包括决策人（Decision Maker，DM）；

（2）目标集及其层次关系；

（3）属性集，说明目标与决策属性间的关系；

（4）决策形势；

（5）决策规则。

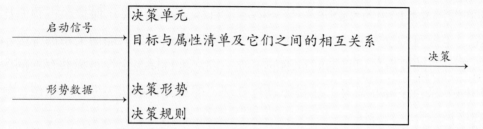

2. 多目标决策问题的数学描述

（1）假设：决策问题存在 n 项目标，即目标函数集为 $f_1(x)$，$f_2(x)$，…，$f_n(x)$；在现实条件的约束下，发展的备选方案集或约束条件集为 X；其中，上述约束条件集 X 有 m 项约束，即 $g_k(x) < 0$，$k = 1，2，…，m$。

（2）一般性的多目标决策问题可定义为

$$\begin{cases} \text{目标函数：DR}\{f_1(x)，f_2(x)，…，f_n(x)\} \\ \text{受约束于：} c \in X \\ \text{其中：} X = \{x \in R^N \mid g_k(x) < 0，k = 1，2，…，m，x \in S\} \end{cases}$$

3. 多目标决策问题的非线性规划

多目标决策问题的多个目标通常是不协调的，需要利用"优先等级"的思想来解决相互矛盾的多个目标，在较高级目标得到满足之后，才考虑较低级目标。借用优先级 P、权重 w 等概念，可将多目标问题转化为"单目标"问题。

$$\min \sum_{h-1}^{l} P_h^* \left[\sum^{j \in J_h} (w_j^+ d_j^+ + w_j^- d_j^-) \right]$$

$$\text{ST.} \begin{cases} g_k(x) < 0 & k = 1，…，m \\ f_j(x) - d_j^+ + d_j^- = \hat{f}_j & j = 1，…，n \\ d_j^1 \cdot d_j = 0 & j = 1，…，n \\ x > 0，d_j^+ \geqslant 0，d_j^- \geqslant 0 & j = 1，…，n \end{cases}$$

式中，d_j^+ 和 d_j^- 分别表示第 j 项目标的正、负偏差；w_j^+ 和 w_j^- 表示正负偏差的权重，反映决策人的偏好；P_h 表示第 $h(1, \cdots, l)$ 级抢先优先级。

资料来源：岳超源．2003．决策理论与方法．北京：科学出版社．

二、可持续发展目标的理论

可持续发展目标需要各国政府或国际组织共同参与制定，目标体系强调具体可行的能够用于衡量可持续发展能力的目标。目标理论是对可持续发展目标的管理，包括目标体系设置、目标属性界定和目标函数构建三个方面。

（一）可持续发展的目标体系

可持续发展强调自然、经济、社会的协调发展，相应的目标管理方式也应以体系的形式予以描述。在目标体系的制定过程中，目标制定者应根据可持续发展的形势和需求，首先制定一定时期内全球或区域可持续发展所要达到的总目标，然后在经济、社会、环境、资源等维度层层落实，并由此形成一个目标体系。

（1）确立可持续发展的总目标，具体分为长期发展目标和短期发展计划。其中，长期发展目标关系可持续发展的远景，具有一定的全局性和战略性，典型的长期发展目标有"21 世纪议程目标"等。

（2）确定各维度下的分目标，必须遵循下列原则：分目标与可持续发展的总目标相配合，且能促进总目标的完成；可持续发展各分目标应相互协调；结合国家或区域的发展阶段，分目标应切实可行。

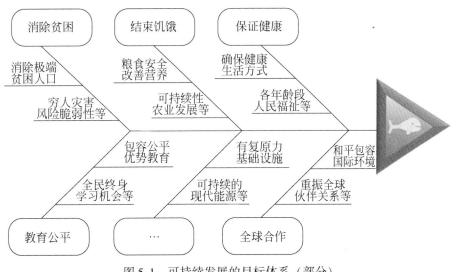

图 5-1　可持续发展的目标体系（部分）

可持续发展的目标体系具有层次性，可以采用鱼骨图的形式对其进行描述。本报告以"可持续发展目标工作组建议目标"为例，将其目标体系以鱼骨图的形式描述如图 5-1 所示，这里仅截取了消除贫困、结束饥饿、保证健康、教育公平、全球合作维度下的部分目标予以展示。

（二）可持续发展的目标属性

可持续发展目标体系给出的目标集通常是抽象的、定性的，无法直接用于运算。若要对可持续发展目标的达到程度进行衡量，需要对目标的性能参数予以定义和描述，即引入目标的属性。这里的属性是对可持续发展基本目标达到程度的直接度量，即图 5-1 的每个基层目标均要用一个或几个属性来描述。例如，"消除极端贫困人口"目标可以用两个属性予以描述，分别为生活费不足 1.25 美元/天的极端贫困人口比例（百分比）和各地区在 2030 年的贫困线标准（美元/天）。虽然我们希望每个最下层目标都能用一个或几个属性直接度量，但对于某些可持续发展目标，通常很难甚至无法找到相应的属性来度量其达到程度，如"重振全球伙伴关系"。对于这类目标需要采用间接变量，即代用属性予以描述。对于可持续发展问题，需要将所有的属性和代用属性进行整合，并由此组建目标属性集。本报告结合图 5-1 给出的可持续发展目标体系，对各底层目标的属性进行定义，这里仅对"消除贫困"目标下的属性进行介绍，如图 5-2 所示。

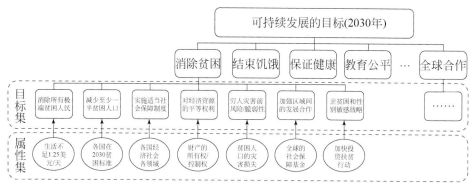

图 5-2　可持续发展的目标属性（部分）

（三）可持续发展的目标函数

鉴于可持续发展多目标间具有优先等级性（陈长杰等，2004；吴述松，2005），本报告采用六级目标构造可持续发展多目标集成模型。其中，第一级目标函数定义需要绝对满足的变量正负限制和边界约束；第二级目标函数为变量之间的隐含关联限制；第三级目标函数关注饥饿、健康等可持续发展目标；第四级目标函数强调决策者的经济发展期望，如国内生产总值等；第五级目标函数为有限的资源约束与环境承载能力；第六级目标函数则关注现实的科技支撑能力。

基于上述目标约束，为了使每个目标函数 $f_m(x)$ 都尽可能实现各自给定的目标值 f_m^0，本文构建的可持续发展多目标集成模型为

$$\min \{\lambda_1[g_1(d_k^+, d_k^-)], \lambda_2[g_2(d_i^+, d_i^-)], \lambda_3[g_3(d_j^+, d_j^-)],$$
$$\lambda_4[g_4(d_l^+, d_l^-)], \lambda_5[g_5(d_t^+, d_t^-)], \lambda_6[g_6(d_p^+, d_p^-)]\}$$

式中，d_m^+ 和 d_m^- 分别表示目标函数 $f_m(x)$ 与目标值 f_m^0 之间的正、负偏差；$g_q(d_m^+, d_m^-)$ 表示第 q 等级（$q = 1, 2, 3, 4, 5, 6$）正负偏差变量的线性函数；λ_q 表示优先等级性；$x_i(i = 1, 2, \cdots, 20)$ 表示决策变量。

将可持续发展多目标集成模型分解，可进一步获取各级可持续发展目标函数。

（1）第一级目标函数：

$$x_i + d_m^+ - d_m^- = \mathrm{EDGK}_m$$

（2）第二级目标函数：

$$\sum_{i=1}^{3} \mathrm{GRC}_i + d_1^+ - d_1^- = 1$$

$$\sum_{i=1}^{3} \mathrm{GDP}_i - f(\sum_{i=1}^{3} \mathrm{FI}_i) + d_2^+ - d_2^- = C$$

式中，GRC_i、GDP_i 和 FI_i 为决策变量，分别表示三次产业比重、增加值（亿元）和固定资产投资（亿元）；C 也为决策变量，表示人均消费水平（元）。

（3）第三级目标函数：

$$f(\mathrm{GP}, P) + d_3^+ - d_3^- = \mathrm{GGP}$$

$$f(\mathrm{HS}, \mathrm{HLI}, P) + d_4^+ - d_4^- = \mathrm{GDA}$$

式中，GP、P、HS、HLI 为决策变量，分别表示粮食产量（万吨）、年底人口总量（万人）、医疗机构数（个）、医疗投资总额（亿元）；GGP、GDA 则为饥饿、健康等可持续发展规划目标，具体表示人均粮食产量（吨）和每百人医生数（个）。

（4）第四级目标函数：

$$\sum_{i=1}^{3} \mathrm{GDP}_i + d_5^+ - d_5^- = \mathrm{GGDP}$$

$$f(P, C) + d_6^+ - d_6^- = \mathrm{GAI}$$

式中，P、C 为决策变量，分别表示年底人口总量（万人）、人均消费水平（元）；GGDP、GAI 为经济发展等可持续发展规划目标，分别表示国内生产总值、家庭人均收入。

（5）第五级目标函数：

$$P + d_7^+ - d_7^- = \mathrm{GPP}$$

$$f(\text{GDP}_i,\ P) + d_8^+ - d_8^- = \text{GWR}$$

$$f_i(P,\ \text{GDP}_2 + \text{GDP}_3,\ (\text{MI},\ \text{HI})) + d_{i+8}^+ - d_{i+8}^- = \text{GWO}_i \quad i = 1,\ 2,\ 3$$

$$f_j(P,\ \text{GDP}_2 + \text{GDP}_3,\ (\text{MI},\ \text{HI}),\ \text{EI}) + d_{i+11}^+ - d_{i+11}^- = \text{GWP}_i \quad j = 1,\ 2,\ 3$$

$$f(\text{GDP}_i,\ P) - f(\text{FI}_e) + d_{15}^+ - d_{15}^- = \text{GREB}$$

式中，P、MI、HI、EI、FI_e 为决策变量，分别表示年底人口总量（万人）、科技投资总额（亿元）、R&D 全时人员投入（万人年）、环保投资总额（亿元）、能源工业固定资产投资（亿元）；GPP、GWR、GWO_i、GWP_i、GREB 为有限的资源约束与环境承载能力等可持续发展规划目标，分别表示年底人口总量（万人）、全国用水总量（亿吨）、工业"废水/废气/固体废物"排放量（亿吨）、工业"废水/废气/固体废物"处理率、能源总进口量（亿吨）等。

（6）第六级目标函数：

$$f(\text{MI},\ \text{HI},\ \text{RS}) + d_{16}^+ - d_{16}^- = \text{GSTC}$$

式中，MI、HI、RS 为决策变量，分别表示科技投资总额（亿元）、R&D 全时人员投入（万人年）、科研机构数量（个）；GSTC 为关注现实的科技支撑能力等可持续发展规划目标，具体表示科技产出。

三、可持续发展目标的生成

学术界和决策界对可持续发展目标的解释不尽相同，但普遍认为可持续发展应涉及资源、环境、发展和社会四个维度（滕少华等，2003；魏一鸣等，2002），它们相互作用、相互制约构成动态开放的可持续发展复杂系统。因此，报告从资源维度、环境维度、发展维度和社会维度分别介绍可持续发展目标的生成。

（一）资源维度的目标生成

资源泛指那些与可持续发展直接相关，并能被直接开发利用的各类资源，如水资源、气候资源、耕地资源、生物资源、矿产资源等。资源的赋存状况诸如数量的多寡、质量的优劣、组合或匹配程度、开发的难易、可再生能力对于一个国家或地区经济社会的发展至关重要，同时也构成了可持续发展的先决条件（中国科学院可持续发展研究组，1999）。

（二）环境维度的目标生成

环境是以人类为主体的整个外部世界的总和，是人类赖以生存和发展的物质能量基础、生存空间基础和社会经济活动基础的综合体。环境的可持续发展能力是对区域环境容量的动态识别。人类对于区域的开发，对于资源的利用，以及对于自然的改造，均应维持在环境允许的容量之内。也就是说，环境维度的目标应强调一个国家或地区的环境缓冲能力、环境抗逆能力与环境自净能力，只有维持现实环境的质量不超过所允许的标准，才能达到环境合理发展的要求。

（三）发展维度的目标生成

发展成本是指一个国家或地区为支持其经济起飞或升级，并实现区域战略发展目标必须花费的成本。区域发展成本既由该国家或地区立地条件、自然特点、地理分异特点等自然基础因素决定，又由该国家或地区前期基础设施建设、科学技术发展等创新发展因素决定，还由该国家或地区经济积累、人口素质、社会发展、开放程度、观念习俗等其他经济社会因素决定。

（四）社会维度的目标生成

可持续发展只有运行在有序平稳的过程中，才有可能被实现。因此，社会稳定、社会公平是可持续发展的必要条件之一。但现实社会中，存在各种各样的矛盾和问题，它们是引发社会失序和动乱的潜在因素。一旦这些因素被"积累"和"激活"，即可能引起社会的不稳定，成为破坏可持续发展中"人与人"关系和谐的直接因素。这些矛盾因素主要涉及社会财富、社会保障、社会就业、社会健康、社会公德、社会法制、社会教育、社会观念等方面。

第二节　可持续发展目标的梳理与分析

一、21 世纪议程目标

（一）目标提出的背景

（1）20 世纪 80 年代后期，全球公众对环境的关注度逐渐升温；非政府环保组织的快速发展；多国绿党在其议会中的支持率显著提高（徐再荣，2006）。

（2）一系列重大环境事件的爆发：1984 年印度博帕尔的农药厂毒气泄漏；1985 年非洲撒哈拉以南地区发生的严重饥荒；1986 年苏联乌克兰切尔诺贝利核电站的核泄漏事故等。

（3）联合国及各组织的积极介入与行动：1983 年，联合国大会通过第 38/161 号决议，成立世界环境和发展委员会；1987 年，世界环境和发展委员会发表了名为《我们共同的未来》报告，其创新之处在于系统阐述了"可持续发展"的概念；1989 年 12 月 22 日，第 44 届联合国大会通过了第 44/228 号决议，决定在 1992 年 6 月召开联合国环境与发展大会。

（二）目标的体系结构

从结构上看，《21 世纪议程》共分为四个重要部分（世界环境和发展委员会，1992），涵盖了当代全球环境与发展领域的绝大部分问题（图 5-3）。

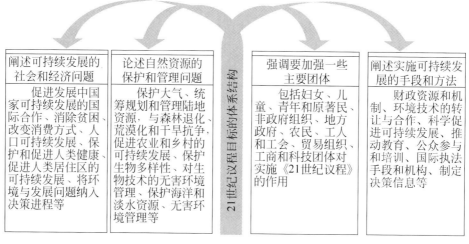

图 5-3　《21 世纪议程》的体系结构

（三）目标的执行

（1）1993 年联合国在经济和社会理事会下专门设立了可持续发展委员会。可持续发展委员会是联合国系统内讨论、审议国际环境与发展合作最重要的论坛之一。可持续发展委员会每年召开会议，综合审议《21 世纪议程》的执行。

（2）1997 年，联合国召开了关于环境发展问题的第 19 届特别联大会议，会议通过了《进一步执行<21 世纪议程>方案》。80 多个国家把《21 世纪议程》的主要内容纳入国家发展规划，6000 多个城市在议程的指导下制定了远景目标。国际社会还以运用法律形式加强国家间的环保合作，如 165 个国家（地区）签署的《联合国气候变化框架公约》，特别是 1997 年通过的《东京议定书》，规定发达国家必须在 2008～2012 年将废气排气量减少到低于 1990 年排放量的 5% 以下，在一定程度上控制了温室效应（郭日生，2011）。

（3）2004 年，可持续发展委员会进行了工作改革，以两年为一个周期，审议固定议题。第一年为进展回顾、经验交流，第二年为政策磋商，制定规划。2004～2005 年的议题为"水、卫生和人居"，2006～2007 年的主题为"能源、工业发展、大气污染和气候变化"，2008～2009 年的议题为"农业、农村发展、土地、干旱、荒漠化和非洲"，2010～2011 年主题为"可持续生产和消费、矿业、交通运输、废弃物管理、化学品"。2012～2013 年主题为"森林、生物多样性、生物技术、旅游、山脉"。

二、联合国千年发展目标

（一）目标提出的背景

贫困问题被联合国列为社会发展问题三大主题之首。联合国前秘书长安南曾经指出：尽管一些国家在消除贫困方面作出了努力，尽管全球经济呈增长趋势，但贫困现象仍在蔓延，贫困人口仍在扩大，全世界有近四分之一的人口生活在贫困状态。

（1）1990 年制订的《联合国第四个十年国际发展战略》、《联合国大会第十八届特别会议宣言》和同年在巴黎举行的第二届最不发达国家会议通过的《90 年代援助最不发达国家行动纲领》等文件都把发展中国家的经济持续发展和消除贫困列为国际发展战略的首要目标和国际合作的优先领域。

（2）1995 年 12 月，联合国大会又将 1997～2006 年确定为第一个"国际消除贫困十年"；1995 年联合国社会发展世界首脑会议集中讨论了消除贫困、社会融洽、促进发展的问题，并通过了《宣言》和《行动纲领》，同时确定 1996 年为国际消除贫困年。

（3）1997 年联合国前秘书长安南提出召开"联合国千年首脑会议"的建议，并于 1998 年 12 月 17 日第 53 届联合国大会上获得通过。

（4）2000 年 9 月，联合国千年首脑会议一致通过了"千年发展目标"（Millennium Development Goals）。作为联合国第一次提出的全面的、定量化的和确定了具体时限的目标体系，为未来 15 年的国际经济和社会发展制定了详细的时间表和路线图。承诺到 2015 年将世界极端贫困人口和饥饿人口减半。

（二）目标的体系结构

千年发展目标的核心议题是消除贫困，以关注人的生存和发展为重点，提出的 8 个发展目标如下：

（1）消灭极端贫穷和饥饿：靠每日不到 1 美元维生的人口比例减半；挨饿的人口

比例减半。

（2）实现普及初等教育：确保不论男童或女童都能完成全部初等教育课程。

（3）促进两性平等并赋予妇女权力：最好到 2005 年在小学教育和中学教育中消除两性差距，并最迟于 2015 年在各级教育中消除此种差距。

（4）降低儿童死亡率：将五岁以下儿童死亡率降低三分之二。

（5）改善产妇保健：产妇死亡率降低四分之三；到 2015 年实现普遍享有生殖保健。

（6）与艾滋病毒/艾滋病、疟疾以及其他疾病对抗：到 2015 年遏制并开始扭转艾滋病毒/艾滋病的蔓延；到 2010 年向所有需要者普遍提供艾滋病毒/艾滋病治疗；到 2015 年遏制并开始扭转疟疾和其他主要疾病的发病率。

（7）确保环境的可持续能力：将可持续发展原则纳入国家政策和方案，并扭转环境资源的流失；减少生物多样性的丧失，到 2010 年显著降低丧失率；到 2015 年将无法持续获得安全饮用水和基本卫生设施的人口比例减半；到 2020 年使至少 1 亿贫民窟居民的生活明显改善。

（8）全球合作促进发展：进一步发展开放的、遵循规则的、可预测的、非歧视性的贸易和金融体制。包括在国家和国际两级致力于善政、发展和减轻贫穷；满足最不发达国家的特殊需要。这包括：对其出口免征关税、不实行配额；加强重债穷国的减债方案，注销官方双边债务；向致力于减贫的国家提供更为慷慨的官方发展援助；满足内陆国和小岛屿发展中国家的特殊需要；通过国家和国际措施全面处理发展中国家的债务问题，使债务可以长期持续承受；与发展中国家合作，为青年创造体面的生产性就业机会；与制药公司合作，在发展中国家提供负担得起的基本药物；与私营部门合作，提供新技术，特别是信息和通信技术产生的好处。

（三）目标的执行

（1）联合国千年运动：自 2002 年开始，支持和激励世界各地人们采取行动，推动千年发展目标。

（2）联合国千年项目：2002 年，联合国秘书长启动了"千年项目"，目标是制定一项具体的行动计划，以便在全球范围内实现"千年发展目标"和减轻影响着几十亿人口的贫穷、饥饿和疾病问题。

（3）世界首脑会议：2005 年 9 月 14～16 日，170 多名国家和政府首脑参加了在纽约联合国总部举行的世界首脑会议。各国首脑利用这次难得的机会在发展、安全、人权和联合国改革等领域作出了大胆的决策。

（4）千年发展目标高级别会议：2008 年 9 月 25 日在纽约举行的千年发展目标高

级别会议上，政府、基金会、企业和民间团体积极响应到 2015 年削减贫困、饥饿和疾病的行动号召，宣布新的承诺，以实现千年发展目标（图 5-4）。

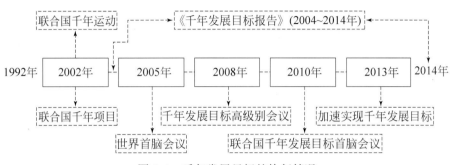

图 5-4　千年发展目标的执行情况

（5）联合国千年发展目标首脑会议：2010 年 9 月 22 日，各国承诺将借助会议成果文件中确定的行动议程、政策和战略，尽一切努力到 2015 年实现千年发展目标。会议期间发起了一系列为妇女和儿童的健康及其他消除贫困、饥饿和疾病的新承诺。

（6）加速实现千年发展目标：2013 年 9 月 23 日，联合国秘书长举办了高级别论坛，为促进和加快实现千年发展目标采取进一步行动，并进一步加强之后的成果。本次论坛重点放在具体扩大成功的实例，并确定进一步的机会。承诺额外投入以促进实现千年发展目标，总额超过 2500 亿美元。2013 年 9 月 25 日，联合国大会主席主持了关于检查在实现千年发展目标方面所作努力的特别活动。在千年发展目标的特别活动上，秘书长潘基文向联合国会员国介绍他的新报告，"人人过上有尊严的生活"。在会员国通过的成果文件中，世界领导人们重申实现千年发展目标的承诺，同意于 2015 年 9 月举行高级别首脑会议，采取一组实现千年发展的新目标。

（7）《千年发展目标报告》：2004 年 3 月，联合国发表第一份千年发展目标进度报告。按照《2014 年千年发展目标报告》的最新数据（联合国，2014a），8 项千年发展目标可分为已实现和需继续努力两方面，其中，已实现的目标包括：全球极度贫困人口已减半；在与疟疾和肺结核的斗争中取得了显著的成绩；对于 23 亿人来说，取用改善的水源已成为现实；发展中地区男女童小学入学率的不均等正在消除；女性参与政治的比例继续上升；发展援助回升，贸易体系继续有利于发展中国家，其债务负担仍保持低水平。要实现既定的具体目标仍需更多努力的目标有：环境可持续性继续受到严重威胁，但同时也存在全球行动的成功范例；长期营养不足的幼儿人数下降，但每四名儿童中仍有一名营养不足；儿童死亡率已几近减半，但仍需更多的进展；孕产妇死亡率降低，但仍需更多的努力；抗逆转录病毒疗法挽救病人，一定要进一步扩大；自 1990 年以来，全球有超过四分之一的人口获得了改善的卫生条件，但仍有 10 亿人露天便溺；发展中地区仅有 90% 的儿童就读小学。

三、约翰内斯堡可持续发展目标

（一） 目标提出的背景

（1） 在刚刚过去的 20 世纪，人类在经济、社会、教育、科技等众多领域取得了显著的成就，但在环境与发展的问题上始终面临着严峻的挑战。

（2） 约翰内斯堡峰会全面审议 1992 年来环境发展大会所通过的《里约宣言》、《21 世纪议程》等重要文件和其他一些主要环境公约的执行情况，并在此基础上就今后的工作形成面向行动的战略与措施，积极推进全球的可持续发展。

（3） 约翰内斯堡峰会以 2000 年《联合国千年宣言》为蓝本，纳入多哈会议和蒙特雷会议的结论，从而实现从斯德哥尔摩到里约热内卢，到约翰内斯堡，针对面临的挑战，提出对可持续发展的承诺。

（二） 目标的体系结构

约翰内斯堡高峰会，189 国政府代表及相关团体务实地检讨《21 世纪议程》的执行情况，签署了两项最重要的文件（联合国，2002），一项是有 69 条宣示性条文的《政治宣言》，另一项则是包括八个部分（除导言和执行手段等），100 余条有具体发展行动的《可持续发展问题世界首脑会议执行计划》（图 5-5）。

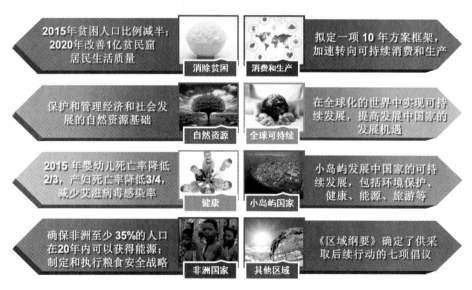

图 5-5　《可持续发展问题世界首脑会议执行计划》的主要内容

（三）目标的执行

2012 年联合国的秘书长报告《具有承受力的人类、具有复原能力的地球：值得选择的未来》中，对《21 世纪议程》、《进一步执行<21 世纪议程>方案》和可持续发展问题世界首脑会议成果的执行情况进行讨论，整理了 1990～2010 年可持续发展的全球成效（联合国，2012a）。本报告从经济增长、社会公平和环境保护三个方面加以总结：

（1）经济增长。

①经济增长和不平等：自 1992 年以来，全球经济增长了 75%，但不平等现象仍很严重。2010 年，高收入国家人均国民总收入（按购买力平价计算）比中等收入国家高出 5 倍左右，比低收入国家高出 30 倍左右。

②消除贫穷：到 2015 年，世界人口中有 15% 生活在赤贫中，这个数字比 1990 年的 46% 有所降低。

③饥饿和营养不良：2000～2008 年期间，发展中国家营养不良人口数目增加了约 2000 万。

（2）社会公平。

①性别平等问题：发展中国家 43% 的农业劳动力是妇女。

②教育：2009 年在全球范围，由于贫穷，仍有 6700 万小学适龄儿童无法上学。

③健康：1990～2010 年，人类预期寿命延长了 3.5 岁。

④水和卫生设施：有 8.84 亿人无法获得清洁用水，有 2.6 亿人没有基本的卫生设施。

（3）环境保护。

①森林：每年净消失 520 万公顷森林。

②臭氧层：将在 50 多年之后恢复到 1980 年前的水平。

③生物多样性和生态系统：大自然向人类提供的服务有三分之二在逐渐减少。

④海洋：85% 的各类鱼类种群被过度开发，业已枯竭，正在恢复或已被全部开发。

⑤气候变化：1990～2009 年期间，全球年度二氧化碳排放量增加了 38%。

⑥能源：全世界有 20% 的人无电可用。

四、里约热内卢+20 峰会目标

（一）目标提出的背景

为纪念 1992 年在里约热内卢召开的"地球峰会"，本次联合国可持续发展大会被称为"里约+20"峰会（图 5-6）。

如果我们要给子孙后代留下一个适合居住的世界，现在就需要处理普遍贫穷和环境破坏的难题。如果我们现在无法妥当应对这些重大挑战，日后付出的代价要大得多——包括更加贫穷和不稳定以及地球退化。里约+20 提供从全球的角度进行思考的机会，以便我们可各自在当地采取行动，以确保共同的将来。

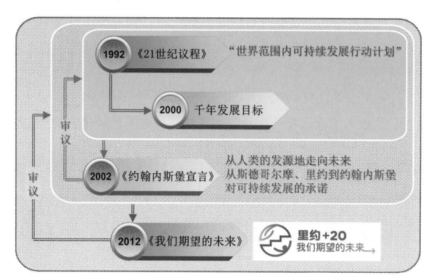

图 5-6　从《21 世纪议程》到《我们期望的未来》

（二）目标的体系结构

2012 年，在具有里程碑意义的地球首脑会议 20 年后，世界各国领导人再次聚集在里约热内卢，形成《我们期望的未来》（联合国，2012b）：①达成新的可持续发展政治承诺；②对现有的承诺评估进展情况和实施方面的差距；③应对新的挑战。里约+20 会议集中讨论了两个主题：①绿色经济在可持续发展和消除贫困方面作用；②可持续发展的体制框架。具体的行动框架和主题领域包括：

（1）社会经济：涉及消除贫穷、粮食安全和营养与可持续农业、可持续的旅游业、可持续的运输、可持续的城市和人类住区、健康与人口、促进充分的生产性就业，让人人都有体面工作，加强社会保护、可持续消费和生产、教育、性别平等和增强妇女权能等。

（2）环境保护：涉及水和环境卫生、能源、海洋、减少灾害风险、气候变化、森林、生物多样性、荒漠化、土地退化和干旱、山区、化学品和废物等。

（3）区域努力：涉及小岛屿发展中国家、最不发达国家、内陆发展中国家、非洲等。

（三）目标的执行

遗憾的是，除在序言、重申政治承诺等部分达成重要共识外，这次磋商并没有实现期望目标，在可持续发展原则与执行手段、绿色经济、机制框架改革、可持续发展目标等关键问题上，各方仍存在明显分歧。

（1）绿色经济：是实现可持续发展的重要手段，但发展"绿色经济"要符合约翰内斯堡峰会上通过的《可持续发展世界首脑会议执行计划》基本原则，把消除贫困作为主要目标。发达国家需要认识到自己帮助发展中国家发展绿色经济的责任，而不是把它作为贸易保护和对外援助的条件。

（2）资金支持：1992 年的《21 世纪议程》确认发达国家在全球可持续发展过程中提供额外资金的责任。同时，在 1970 年的联合国大会中，发达国家同意将官方发展援助或外援目标确定为国内生产总值的 0.7%。目前，只有少数发达国家达到了这一目标。2010 年，发达国家的官方发展援助不足实现国内生产总值的 0.7% 这一长期目标总额的一半。

（3）气候变化：根据"共同但有区别的责任"和各自的能力，必须为人类今世后代的利益保护气候系统。目前，严重关切地注意到，缔约方就"到 2020 年全球每年温室气体排放量"所作的减排承诺的总体效应，与有可能把全球平均温度的增幅维持在"高于工业化以前水平 2 摄氏度或 1.5 摄氏度"之下的总体排放途径之间存在很大差距。

五、可持续发展目标的演替

（一）总体发展目标的演替

1. 第一阶段（1972~1992 年）：可持续发展概念形成阶段

1972 年 6 月 16 日联合国人类环境会议宣言又称斯德哥尔摩人类环境会议，通过了《联合国人类环境会议宣言》。该宣言以七点共同的看法为基础，提出了 26 项基本原则，其中包括：人的环境权利和保护环境的义务，保护和合理利用各种自然资源，防治污染，促进经济和社会发展，等等。联合国人类环境会议的召开，以及《联合国人类环境会议宣言》的发布，标志着国际社会对业已存在的全球环境问题的认同与关注，凝结了全球对环境问题的共识。

随后，联合国于 1983 年 12 月成立了由挪威首相布伦特兰夫人为主席的"世界环境与发展委员会"，对世界面临的问题及应采取的战略进行研究，并于1987年发表了影响全球的题为《我们共同的未来》的报告。报告提出了"可持续发展"的概念，并指出：在过去，我们关心的是经济发展对生态环境带来的影响，而现在，我们正迫切地感到生态的压力对经济发展所带来的重大影响。因此，我们需要有一条新的发展道路，这条道路不是一条仅能在若干年内，在若干地方支持人类进步的道路，而是一直到遥远的未来都能支持全球人类进步的道路。

2. 第二阶段（1992~2000年）：可持续发展目标确定阶段

这一阶段的核心是1992年召开的联合国环境与发展大会，在此次大会上将可持续发展概念提升为"世界范围内可持续发展行动计划"，形成了一系列的可持续发展目标框架，总体的行动目标体现在《21世纪议程》中，将可持续发展目标框架定在可持续发展战略、社会可持续发展、经济可持续发展、资源的合理利用与环境保护四个部分，为之后可持续发展目标的生成奠定了基础。《21世纪议程》是一份关于政府、政府间组织和非政府组织所应采取行动的广泛计划，旨在实现朝着可持续发展的转变。《21世纪议程》为采取措施保障我们共同的未来提供了一个全球性框架。这项行动计划的前提是所有国家都要分担责任，但承认各国的责任和首要问题各不相同，特别是在发达国家和发展中国家之间。

目标确定阶段继承了前一阶段关于环境问题的深入思考，分别形成针对气候变化、森林保护和生物多样性的《联合国气候变化框架公约》、《关于森林问题的原则声明》与《联合国生物多样性公约》等共识文件。其中，《联合国气候变化框架公约》第二条规定，"本公约以及缔约方会议可能通过的任何相关法律文书的最终目标是减少温室气体排放，减少人为活动对气候系统的危害，减缓气候变化，增强生态系统对气候变化的适应性，确保粮食生产和经济可持续发展。

3. 第三阶段（2000年至今）：可持续发展目标发展阶段

自2000年可持续发展千年发展目标至今，是可持续发展目标体系的发展阶段，这一阶段的主要特征体现在：①形成量化的目标体系，千年发展目标量化了人类福祉和发展的关键方面，给出的目标短小精悍，很容易理解、记忆和交流具体目标，并形成可持续发展的终极目标。②可持续发展目标逐渐从环境问题转化为形成根源的贫穷、疾病等社会经济发展方面，严重的环境问题逐渐形成独立的发展目标。③环境目标取得进一步的共识，《联合国防治沙漠化公约》、《约翰内斯堡可持续发展承诺》和《京都议定书》等推动了环境目标进一步的深入。

此外，2002年通过《约翰内斯堡执行计划》（JPOI），提出应遵循各国国情和优先领域开展可持续发展工作。会议通过了《可持续发展世界首脑会议执行计划》和《约翰内斯堡可持续发展承诺》两个重要文件，达成了一系列关于可持续发展行动的《伙伴关系项目倡议》。这些文件明确了未来 10~20 年人类拯救地球、保护环境、消除贫困、促进繁荣的世界可持续发展行动蓝图。

（二）具体目标的演替

1. 社会经济目标演替

社会经济目标是可持续发展需要解决的根本问题，1992 年以来可持续发展社会经济方面目标的演替过程包括如下两个方面。①在目标主题方面：贫穷、饥饿、教育、健康是可持续发展目标的比较固定的主题。其中，OWG 提出的可持续发展目标相对比较全面，除了强调以上主题以外，增加了可持续的工业化、城市化、生产和消费等领域的目标。②在具体的主题方面：同一主题的可持续发展目标更加的丰富和深入。以贫穷问题为例，《21 世纪议程》中针对消除贫穷目标，强调"使穷人能得到可持续的生机"；《千年发展目标》中贫穷问题的发展目标更加具体，提出了"靠每日不到 1 美元维生的人口比例减半"。

2. 环境保护目标演替

相对于社会经济方面目标来说，不同时期可持续发展环境保护方面的目标变化较大，主要体现在以下两个方面。①从目标数量来看：在《21 世纪议程》和《千年发展目标》中，环境保护均占一部分，主题分别为"保存和管理资源以促进发展"和"确保环境的可持续能力"；OWG 提出的可持续发展目标共有 17 部分，其中涉及环境保护的目标有三个部分。②从目标主题来看：《21 世纪议程》环境目标主题中，生态系统的保护和环境污染治理并重；《千年发展目标》更加强调资源管理和利用，以及自然灾害防治等；OWG 提出的可持续发展目标主要包括气候变化、海洋保护和生物多样性保护等内容。环境目标关注的方面主要集中在大气、陆地生态系统、森林、水资源等方面，强调的侧重点各有不同。

3. 贫困标准的演替

贫困线是为满足生活标准而需的最低收入水平。不同国家都有不同的贫困线，但普遍来说都会利用单一贫困线比较经济福利程度。在比较国际间的贫穷时常以购买力平价为基准，避免贫困线因兑换率改变。联合国国际贫困标准的演变如下：

（1）1990 年，世界银行根据 1985 年购买力，将贫困线定在每天 1.01 美元。

（2）2008 年，世界银行将标准提高到 1.25 美元。

（3）2015 年，世界银行将考虑上调全球贫困线，幅度为十年之最。

专栏5-2 全球气候变化

● 1988 年，联合国环境规划署（United Nations Environment Programme, UNEP）和世界气象组织（World Meteorological Organization，WMO），成立了气候变化政府间会议（Intergovernmental Panel on Climate Change，IPCC）。

● 1990 年，IPCC 发布了第一份评估报告。经过数百名顶尖科学家和专家的评议，该报告确定了气候变化的科学依据，对政策制定者和广大公众都产生了深远的影响，也影响了后续的气候变化公约的谈判。

● 1990 年，世界气候大会呼吁建立一个气候变化框架条约。本次会议由 137 个国家加上欧洲共同体进行部长级谈判，主办方为世界气象组织等。

● 1990 年 12 月，联合国常委会批准了气候变化公约的谈判。确定的一些原则为以后的气候变化公约奠定了基础。这些原则包括：气候变化是人类共同关注的；公平原则；不同发展水平国家"共同但有区别的责任"等原则。

● 1992 年 6 月，在巴西里约热内卢举行联合国环境发展大会，联合国政府间谈判委员会就气候变化问题达成《联合国气候变化框架公约》。这是世界上第一个为全面控制二氧化碳等温室气体排放，应对全球气候变暖给人类社会带来不利影响的国际公约，也是国际社会在对付气候变化问题的基本框架。

● 1994 年 3 月 21 日，《联合国气候变化框架公约》正式生效。

● 1995 年，联合国气候变化框架公约第 1 次缔约方大会，德国柏林。会议通过了《柏林授权书》等文件。文件认为，现有《气候变化框架公约》所规定的义务是不充分的，同意立即开始谈判，就 2000 年后应该采取何种适当的行动来保护气候进行磋商，以期最迟于 1997 年签订一项议定书，议定书应明确规定在一定期限内发达国家所应限制和减少的温室气体排放量。

● 1996 年，联合国气候变化框架公约第 2 次缔约方大会，瑞士日内瓦。就"柏林授权"所涉及的"议定书"起草问题进行讨论，未获一致意见，决定由全体缔约方参加的"特设小组"继续讨论。

● 1997 年，联合国气候变化框架公约第 3 次缔约方大会，日本京都。149 个国家和地区的代表通过了《京都议定书》，规定 2008～2012 年期间，主要工业发达国家的温室气体排放量要在 1990 年的基础上平均减少 5.2%。

● 1998 年，联合国气候变化框架公约第 4 次缔约方大会，阿根廷布宜诺斯艾利斯。会议上发展中国家集团发生了分化，一是环境脆弱、易受气候变化影响，自身排放量很小的小岛国联盟；二是期待清洁发展机制（Clean Development Mechanism）的国家，期望以此获取外汇收入，如墨西哥和最不发达的非洲国家；三是中国和印度，坚持目前不承诺减排义务。

●1999 年，联合国气候变化框架公约第 5 次缔约方大会，德国波恩。通过《框架公约》附件：缔约方国家信息通报编制指南、温室气体清单技术审查指南等，并就发展中国家及经济转型期国家的能力建设等问题进行协商。

●2000 年，联合国气候变化框架公约第 6 次缔约方大会，荷兰海牙。谈判形成欧盟、美国等、发展中大国（中国、印度）的三足鼎立之势。美、日、加等少数发达国家执意推销"抵消排放"和"换取排放"方案；欧盟强调履行京都协议，试图通过减排取得与美国的相对优势；中国和印度，坚持不承诺减排义务。

●2001 年，联合国气候变化框架公约第 7 次缔约方大会，摩洛哥马拉喀什。通过有关《京都议定书》履约问题的一揽子高级别政治决定，形成马拉喀什协议文件，为《京都议定书》附件一缔约方批准《京都议定书》并使其生效铺平了道路。

●2002 年，联合国气候变化框架公约第 8 次缔约方大会，印度新德里。会议通过的《德里宣言》强调抑制气候变化必须在可持续发展的框架内进行，这表明减少温室气体的排放与可持续发展仍然是各缔约国今后履约的重要任务。《德里宣言》重申了《京都议定书》的要求。

●2003 年，联合国气候变化框架公约第 9 次缔约方大会，意大利米兰。在二氧化碳第一排放大户美国两年前退出《京都议定书》的情况下，俄罗斯不顾许多与会代表的劝说，仍然拒绝批准其议定书，致使该议定书不能生效。为了抑制气候变化的影响，会议通过约 20 条具有法律约束力的环保决议。

●2004 年，联合国气候变化框架公约第 10 次缔约方大会，阿根廷布宜诺斯艾利斯。围绕《联合国气候变化框架公约》生效 10 周年来取得的成就和未来面临的挑战、气候变化带来的影响、温室气体减排政策以及在公约框架下的技术转让、资金机制、能力建设等重要问题进行了讨论。

●2005 年，联合国气候变化框架公约第 11 次缔约方大会，加拿大蒙特利尔。会议达成了 40 多项重要决定，包括启动《京都议定书》新二阶段温室气体减排谈判，以进一步推动和强化各国的共同行动，切实遏制全球气候变暖的势头。本次大会取得的重要成果被称为"控制气候变化的蒙特利尔路线图"。

●2006 年，联合国气候变化框架公约第 12 次缔约方大会，肯尼亚内罗毕。这次大会取得了两项重要成果：一是达成包括"内罗毕工作计划"在内的几十项决定，以帮助发展中国家提高应对气候变化的能力；二是在管理"适应基金"的问题上取得一致，基金将用于支持发展中国家具体的适应气候变化活动。

● 2007 年，联合国气候变化框架公约第 13 次缔约方大会，印度尼西亚巴厘岛。会议着重讨论"后京都"问题，即《京都议定书》第一承诺期在 2012 年到期后如何进一步降低温室气体的排放。通过了"巴厘岛路线图"，启动了加强《联合国气候变化框架公约》和《京都议定书》全面实施的谈判进程。

● 2008 年，联合国气候变化框架公约第 14 次缔约方大会，波兰波兹南。八国集团寻求与《联合国气候变化框架公约》其他缔约国共同实现到 2050 年将全球温室气体排放量减少至少一半的长期目标。

● 2009 年，联合国气候变化框架公约第 15 次缔约方会议，丹麦哥本哈根。192 个国家的环境部长和其他官员们商讨《京都议定书》一期承诺到期后的后续方案，就未来应对气候变化的全球行动签署新的协议。

● 2010 年，联合国气候变化框架公约第 16 次缔约方会议，墨西哥坎昆。同意《京都议定书》工作小组应"尽早"完成第二承诺期的谈判工作，以"确保在第一承诺期和第二承诺期之间不出现空当"。规定发达国家改善其排放量和减排行动的报告，同时也规定发展中国家每两年进行一次排放和减排报告。

● 2011 年，联合国气候变化框架公约第 17 次缔约方会议，南非德班。确立新的全球气候变化谈判议程，使《京都议定书》获得了有保障的第二承诺期，从而让相关政策有了更大的确定性。同时，这次会议还奠定了基础，以便建立一个更加广泛的、以法律形式适用于所有国家的气候机制。

● 2012 年，联合国气候变化框架公约第 18 次缔约方会议，卡塔尔多哈。《京都议定书》第二承诺期将按期望于 2013 年开始实施，发达国家须为发展中国家应对气候变化提供资金支持。会议还讨论了 2020 年后德班平台谈判的原则、要素和框架，对谈判的工作安排进行了总体规划。

● 2013 年，联合国气候变化框架公约第 19 次缔约方会议，波兰华沙。落实巴厘路线图所确立的各项谈判任务、已经达成的共识和各国所作出的承诺；开启德班平台谈判，为 2015 年达成新的协议勾画路线图，奠定良好基础。

● 2014 年，联合国气候变化框架公约第 20 次缔约方会议，秘鲁利马。大会通过的最终决议力度与各方期望尚有差距，但就 2015 年巴黎大会协议草案的要素基本达成了一致。会议还就继续推动德班平台谈判达成共识，进一步明确并强化 2015 年的巴黎协议在《联合国气候变化框架公约》下，遵循共同但有区别的责任原则的基本政治共识，初步明确了各方 2020 年后应对气候变化国家自主贡献所涉及的信息。

资料来源：《2015 世界可持续发展年度报告》课题组整理

第三节 未来 15 年后可持续发展的目标选择

一、可持续发展目标工作组建议目标

1992 年在巴西里约热内卢召开的联合国环境与发展会议提出全球可持续发展的道路，但当今世界的状况仍令人担忧：贫穷、失业、疾病等问题广泛存在；武装冲突、犯罪、恐怖主义等事件频发；气候变化的后果开始显现。鉴于此，2015 年将举行的三次高级别国际会议，绘制未来 15 年全球可持续发展的蓝图（联合国，2014b）。2012 年 6 月联合国可持续发展大会决定成立可持续发展高级别政治论坛。随后，联合国大会决定成立"联合国可持续发展目标开放工作组"，将重点设计未来 15 年的全球可持续发展目标，这些目标的政府间谈判将在第 69 届联合国大会期间启动，2015 年 9 月也将召开政府首脑会议并通过这一议程。目前，联合国可持续发展目标开放工作组已提出 17 项可持续发展目标如下：

（1）在世界各地消除一切形式的贫困。

（2）消除饥饿，实现粮食安全，改善营养，促进可持续农业。

（3）确保健康的生活方式，促进各年龄段所有人的福祉。

（4）确保包容性和公平的优质教育，为全民提供终身学习机会。

（5）实现性别平等，增强所有妇女和女童的权能。

（6）确保为所有人提供并以可持续方式管理水和卫生系统。

（7）确保人人获得负担得起、可靠和可持续的现代能源。

（8）促进持久、包容和可持续的经济增长，保证人人享有体面的工作。

（9）建设有复原力的基础设施，促进包容与可持续的产业化，推动创新。

（10）减少国家内部和国家之间的不平等。

（11）建设包容、安全、有复原力和可持续的城市和人类住区。

（12）确保可持续的消费和生产模式。

（13）采取紧急行动应对气候变化及其影响。

（14）保护和可持续利用海洋和海洋资源促进可持续发展。

（15）保护、恢复和促进可持续利用陆地生态系统，遏制生物多样性的丧失。

（16）促进有利于可持续发展的包容性社会，为所有人提供诉诸司法的机会。

（17）加强实施手段，重振可持续发展全球伙伴关系。

二、可持续发展目标工作组建议目标评价

可持续发展是一项复杂的系统工程,其目标广泛涉及资源、环境、发展和社会等各个维度。联合国可持续发展目标工作组的建议目标在一定程度上可以反映未来15年世界各国对可持续发展的新要求,但这17项目标仍存在一些问题,主要包括如下两个层面。

(一) 目标体系层面的评价

(1) 目标体系的设定不分国家类型。联合国可持续发展目标工作组将全球作为整体,提出未来15年可持续发展的建议目标。这样的目标体系并非适应每一种类型的国家,应根据国家类别的不同,设定更具针对性的目标。

(2) 目标体系的设定未考虑可持续发展阶段。联合国可持续发展目标工作组建议的目标体系,更多是在21世纪议程目标、联合国千年发展目标上的改进。这就导致现有目标体系未考虑发达国家和发展中国家的发展现状和发展阶段。

(3) 目标体系的设定不加以轻重缓急的排序。可持续发展是一项复杂多目标问题,多目标间具有优先等级性,但联合国可持续发展目标工作组建议的目标体系则将所有的17项目标等权处理,即目标设定未考虑发展的优先等级性。

(4) 目标体系未明确共同而有区别的责任。可持续发展应坚持共同而有区别责任原则,但当前的目标体系仅对共同的目标进行设定,未明确目标背后的责任问题,这种责任在发达国家和发展中国家之间是有区别的。

(二) 具体目标层面的评价

(1) 目标分类不合理且有重叠目标。联合国可持续发展目标工作组建议目标同时涉及中观和微观两个层面,需对微观层面目标进行整合。例如,"消除贫困"和"结束饥饿"等微观目标较相似,可将上述两项目标统一调整为"贫困饥饿"目标。

(2) 存在具有包含关系的冗余目标。联合国可持续发展目标工作组建议目标存在冗余现象,部分目标间具有包含关系。例如,"社会平等"目标广泛涉及"优质教育"和"性别平等"等问题。考虑到目标间的冗余现象,可将其予以剔除。

(3) 部分目标难以描述、统计和量化。联合国可持续发展目标工作组的建议目标多数是不可量化的。例如,对于"用水安全"目标,世界银行、世界资源研究所等数

据库缺少相应的统计数据予以支撑或数据缺失较为严重。

（4）没有反映创新驱动能力的目标。联合国可持续发展目标工作组建议目标主要关注经济、社会发展的相关目标，但要实现可持续发展还应关注经济社会的进步，即应充分考虑并适当补充"科学技术"等可持续发展的动力目标。

三、可持续发展目标工作组建议目标的定量分析

可持续发展是一个复杂系统，涉及多元的、多向的、多层次的复杂非线性关系，《21 世纪议程》、《联合国千年宣言》及《可持续发展目标工作组建议目标》等均对特定时期的可持续发展目标体系进行总结。鉴于《可持续发展目标工作组建议目标》是 2014 年新提出的建议目标，报告将从可持续发展系统学的角度，对可持续发展目标工作组的 17 项目标进行定量化处理。

（一）定量分析的理论与方法基础

1. 理论基础

可持续发展的系统学视角强调发展的系统性和全面性，其目标选择过程也应充分体现人与自然的和谐、人与人关系的和谐两大主题，相应的可持续发展理论强调发展动力、发展质量和发展公平三大元素的逻辑自洽（牛文元，2012）。

（1）动力原则：可持续发展的"动力"表征。区域"发展实力"、"发展潜力"、"发展速度"及其可持续性，构成该区域"发展"的动力表征，包括自然资本、生产资本、人力资本和社会资本的合理协调、优化配置、结构升级。动力原则是以解放生产力、提升生产力为基础，以调整生产关系、优化生产关系为核心，以构建创新型国家或区域为标志，充分体现发展的观念创新、制度创新、科技创新、管理创新、文化创新等诸方面。

（2）质量原则：可持续发展的"质量"表征。区域"人与自然协调"、"文明程度"和"生活质量"及其对于理性需求的整体接近程度，构成了衡量区域"发展"的质量表征，包括区域物质支配水平、生态环境支持水平、精神愉悦水平。质量原则是以寻求环境与发展平衡、生产与消费平衡为基础，创建资源节约与环境友好型社会，实现能源与资源创造财富的"四倍跃进"。

（3）公平原则：可持续发展的"公平"表征。区域"共同富裕"程度及其对于贫富差异和区域差异的克服程度，构成了区域发展的公平表征，包括人均财富占有的人际公平、资源共享的代际公平和平等参与的区际公平等。公平原则是以缩小区域差别，

缩小贫富差别，创造机会平等，促进社会保障为基础，以促进社会稳定和社会公平为核心。

只有上述三大基本原则同时包容在可持续发展进程中，各国家所表现的"发展形态"才具有统一可比的指标基础，对其可持续发展的比较才具备可观控的共同内容。因此，本报告将动力、质量和公平原则定义为可持续发展目标选择的基本理论。

2. 方法基础

可持续发展具有多目标性，多目标间通常是不可公度的。为了使评价结果在年度间具有可比性，本报告在获得每个指标的原始数据后，对具有不同量纲的原始数据进行标准化处理，即每个指标值在 0 ~ 1。为尽量反映原始数据的比例特征，本文选用 min-max 标准化方法对指标体系中的原始数据进行标准化处理。按照对可持续发展作用方向的不同，可以将目标的属性指标分为三种类型：正向指标、逆向指标、适度指标。正向指标即指标值越大越好的指标，逆向指标即指标值越小越好的指标，适度指标即指标值越接近某一临界值越好的指标。

设第 j 个国家的第 i 个属性指标的实际值为 x_{ij} ，无量纲化的标准值为 y_{ij} ，则

对于正向指标，无量纲化公式为：$y_{ij} = \dfrac{x_{ij} - x_i^{\min}}{x_i^{\max} - x_i^{\min}}$

对于逆向指标，无量纲化公式为：$y_{ij} = \dfrac{x_i^{\max} - x_{ij}}{x_i^{\max} - x_i^{\min}}$

对于适度指标，先按照公式：$x'_{ij} = |x_{ij} - x_i^a|$ ，将其转化为逆向指标，然后再进行处理。

式中，$x_i^{\max}$ ，$x_i^{\min}$ 分别为指标 i 的最大值和最小值，x_i^a 为指标 i 的适度值。

（二）基于可持续发展原则的目标选择

结合"可持续发展目标工作组"建议的 17 项可持续发展目标，以可持续发展动力原则、质量原则和公平原则为理论基础，本报告综合评估了各目标属性的可获取性，即目标属性是否可在世界银行、联合国粮农组织、世界资源研究所、国际劳工组织等数据库中获取。基于目标属性可获取性的评估结果，本报告提出上述 17 项目标所属的可持续发展原则及其属性集(表5-1)。

表 5-1 基于可持续发展原则的目标选择

目标原则		目标要素	目标属性
可持续发展目标（2030）	动力原则	基础设施	用电普及率
			互联网普及率
			固定和移动电话使用率
		全球合作	进出口贸易价值平衡指数
			商品和服务贸易占 GDP 比重
			加入 UN、WTO、WHO 等国际组织数量
		生产消费	GDP 增长率
			资本形成总额占 GDP 比例
			服务业增加值占 GDP 比例
		海洋利用	海洋保护区占领海百分比
			人均海洋受威胁生物数（鱼类）
		社会进步	人口密度
			15~64 岁人口比例
			受过中高等教育人口比例
	质量原则	用水安全	人均淡水获取量
			人均可再生淡水资源
			农村水源改善惠及人口比例
		能源配置	单位 GDP 化石能源消耗
			可替代能源占能源总量比例
			可再生能源占能源总量比例
		生态保护	人均陆地受威胁生物数
			人均森林覆盖面积
			每百万人自然灾害致死率
		气候变化	人均甲烷排放量
			人均一氧化氮排放量
			人均二氧化碳排放量
		城市发展	人口城镇化率
			卫生设施改善惠及人口比例
			超过 100 万人口城市群比例

续表

目标原则	目标要素	目标属性
可持续发展目标（2030）　公平原则	消除贫困	多维贫困发生率
		严重贫困人口所占比例
		低于 1.25（美元/天）人口比例
	结束饥饿	人均耕地面积
		人均粮食产量
		食品生产指数
	确保健康	每千人医生数
		出生时预期寿命
		人均医疗卫生支出
	优质教育	小学辍学率
		初等教育总入学率
		平均受教育年限
	性别平等	孕产妇死亡率
		出生性别比率
		女性议会成员比例
	劳动就业	就业人口比率
		劳动力参与率
		青少年失业率
	社会平等	人类发展指数
		预期寿命指数
		收入基尼系数

（三）不同类别国家可持续发展目标的优先原则

可持续发展的多个目标具有优先等级性，不同类别国家的优先目标也具有差别的。鉴于社会经济发展阶段对于可持续发展目标优先等级性的影响，本报告分别探讨发达国家、新兴经济体国家、发展中国家、最不发达国家和小岛国家可持续发展目标的优先级顺序。为简化运算过程，在不同类型国家可持续发展目标的分析过程中，本报告主要选取五个代表性国家进行描述。结合表 5-5 给出的可定量计算的可持续发展目标体系，本报告以世界银行、联合国粮农组织、世界资源研究所、国际劳工组织的数据为基础，对不同类型国家可持续发展的动力、质量和公平水平分别进行评价（图 5-7），以期确定其可持续发展目标原则的优先级。

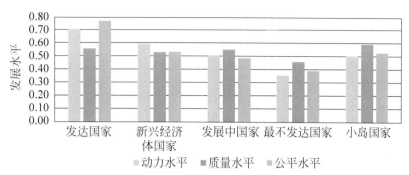

图 5-7 不同类别国家可持续发展目标原则的优先级

如图 5-7 所示，由于不同类别国家的发展阶段不同，其可持续发展的动力、质量和公平水平也具有差异性。根据"短板理论"，本报告将发达国家、新兴经济体国家、发展中国家、最不发达国家和小岛国家可持续发展目标原则选择的优先级定义如下（表5-2）。

表 5-2 基于可持续发展理论的目标原则选择

国家类别	优先原则 1	优先原则 2	优先原则 3
发达国家	质量原则	动力原则	公平原则
新兴经济体国家	质量原则	公平原则	动力原则
发展中国家	公平原则	动力原则	质量原则
最不发达国家	动力原则	公平原则	质量原则
小岛国家	动力原则	公平原则	质量原则

（四）未来 15 年典型国家可持续发展目标的选择

结合不同类别国家可持续发展目标的优先原则，本报告还对其具体的目标优先顺序，及其典型国家未来 15 年可持续发展目标的优先选择顺序进行定量评估。

1. 未来 15 年发达国家可持续发展的目标选择

为进一步分析发达国家可持续发展的目标优先等级，本报告以美国、德国、挪威、澳大利亚、日本为例，对其 2012 年可持续发展目标的达成情况进行分析（不考虑消除贫困、结束饥饿目标）。如图 5-8 所示，发达国家在各维度上的可持续发展水平普遍较高，但这其中也存在短板现象。假设以 0.618（标准化数据的黄金分割点）作为各项目标实现可持续发展的标准值，距离标准值越远，越应该优先发展该项目标。基于这样的假设，未来 15 年发达国家应依次优先在能源配置、用水安全、生产消费、气候变化、劳动就业等目标方面实施可持续发展战略。

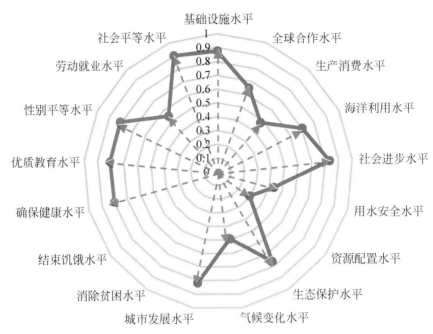

图 5-8　发达国家未来 15 年可持续发展的目标选择

鉴于可持续发展目标理论的系统性和复杂性，对于某具体发达国家，其可持续发展目标的优先顺序也可能具有特殊性。以美国、德国、挪威、澳大利亚和日本为例，结合这些国家在 15 项（不考虑消除贫困和结束饥饿目标）目标要素上的发展水平(图 5-9)，其目标选择的优先级顺序如下。

美国：能源配置→用水安全→气候变化→劳动就业→生产消费。

德国：能源配置→用水安全→生产消费→劳动就业。

挪威：生产消费→能源配置→气候变化→海洋利用→全球合作→用水安全。

澳大利亚：气候变化→能源配置→用水安全→生产消费→劳动就业→全球合作。

日本：能源配置→用水安全→生产消费→劳动就业→海洋利用。

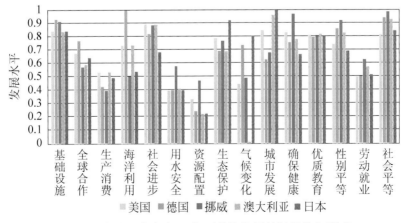

图 5-9　发达国家未来 15 年可持续发展目标的优先顺序

2. 未来 15 年新兴经济体国家可持续发展的目标选择

为进一步分析新兴经济体国家可持续发展的目标优先等级，本报告以巴西、俄罗斯、中国、印度、南非为例，对这些国家 2012 年可持续发展目标的达成情况进行统计和整合。如图 5-10 所示，新兴经济体国家在部分维度上的可持续发展水平存在较明显的短板现象。同样假设以 0.618 作为各目标实现可持续发展的标准值，距离标准值越远，越应该优先发展该项目标，则未来 15 年新兴经济体国家应依次优先在结束饥饿、能源配置、确保健康、用水安全、生产消费、劳动就业、社会平等、城市发展、海洋利用、全球合作等目标方面实施可持续发展战略。

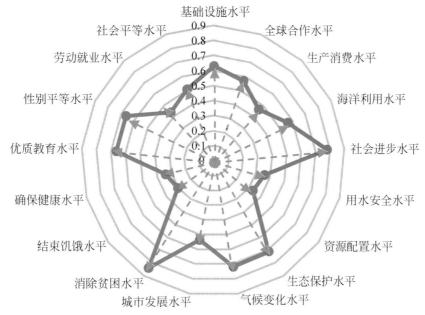

图 5-10　新兴经济体国家未来 15 年可持续发展的目标选择

对于不同的新兴经济体国家，其可持续发展目标的优先顺序也存在差异性。以巴西、俄罗斯、中国、印度和南非为例，结合这些国家在 17 项目标要素上的发展水平（图 5-11），其目标选择的优先级顺序如下。

巴西：结束饥饿→用水安全→能源配置→确保健康→生产消费→社会平等→全球合作→劳动就业。

俄罗斯：结束饥饿→能源配置→用水安全→生产消费→气候变化→生态保护→劳动就业→城市发展→全球合作→确保健康→海洋利用。

中国：用水安全→能源配置→确保健康→结束饥饿→城市发展→生产消费→海洋利用→劳动就业→社会平等→基础设施。

印度：确保健康→城市发展→能源配置→基础设施→结束饥饿→用水安全→劳动就业→生产消费→全球合作→消除贫困→海洋利用→社会平等→优质教育→性别平

等→社会进步。

南非：劳动就业→确保健康→社会平等→结束饥饿→能源配置→用水安全→生产消费→基础设施→海洋利用→优质教育→全球合作。

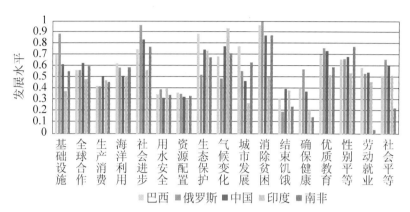

图 5-11　新兴经济体国家未来 15 年可持续发展目标的优先顺序

3. 未来 15 年发展中国家可持续发展的目标选择

为进一步分析发展中国家可持续发展的目标优先等级，本报告以印度尼西亚、不丹、埃及、尼日利亚、委内瑞拉为例，对其可持续发展目标的达成情况进行分析。如图 5-12 所示，发展中国家在大部分维度上的发展水平较低，部分维度的可持续发展水平低至 0.2 以下，且各发展目标间存在较明显的短板现象。同样假设以 0.618 作为各项目标实现可持续发展的标准值，距离标准值越远，越应该优先发展该项目标，则未来 15 年发展中国家应依次优先在确保健康、结束饥饿、能源配置、生产消费、用水安全、劳动就业、城市发展、基础设施、全球合作、社会平等、海洋利用、优质教育、性别平等等目标方面实施可持续发展战略。

对于不同的发展中国家，其可持续发展目标的优先顺序也存在差异性。以印度尼西亚、不丹、埃及、尼日利亚和委内瑞拉为例，结合这些国家在 17 项目标要素上的发展水平（图 5-13），其目标选择的优先级顺序如下。

印度尼西亚：确保健康→用水安全→能源配置→生产消费→城市发展→基础设施→全球合作→海洋利用→结束饥饿→劳动就业→社会平等。

不丹：确保健康→结束饥饿→城市发展→能源配置→基础设施→社会平等→生产消费→优质教育。

埃及：劳动就业→能源配置→生产消费→结束饥饿→确保健康→全球合作→城市发展→性别平等→海洋利用。

尼日利亚：确保健康→用水安全→劳动就业→结束饥饿→城市发展→社会平等→消除贫困→生产消费→基础设施→性别平等→优质教育→全球合作→社会进步→海洋利用→能源配置。

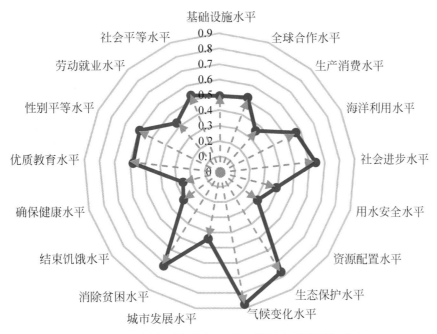

图 5-12　发展中国家未来 15 年可持续发展的目标选择

委内瑞拉：结束饥饿→用水安全→能源配置→生产消费→确保健康→全球合作→劳动就业→海洋利用。

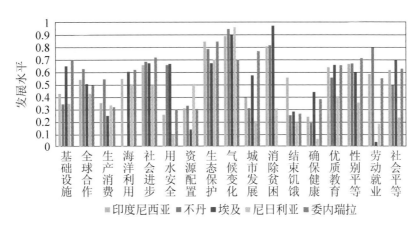

图 5-13　发展中国家未来 15 年可持续发展目标的优先顺序

4. 未来 15 年最不发达国家可持续发展的目标选择

为进一步分析最不发达国家可持续发展的目标优先等级，本报告以阿富汗、孟加拉国、苏丹、莫桑比克、埃塞俄比亚为例，对这些国家 2012 年可持续发展目标的达成情况进行统计和整合。如图 5-14 所示，最不发达国家在大部分维度上的可持续发展水平较低，且多项可持续发展目标的水平值低至 0.2 以下。同样假设以 0.618 作为各项目标实现可持续发展的标准值，距离标准值越远，越应该优先发展该项目标，则未来

15 年最不发达国家应依次优先在基础设施、确保健康、城市发展、用水安全、消除贫困、优质教育、全球合作、结束饥饿、生产消费、社会进步、社会平等、能源配置、海洋利用等目标方面实施可持续发展战略。

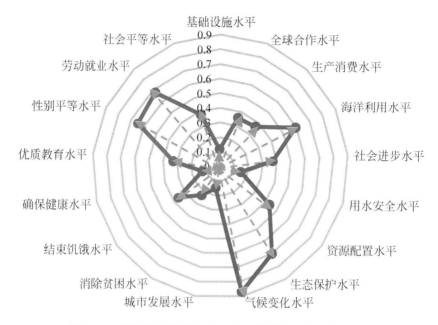

图 5-14　最不发达国家未来 15 年可持续发展的目标选择

对于不同的最不发达国家，其可持续发展目标的优先顺序也存在差异性。以阿富汗、孟加拉国、苏丹、莫桑比克和埃塞俄比亚为例，结合这些国家在 17 项目标要素上的发展水平（图 5-15），其目标选择的优先级顺序如下。

阿富汗：基础设施→确保健康→城市发展→能源配置→用水安全→结束饥饿→劳动就业→社会平等→全球合作→社会进步→生产消费→优质教育→生态保护→性别平等。

孟加拉国：能源配置→基础设施→确保健康→城市发展→用水安全→优质教育→社会进步→消除贫困→生产消费→海洋利用→全球合作→社会平等→结束饥饿。

苏丹：生产消费→确保健康→城市发展→基础设施→用水安全→结束饥饿→全球合作→优质教育→社会平等→能源配置→社会进步→性别平等→气候变化。

莫桑比克：确保健康→用水安全→基础设施→消除贫困→城市发展→社会平等→优质教育→全球合作→社会进步→生产消费→结束饥饿→海洋利用。

埃塞俄比亚：城市发展→基础设施→用水安全→确保健康→消除贫困→全球合作→优质教育→结束饥饿→社会进步→社会平等→生产消费。

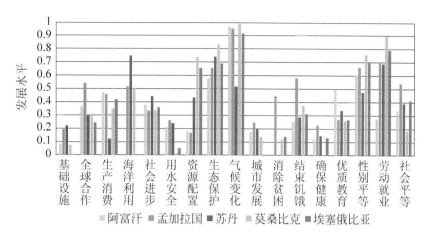

图 5-15　最不发达国家未来 15 年可持续发展目标的优先顺序

5. 未来 15 年小岛国家可持续发展的目标选择

为进一步分析小岛国家可持续发展的目标优先等级，本报告以马尔代夫、斐济、所罗门群岛、汤加、毛里求斯为例，对这些国家 2012 年可持续发展目标的达成情况进行统计和整合（缺少资源配置、消除贫困、结束饥饿目标的数据）。如图 5-16 所示，在不同可持续发展维度上，小岛国家的可持续发展水平变动性较大。同样假设以 0.618 作为各项目标实现可持续发展的标准值，距离标准值越远，越应该优先发展该项目标，则未来 15 年小岛国家应依次优先在确保健康、海洋利用、用水安全、劳动就业、生产消费、基础设施、生态保护、城市发展、社会进步、性别平等、社会平等等目标方面实施可持续发展战略。

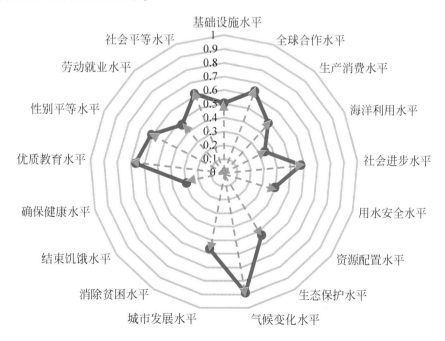

图 5-16　小岛国家未来 15 年可持续发展的目标选择

对于不同的小岛国家，其可持续发展目标的优先顺序也存在差异性。以马尔代夫、斐济、所罗门群岛、汤加和毛里求斯为例，结合这些国家在14项目标要素（缺少能源配置、消除贫困、结束饥饿目标要素的数据）上的发展水平（图5-17），其目标选择的优先级顺序如下。

马尔代夫：社会进步→海洋利用→用水安全→确保健康→劳动就业→生产消费→优质教育→性别平等。

斐济：确保健康→用水安全→基础设施→生产消费→劳动就业→海洋利用→生态保护→社会平等→性别平等。

所罗门群岛：基础设施→确保健康→海洋利用→城市发展→生产消费→用水安全→社会平等→性别平等→劳动就业→全球合作→社会进步→优质教育。

汤加：海洋利用→确保健康→用水安全→劳动就业→生产消费→生态保护→全球合作→城市发展→基础设施→性别平等。

毛里求斯：确保健康→劳动就业→用水安全→生态保护→海洋利用→生产消费→城市发展。

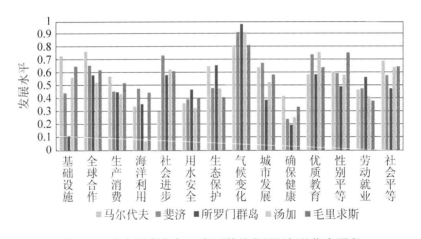

图 5-17　小岛国家未来 15 年可持续发展目标的优先顺序

需要特别指出的是：本报告对全球气候变化统计选取的指标为人均甲烷排放量、人均一氧化氮排放量、人均二氧化碳排放量，这些指标侧重对气候变化产生原因的分析，而非遭受气候变化的影响。统计结果显示，导致小岛国家的气候变化水平较高，即全球变暖、海平面上升等气候变化的始作俑者并非小岛国家。此外，世界银行发布的《2010 年世界发展报告：发展与气候变化》称，1/6 的高收入国家排放了 2/3 的温室气体，但由于特定的区位，小岛不得不承受因气候变化引起的巨大损失。联合国小岛发展中国家高级代表曾指出，气候变化给小岛国家带来了种种灾难性的后果。

四、可持续发展目标工作组建议目标的优先级汇总

由于不同类型国家经济社会的发展水平存在差异性，其可持续发展的目标的优先等级也会存在差别。本报告从动力、质量和公平的原则出发，以《可持续发展目标工作组建议目标》为基础，对发达国家、新兴经济体国家、发展中国家、最不发达国家和小岛国家未来 15 年可持续发展目标的优先级顺序进行定量分析，并对 25 个代表性国家可持续发展的优先目标进行描述，上述结果汇总于表 5-3。

五、本 节 小 结

本节以"未来 15 年全球可持续发展的目标选择"为主题展开，以联合国可持续发展目标工作组建议的 17 项目标为基础，对不同类型国家可持续发展目标的选择进行计算、分析和总结，定量分析的结果可在如下几个方面，对联合国可持续发展目标工作组建议的 17 项目标进行改进：

（1）提出可持续发展目标的系统理论。可持续发展强调发展的系统性和全面性，本报告充分重视人与自然的和谐、人与人关系的和谐两大可持续发展主题，并由此提出发展动力、质量和公平等三大元素的逻辑自洽理论。

（2）考虑不同发展阶段的可持续发展目标。本报告将全球各国的发展阶段分为发达国家、发展中国家和最不发达国家，并对各种类型发展阶段下可持续发展的动力、质量和公平优先级进行评价。

（3）确定不同类别国家未来 15 年的可持续目标。本报告以联合国可持续发展目标工作组建议的 17 项目标为基础，对五种类型国家，特别是小岛国家，未来 15 年可持续发展目标体系进行梳理和评价。

（4）实现 25 个典型国家可持续发展目标优先级排序。本报告在发达国家、新兴经济体国家、发展中国家、最不发达国家和小岛国家中，分别选取 5 个代表性国家，对其未来 15 年可持续发展的目标优先级进行排序。

（5）明确可持续发展"共同而有区别的责任"原则。本报告不仅关注可持续发展的目标，还强调部分目标背后的责任。例如，对于"气候变化"目标，本报告充分关注气候变化的原因，即哪些国家应承担更多的气候变化责任。

表 5-3　未来 15 年不同类型国家可持续发展目标优先级汇总

国家/类型	目标优先级顺序（发展水平）																
	优先级1	优先级2	优先级3	优先级4	优先级5	优先级6	优先级7	优先级8	优先级9	优先级10	优先级11	优先级12	优先级13	优先级14	优先级15	优先级16	优先级17
发达国家	能源配置 (0.297)	用水安全 (0.436)	生产消费 (0.475)	气候变化 (0.497)	劳动就业 (0.543)												
美国	能源配置 (0.329)	用水安全 (0.394)	气候变化 (0.443)	劳动就业 (0.495)	生产消费 (0.531)												
德国	能源配置 (0.239)	用水安全 (0.396)	生产消费 (0.423)	劳动就业 (0.503)													
挪威	生产消费 (0.394)	能源配置 (0.467)	气候变化 (0.488)	海洋利用 (0.504)	全球合作 (0.569)	用水安全 (0.576)											
澳大利亚	气候变化 (0.012)	用水安全 (0.222)	能源配置 (0.414)	生产消费 (0.535)	劳动就业 (0.576)	全球合作 (0.593)											
日本	能源配置 (0.225)	用水安全 (0.402)	生产消费 (0.493)	劳动就业 (0.517)	海洋利用 (0.540)												
新兴经济体国家	结束饥饿 (0.305)	能源配置 (0.336)	确保健康 (0.343)	用水安全 (0.361)	生产消费 (0.433)	劳动就业 (0.456)	社会平等 (0.506)	城市发展 (0.541)	海洋利用 (0.565)	全球合作 (0.569)							
巴西	结束饥饿 (0.312)	用水安全 (0.349)	能源配置 (0.363)	确保健康 (0.408)	生产消费 (0.424)	社会平等 (0.514)	全球合作 (0.563)	劳动就业 (0.585)									
俄罗斯	结束饥饿 (0.192)	能源配置 (0.352)	用水安全 (0.392)	生产消费 (0.419)	气候变化 (0.490)	生态保护 (0.524)	劳动就业 (0.535)	城市发展 (0.558)	全球合作 (0.563)	确保健康 (0.572)	海洋利用 (0.588)						
中国	用水安全 (0.316)	能源配置 (0.324)	确保健康 (0.374)	结束饥饿 (0.397)	城市发展 (0.469)	生产消费 (0.504)	海洋利用 (0.511)	劳动就业 (0.546)	社会平等 (0.609)	基础设施 (0.615)							
印度	确保健康 (0.212)	城市发展 (0.270)	能源配置 (0.300)	基础设施 (0.379)	结束饥饿 (0.386)	用水安全 (0.400)	劳动就业 (0.465)	生产消费 (0.476)	全球合作 (0.487)	消除贫困 (0.503)	海洋利用 (0.511)	社会平等 (0.521)	优质教育 (0.523)	性别平等 (0.540)	社会进步 (0.566)		

续表

目标优先级顺序（发展水平）

国家/类型	优先级 1	优先级 2	优先级 3	优先级 4	优先级 5	优先级 6	优先级 7	优先级 8	优先级 9	优先级 10	优先级 11	优先级 12	优先级 13	优先级 14	优先级 15	优先级 16	优先级 17
南非	劳动就业 (0.036)	确保健康 (0.148)	社会平等 (0.228)	结束饥饿 (0.239)	能源配置 (0.338)	用水安全 (0.345)	生产消费 (0.459)	基础设施 (0.558)	海洋利用 (0.591)	优质教育 (0.595)	全球合作 (0.603)						
发展中国家	确保健康 (0.257)	结束饥饿 (0.305)	能源配置 (0.312)	生产消费 (0.355)	用水安全 (0.389)	劳动就业 (0.427)	城市发展 (0.445)	基础设施 (0.489)	全球合作 (0.515)	社会平等 (0.530)	海洋利用 (0.564)	优质教育 (0.579)	性别平等 (0.596)				
印度尼西亚	确保健康 (0.235)	用水安全 (0.253)	能源配置 (0.301)	生产消费 (0.347)	城市发展 (0.390)	基础设施 (0.421)	全球合作 (0.537)	海洋利用 (0.541)	结束饥饿 (0.551)	劳动就业 (0.582)	社会平等 (0.613)						
不丹	确保健康 (0.184)	结束饥饿 (0.246)	城市发展 (0.301)	能源配置 (0.324)	基础设施 (0.338)	社会平等 (0.490)	生产消费 (0.540)	优质教育 (0.552)									
埃及	劳动就业 (0.031)	能源配置 (0.131)	生产消费 (0.242)	结束饥饿 (0.276)	确保健康 (0.433)	全球合作 (0.499)	城市发展 (0.568)	性别平等 (0.594)	海洋利用 (0.599)								
尼日利亚	确保健康 (0.057)	用水安全 (0.086)	劳动就业 (0.180)	结束饥饿 (0.192)	城市发展 (0.202)	社会平等 (0.232)	消除贫困 (0.304)	生产消费 (0.328)	基础设施 (0.344)	性别平等 (0.351)	优质教育 (0.402)	全球合作 (0.426)	社会进步 (0.495)	海洋利用 (0.499)	能源配置 (0.504)		
委内瑞拉	结束饥饿 (0.260)	用水安全 (0.293)	能源配置 (0.301)	生产消费 (0.316)	确保健康 (0.377)	全球合作 (0.490)	劳动就业 (0.547)	海洋利用 (0.617)									
最不发达国家	基础设施 (0.115)	确保健康 (0.126)	城市发展 (0.153)	用水安全 (0.156)	消除贫困 (0.237)	优质教育 (0.327)	全球合作 (0.353)	结束饥饿 (0.362)	生产消费 (0.365)	社会进步 (0.372)	社会平等 (0.375)	能源配置 (0.437)	海洋利用 (0.593)				
阿富汗	基础设施 (0.083)	确保健康 (0.124)	城市发展 (0.179)	能源配置 (0.180)	用水安全 (0.212)	结束饥饿 (0.252)	劳动就业 (0.274)	社会平等 (0.340)	全球合作 (0.368)	社会进步 (0.381)	生产消费 (0.472)	优质教育 (0.499)	生态保护 (0.582)	性别平等 (0.608)			
孟加拉国	能源配置 (0.168)	基础设施 (0.195)	确保健康 (0.229)	城市发展 (0.247)	用水安全 (0.263)	优质教育 (0.270)	社会进步 (0.335)	消除贫困 (0.447)	海洋利用 (0.459)	社会平等 (0.518)	全球合作 (0.543)	社会平等 (0.543)	结束饥饿 (0.584)				
苏丹	生产消费 (0.123)	确保健康 (0.147)	城市发展 (0.196)	基础设施 (0.221)	用水安全 (0.239)	结束饥饿 (0.287)	全球合作 (0.302)	优质教育 (0.339)	社会平等 (0.391)	能源配置 (0.435)	社会进步 (0.445)	性别平等 (0.477)	气候变化 (0.520)				

续表

目标优先级顺序（发展水平）

国家/类型	优先级1	优先级2	优先级3	优先级4	优先级5	优先级6	优先级7	优先级8	优先级9	优先级10	优先级11	优先级12	优先级13	优先级14	优先级15	优先级16	优先级17
莫桑比克	确保健康 (0.001)	用水安全 (0.013)	基础设施 (0.074)	消除贫困 (0.121)	城市发展 (0.141)	社会平等 (0.183)	优质教育 (0.259)	全球合作 (0.311)	社会进步 (0.340)	生产消费 (0.350)	结束饥饿 (0.376)	海洋利用 (0.508)					
埃塞俄比亚	城市发展 (0.000)	基础设施 (0.004)	用水安全 (0.053)	确保健康 (0.132)	消除贫困 (0.142)	全球合作 (0.242)	优质教育 (0.269)	结束饥饿 (0.312)	社会进步 (0.361)	社会平等 (0.415)	生产消费 (0.420)						
小岛国家	确保健康 (0.292)	海洋利用 (0.341)	用水安全 (0.396)	劳动就业 (0.465)	生产消费 (0.492)	基础设施 (0.505)	生态保护 (0.539)	城市发展 (0.568)	社会进步 (0.577)	性别平等 (0.611)	社会平等 (0.611)						
马尔代夫	社会进步 (0.305)	海洋利用 (0.341)	用水安全 (0.366)	确保健康 (0.422)	劳动就业 (0.471)	生产消费 (0.579)	优质教育 (0.590)	性别平等 (0.612)									
斐济	确保健康 (0.244)	用水安全 (0.397)	基础设施 (0.449)	生产消费 (0.459)	劳动就业 (0.481)	海洋利用 (0.482)	生态保护 (0.484)	社会平等 (0.584)	性别平等 (0.601)								
所罗门群岛	基础设施 (0.116)	确保健康 (0.197)	海洋利用 (0.362)	城市发展 (0.391)	生产消费 (0.454)	用水安全 (0.474)	社会平等 (0.481)	性别平等 (0.497)	劳动就业 (0.568)	全球合作 (0.586)	社会进步 (0.589)	优质教育 (0.591)					
汤加	海洋利用 (0.071)	确保健康 (0.258)	用水安全 (0.332)	确保健康 (0.418)	生产消费 (0.441)	生态保护 (0.480)	全球合作 (0.530)	城市发展 (0.532)	基础设施 (0.568)	性别平等 (0.586)							
毛里求斯	确保健康 (0.339)	劳动就业 (0.385)	用水安全 (0.412)	生态保护 (0.414)	海洋利用 (0.450)	生产消费 (0.525)	城市发展 (0.592)										

第六章
可持续发展能力指标体系

第一节　指标体系的提取原则

实现从传统发展模式向可持续发展模式的有序转变，必须正确把握可持续发展的内涵及其界定。于是，衡量可持续发展的指标体系，就成为正确引导可持续发展方向的关键。

指标体系具有以下三大重要特征：

（1）指标体系是反映系统本质和行为规矩的"量化特征组合"；

（2）指标体系是衡量系统变化和质量优劣的"比较尺度标准"；

（3）指标体系是调控系统结构和优化功能的"实际操作手柄"。

为了定量监测和评估可持续发展系统的行为，首先应当从系统运行过程中提取那些具有标识性意义的定量化信息。这些定量化信息具有如下特征：

（1）可以是变量互相联系的"结点"；

（2）可以是系统变量的"库量"；

（3）可以是系统变量的"梯度"；

（4）可以是系统变量的"增量"；

（5）可以是系统变量的"减量"；

（6）可以是系统变量的"峰量"；

（7）可以是系统过程的"灵敏度"或"控制量"；

（8）可以是系统或子系统的"输出量"或"输入量"；

（9）可以是系统的"反馈量"；

（10）可以是系统的"临界量"；

（11）可以是系统的"突变量"；

（12）可以是系统的"边界值"；

（13）可以是系统的"初始值"；

（14）可以是其他具有反映系统行为本质的定量化信息。

将这些定量化信息从所要研究的对象中确定出来，通过随着时段的观察、测量、推断、解析，获取准确的能够基本还原和复制系统行为轨迹的一组具有关键点位的逻辑性取样，形成本报告所谓的"指标"。将这些指标按运行机理和逻辑形式联合起来以说明整体行为规律的指标集合即所谓的"指标体系"。

依据可持续发展的理论内涵、结构内涵和统计内涵，形成了由五大体系组成的可持续发展战略指标体系。这些指标以及由这些指标所形成的体系，力求具备：

（1）内部逻辑清晰、合理；

（2）简捷、易取，所代表的信息量大；

（3）权威、通用，可以在统一基础上进行对比；

（4）层次分明，具有严密的等级系统，并在不同层次上进行时间和空间排序；

（5）具有理论依据或统计规律的规范算法以及相应的权重分配、评分度量和排序规则等。

衡量可持续发展总体能力的指标体系构成了一个庞大和严密的定量式大纲，依据各个指标的作用、贡献、表现和位置，既可以分析、比较、判别和评价可持续发展的状态、进程和总体态势，又可以还原、复制、模拟、预测可持续发展的未来演化、方案预选和监测预警。它应当成为决策者、实施者和社会公众认识和把握可持续发展的基本工具（中国科学院可持续发展研究组，2000）。

第二节　指标体系的框架设计

可持续发展的指标体系，分为总体层、系统层、状态层和要素层四个等级。

总体层：将表达可持续发展的总体能力，它代表着战略实施的总体态势和总体效果。

系统层：依照可持续发展的理论体系，将由内部的逻辑关系和函数关系分别表达为生存支持系统、发展支持系统、环境支持系统、社会支持系统、智力支持系统。

状态层：在每一个划分的系统内能够代表系统行为的关系结构。在某一时刻的起点，它们表现为静态的；随着时间的变化，它们呈现动态的特征。

要素层：采用可测的、可比的、可以获得的指标及指标群，对变量层的数量表现、强度表现、速率表现给予直接地度量（图6-1）（中国科学院可持续发展研究组，1999）。

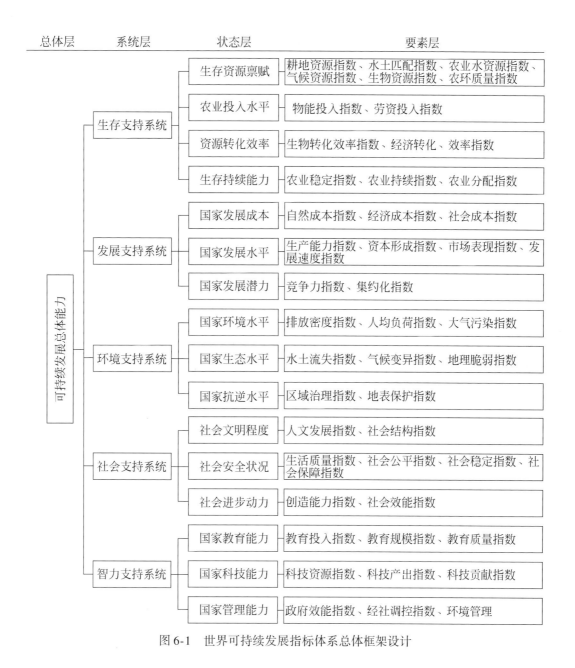

图 6-1　世界可持续发展指标体系总体框架设计

第三节　指标体系的具体构建

在可持续发展总体框架原则下，综合考虑指标的可获取性和连续性，构建了共包括五大系统和 26 项要素组成的"可持续发展能力"指标体系，其中五大系统包括生存支持系统、发展支持系统、环境支持系统、社会支持系统和智力支持系统；26 项要素中既包括单一要素指标，也包括综合要素指标，例如发展支持系统中的"人均能耗"要素由人均煤耗、人均电耗和人均油耗三项源指标组成（表 6-1）。

表 6-1　可持续发展能力的指标体系

类别	要素
生存支持系统	人均耕地
	人均可再生内陆淡水资源
	作物生产指数
	人均能源产量
	人口密度
发展支持系统	人均 GDP
	单位 GDP 能耗
	互联网用户（每百人）
	工业增加值（GDP 占比）
	人均能耗（煤耗、电耗、油耗）
环境支持系统	人均森林面积
	人均二氧化碳排放量
	海洋保护区（领海占比）
	人均自然资源消耗
	人均可再生能源
社会支持系统	人均预期寿命
	总失业人数（总劳动力占比）
	人均医疗卫生支出
	收入不平等（基尼系数、Atkinson 指数）
	性别不平等指数
	多维贫困指数
智力支持系统	研究与开发支出
	教育开支
	平均受教育年限
	万人专利申请量
	识字率

第四节　可持续发展能力统计分析

依照所设计的指标体系，应用"世界银行"和《人类发展报告》（2014）发布的全球各国家（地区）最新的年度统计数据，在统计规则的统一比较下，完成了世界各国家（地区）可持续发展能力以及五大分项的计算（表6-2）。根据数据的可获取性，共选取全球192个国家（地区）。

表6-2　可持续发展能力总水平

国家（地区）	生存支持系统	发展支持系统	环境支持系统	社会支持系统	智力支持系统	可持续发展能力	国家（地区）	排名
安道尔	0.01	0.97	0.42	0.30	0.48	0.35	挪威	1
阿富汗	0.15	0.07	0.65	0.50	0.17	0.36	瑞士	2
安哥拉	0.22	0.48	0.39	0.37	0.39	0.37	瑞典	3
阿尔巴尼亚	0.13	0.44	0.42	0.65	0.23	0.40	加拿大	4
阿联酋	0.05	0.68	0.15	0.64	0.35	0.39	冰岛	5
阿根廷	0.19	0.65	0.38	0.61	0.46	0.47	芬兰	6
亚美尼亚	0.11	0.50	0.54	0.65	0.41	0.45	奥地利	7
安提瓜和巴布达	0.10	0.30	0.29	0.43	0.45	0.30	德国	8
澳大利亚	0.32	0.58	0.41	0.81	0.55	0.54	斯洛文尼亚	9
奥地利	0.08	0.67	0.51	0.84	0.48	0.54	澳大利亚	10
阿塞拜疆	0.11	0.68	0.35	0.69	0.41	0.49	丹麦	11
布隆迪	0.13	0.04	0.62	0.46	0.28	0.33	法国	12
比利时	0.07	0.61	0.50	0.80	0.44	0.50	新西兰	13
贝宁	0.14	0.25	0.59	0.46	0.27	0.35	美国	14
布基纳法索	0.17	0.10	0.63	0.40	0.09	0.30	日本	15
孟加拉国	0.12	0.54	0.44	0.55	0.24	0.41	白俄罗斯	16
保加利亚	0.14	0.57	0.44	0.64	0.30	0.44	卢森堡	17
巴林	0.13	0.70	0.27	0.59	0.30	0.38	匈牙利	18
巴哈马	0.13	0.36	0.47	0.56	0.83	0.42	乌克兰	19
波黑	0.10	0.55	0.60	0.31	0.49	0.39	立陶宛	20
白俄罗斯	0.12	0.68	0.47	0.75	0.36	0.51	比利时	21
伯利兹	0.13	0.17	0.56	0.49	0.39	0.38	韩国	22
玻利维亚	0.15	0.50	0.53	0.49	0.55	0.44	乌兹别克斯坦	23

续表

国家（地区）	生存支持系统	发展支持系统	环境支持系统	社会支持系统	智力支持系统	可持续发展能力	国家（地区）	排名
巴西	0.15	0.62	0.49	0.54	0.42	0.46	阿塞拜疆	24
巴巴多斯	0.07	0.77	0.29	0.51	0.43	0.35	以色列	25
文莱	0.17	0.66	0.21	0.62	0.45	0.40	英国	26
不丹	0.14	0.25	0.70	0.57	0.14	0.39	爱尔兰	27
博茨瓦纳	0.07	0.41	0.56	0.21	0.44	0.33	斯洛伐克	28
中非	0.17	0.01	0.73	0.30	0.12	0.29	意大利	29
加拿大	0.28	0.72	0.42	0.80	0.49	0.56	苏里南	30
瑞士	0.06	0.70	0.55	0.91	0.51	0.57	阿根廷	31
智利	0.11	0.64	0.39	0.53	0.28	0.42	波兰	32
中国	0.11	0.59	0.37	0.65	0.36	0.45	摩纳哥	33
科特迪瓦	0.10	0.41	0.50	0.40	0.29	0.35	摩尔多瓦	34
喀麦隆	0.15	0.41	0.50	0.46	0.30	0.38	西班牙	35
刚果（布）	0.13	0.45	0.37	0.43	0.43	0.36	圭亚那	36
哥伦比亚	0.10	0.60	0.44	0.49	0.21	0.40	新加坡	37
科摩罗	0.11	0.04	0.50	0.31	0.47	0.29	捷克	38
佛得角	0.09	0.21	0.50	0.51	0.47	0.37	罗马尼亚	39
哥斯达黎加	0.10	0.45	0.50	0.54	0.30	0.38	巴西	40
古巴	0.08	0.48	0.41	0.60	0.58	0.42	秘鲁	41
塞浦路斯	0.04	0.60	0.38	0.65	0.38	0.40	爱沙尼亚	42
捷克	0.10	0.58	0.48	0.72	0.40	0.47	哈萨克斯坦	43
德国	0.08	0.64	0.51	0.83	0.55	0.54	俄罗斯	44
吉布提	0.12	0.05	0.50	0.52	0.28	0.33	亚美尼亚	45
多米尼克	0.14	0.25	0.49	0.04	0.39	0.30	墨西哥	46
丹麦	0.12	0.67	0.45	0.83	0.59	0.54	马尔代夫	47
多米尼加	0.12	0.42	0.46	0.52	0.38	0.39	中国	48
阿尔及利亚	0.15	0.53	0.33	0.45	0.21	0.34	拉脱维亚	49
厄瓜多尔	0.09	0.55	0.51	0.62	0.32	0.43	卡塔尔	50
埃及	0.08	0.63	0.39	0.59	0.29	0.43	委内瑞拉	51
厄立特里亚	0.07	0.42	0.63	0.41	0.32	0.35	泰国	52
西班牙	0.11	0.62	0.43	0.62	0.47	0.47	保加利亚	53
爱沙尼亚	0.16	0.59	0.41	0.66	0.42	0.46	玻利维亚	54
埃塞俄比亚	0.13	0.40	0.64	0.48	0.16	0.38	乌拉圭	55

续表

国家（地区）	生存支持系统	发展支持系统	环境支持系统	社会支持系统	智力支持系统	可持续发展能力	国家（地区）	排名
芬兰	0.12	0.67	0.47	0.82	0.56	0.55	塔吉克斯坦	56
斐济	0.09	0.19	0.51	0.54	0.51	0.37	越南	57
法国	0.09	0.67	0.56	0.78	0.46	0.53	巴拉圭	58
密克罗尼西亚	0.11	0.15	0.33	0.21	0.65	0.24	葡萄牙	59
加蓬	0.16	0.41	0.49	0.49	0.49	0.41	希腊	60
英国	0.07	0.65	0.41	0.72	0.46	0.49	塞尔维亚	61
格鲁吉亚	0.08	0.47	0.44	0.59	0.43	0.41	厄瓜多尔	62
加纳	0.12	0.42	0.46	0.50	0.38	0.39	荷兰	63
几内亚	0.14	0.12	0.46	0.42	0.11	0.29	蒙古	64
冈比亚	0.11	0.07	0.50	0.40	0.21	0.30	埃及	65
几内亚比绍	0.15	0.03	0.62	0.41	0.29	0.33	约旦	66
赤道几内亚	0.13	0.17	0.34	0.34	0.64	0.30	土耳其	67
希腊	0.07	0.56	0.39	0.61	0.43	0.43	马来西亚	68
格林纳达	0.10	0.17	0.32	0.38	0.62	0.26	印度尼西亚	69
危地马拉	0.13	0.42	0.51	0.43	0.26	0.35	马其顿	70
圭亚那	0.32	0.22	0.83	0.52	0.43	0.47	智利	71
洪都拉斯	0.10	0.43	0.47	0.48	0.40	0.38	古巴	72
克罗地亚	0.09	0.51	0.40	0.62	0.32	0.40	特立尼达和多巴哥	73
海地	0.10	0.49	0.63	0.36	0.31	0.37	巴哈马	74
匈牙利	0.10	0.65	0.51	0.66	0.49	0.50	吉尔吉斯斯坦	75
印度尼西亚	0.11	0.59	0.43	0.60	0.18	0.42	津巴布韦	76
印度	0.12	0.57	0.42	0.54	0.16	0.40	菲律宾	77
爱尔兰	0.09	0.64	0.39	0.74	0.45	0.48	科威特	78
伊朗	0.11	0.67	0.31	0.45	0.38	0.40	叙利亚	79
伊拉克	0.11	0.43	0.23	0.57	0.56	0.37	尼加拉瓜	80
冰岛	0.31	0.68	0.49	0.81	0.50	0.56	格鲁吉亚	81
以色列	0.08	0.61	0.36	0.72	0.64	0.49	列支敦士登	82
意大利	0.07	0.61	0.43	0.72	0.47	0.48	尼泊尔	83
牙买加	0.08	0.54	0.42	0.46	0.51	0.39	孟加拉国	84

续表

国家（地区）	生存支持系统	发展支持系统	环境支持系统	社会支持系统	智力支持系统	可持续发展能力	国家（地区）	排名
约旦	0.10	0.47	0.44	0.60	0.46	0.42	加蓬	85
日本	0.07	0.70	0.37	0.79	0.63	0.51	柬埔寨	86
哈萨克斯坦	0.26	0.56	0.31	0.70	0.26	0.46	阿尔巴尼亚	87
肯尼亚	0.10	0.48	0.53	0.42	0.25	0.36	塞浦路斯	88
吉尔吉斯斯坦	0.10	0.46	0.53	0.63	0.28	0.42	瓦努阿图	89
柬埔寨	0.19	0.40	0.50	0.59	0.18	0.40	老挝	90
基里巴斯	0.14	0.06	0.40	0.31	0.30	0.25	克罗地亚	91
圣基茨和尼维斯	0.01	0.39	0.30	0.09	0.45	0.24	土库曼斯坦	92
韩国	0.07	0.56	0.37	0.74	0.77	0.49	文莱	93
科威特	0.22	0.65	0.16	0.61	0.43	0.41	印度	94
老挝	0.19	0.14	0.64	0.58	0.25	0.40	伊朗	95
黎巴嫩	0.07	0.49	0.38	0.56	0.32	0.37	巴基斯坦	96
利比里亚	0.11	0.02	0.50	0.44	0.16	0.31	哥伦比亚	97
利比亚	0.11	0.51	0.27	0.48	0.71	0.36	坦桑尼亚	98
圣卢西亚	0.08	0.17	0.32	0.41	0.45	0.26	牙买加	99
列支敦士登	0.15	0.97	0.01	0.96	0.44	0.41	不丹	100
斯里兰卡	0.11	0.37	0.47	0.60	0.24	0.37	阿联酋	101
莱索托	0.11	0.03	0.66	0.26	0.47	0.30	多米尼加	102
立陶宛	0.19	0.72	0.46	0.63	0.38	0.50	波黑	103
卢森堡	0.06	0.66	0.38	0.85	0.43	0.50	萨摩亚	104
拉脱维亚	0.15	0.63	0.46	0.62	0.35	0.44	突尼斯	105
摩洛哥	0.11	0.47	0.40	0.52	0.20	0.35	加纳	106
摩纳哥	1.00	0.94	0.50	0.72	0.03	0.47	哥斯达黎加	107
摩尔多瓦	0.11	0.50	0.50	0.66	0.50	0.47	洪都拉斯	108
马达加斯加	0.12	0.04	0.50	0.45	0.13	0.28	巴林	109
马尔代夫	0.05	0.25	0.64	0.65	0.46	0.45	喀麦隆	110
墨西哥	0.10	0.62	0.42	0.60	0.41	0.45	马耳他	111
马绍尔群岛	0.12	0.07	0.32	0.06	—	0.17	多哥	112
马其顿	0.10	0.51	0.48	0.56	0.40	0.42	埃塞俄比亚	113
马里	0.18	0.01	0.63	0.33	0.15	0.28	伯利兹	114

续表

国家（地区）	生存支持系统	发展支持系统	环境支持系统	社会支持系统	智力支持系统	可持续发展能力	国家（地区）	排名
马耳他	0.08	0.57	0.22	0.70	0.32	0.38	阿曼	115
缅甸	0.11	0.50	0.39	0.46	0.38	0.34	佛得角	116
蒙古	0.24	0.46	0.40	0.64	0.27	0.43	伊拉克	117
莫桑比克	0.15	0.43	0.53	0.35	0.19	0.34	南非	118
毛里塔尼亚	0.17	0.15	0.44	0.21	—	0.24	斯里兰卡	119
毛里求斯	0.07	0.23	0.48	0.56	0.24	0.33	黎巴嫩	120
马拉维	0.20	0.06	0.66	0.41	0.31	0.34	约旦河西岸和加沙	121
马来西亚	0.10	0.64	0.36	0.59	0.32	0.42	汤加	122
纳米比亚	0.10	0.40	0.50	0.30	0.52	0.34	斐济	123
尼日尔	0.26	0.05	0.66	0.40	0.11	0.31	海地	124
尼日利亚	0.10	0.47	0.44	0.42	0.13	0.33	安哥拉	125
尼加拉瓜	0.14	0.43	0.54	0.57	0.24	0.41	苏丹	126
荷兰	0.09	0.62	0.45	0.78	0.04	0.43	肯尼亚	127
挪威	0.16	0.74	0.40	0.94	0.49	0.58	利比亚	128
尼泊尔	0.10	0.41	0.64	0.59	0.16	0.41	朝鲜	129
新西兰	0.13	0.75	0.45	0.73	0.54	0.52	刚果（布）	130
阿曼	0.13	0.66	0.21	0.54	0.38	0.38	阿富汗	131
巴基斯坦	0.08	0.56	0.45	0.57	0.13	0.40	沙特阿拉伯	132
巴拿马	0.09	0.48	0.43	0.49	0.25	0.35	塞内加尔	133
秘鲁	0.14	0.63	0.42	0.59	0.44	0.46	萨尔瓦多	134
菲律宾	0.09	0.58	0.45	0.58	0.21	0.42	贝宁	135
帕劳	0.01	0.06	0.37	0.41	0.93	0.30	厄立特里亚	136
巴布亚新几内亚	0.16	0.04	0.45	0.39	0.26	0.29	巴拿马	137
波兰	0.10	0.56	0.47	0.67	0.49	0.47	危地马拉	138
朝鲜	0.08	0.91	0.25	0.75	—	0.36	摩洛哥	139
葡萄牙	0.08	0.60	0.42	0.64	0.35	0.43	巴巴多斯	140
巴拉圭	0.20	0.45	0.77	0.47	0.28	0.43	东帝汶	141
卡塔尔	0.27	0.75	0.00	0.59	0.45	0.44	科特迪瓦	142
罗马尼亚	0.11	0.63	0.49	0.65	0.30	0.46	安道尔	143
俄罗斯	0.19	0.64	0.37	0.59	0.38	0.46	所罗门群岛	144

续表

国家（地区）	生存支持系统	发展支持系统	环境支持系统	社会支持系统	智力支持系统	可持续发展能力	国家（地区）	排名
卢旺达	0.19	0.06	0.65	0.45	0.25	0.34	阿尔及利亚	145
沙特阿拉伯	0.11	0.61	0.22	0.57	0.26	0.36	卢旺达	146
苏丹	0.13	0.42	0.58	0.37	0.42	0.37	莫桑比克	147
塞内加尔	0.11	0.42	0.49	0.44	0.25	0.36	马拉维	148
新加坡	0.17	0.48	0.39	0.76	0.58	0.47	斯威士兰	149
所罗门群岛	0.14	0.04	0.48	0.53	0.41	0.35	纳米比亚	150
塞拉利昂	0.21	0.01	0.52	0.38	0.21	0.30	缅甸	151
萨尔瓦多	0.09	0.41	0.48	0.48	0.23	0.36	吉布提	152
圣马力诺	0.02	0.52	0.00	0.40	—	0.19	塞舌尔	153
索马里	0.12	0.01	0.34	0.39	—	0.24	毛里求斯	154
塞尔维亚	0.12	0.58	0.31	0.64	0.44	0.43	布隆迪	155
南苏丹	0.00	0.01	0.00	0.25	—	0.11	几内亚比绍	156
圣普	0.10	0.12	0.50	0.39	0.15	0.29	尼日利亚	157
苏里南	0.24	0.31	0.75	0.51	0.55	0.48	赞比亚	158
斯洛伐克	0.09	0.65	0.52	0.69	0.33	0.48	博茨瓦纳	159
斯洛文尼亚	0.05	0.57	0.61	0.76	0.70	0.54	刚果（金）	160
瑞典	0.10	0.71	0.51	0.85	0.56	0.57	也门	161
斯威士兰	0.11	0.14	0.66	0.33	0.54	0.34	圣文森特和格林纳丁斯	162
塞舌尔	0.11	0.24	0.46	0.27	0.50	0.33	尼日尔	163
叙利亚	0.06	0.62	0.35	0.59	0.55	0.41	利比里亚	164
乍得	0.14	0.04	0.55	0.39	0.14	0.27	乌干达	165
多哥	0.12	0.33	0.62	0.46	0.33	0.38	多米尼克	166
泰国	0.12	0.62	0.41	0.64	0.25	0.44	赤道几内亚	167
塔吉克斯坦	0.12	0.41	0.59	0.62	0.40	0.44	安提瓜和巴布达	168
土库曼斯坦	0.10	0.60	0.26	0.40	0.87	0.40	莱索托	169
东帝汶	0.12	0.00	0.35	0.54	0.52	0.35	帕劳	170
汤加	0.19	0.20	0.51	0.37	0.69	0.37	布基纳法索	171
特立尼达和多巴哥	0.10	0.65	0.13	0.64	0.60	0.42	塞拉利昂	172
突尼斯	0.11	0.46	0.40	0.62	0.29	0.39	冈比亚	173

续表

国家（地区）	生存支持系统	发展支持系统	环境支持系统	社会支持系统	智力支持系统	可持续发展能力	国家（地区）	排名
土耳其	0.11	0.58	0.40	0.57	0.37	0.42	科摩罗	174
图瓦卢	0.19	0.14	0.00	0.07	—	0.11	中非	175
坦桑尼亚	0.15	0.42	0.55	0.49	0.29	0.39	几内亚	176
乌干达	0.11	0.11	0.64	0.44	0.16	0.31	圣普	177
乌克兰	0.19	0.59	0.41	0.70	0.49	0.50	巴布亚新几内亚	178
乌拉圭	0.21	0.47	0.45	0.57	0.47	0.44	马里	179
美国	0.13	0.65	0.40	0.73	0.62	0.52	马达加斯加	180
乌兹别克斯坦	0.12	0.65	0.42	0.62	0.58	0.49	乍得	181
圣文森特和格林纳丁斯	0.15	0.24	0.49	0.37	0.34	0.32	圣卢西亚	182
委内瑞拉	0.12	0.71	0.36	0.52	0.43	0.44	格林纳达	183
越南	0.11	0.51	0.41	0.69	0.28	0.44	基里巴斯	184
瓦努阿图	0.19	0.05	0.51	0.56	0.61	0.40	索马里	185
约旦河西岸和加沙	0.08	0.48	0.49	0.48	0.95	0.37	密克罗尼西亚	186
萨摩亚	0.13	0.09	0.50	0.35	0.72	0.39	圣基茨和尼维斯	187
也门	0.09	0.44	0.36	0.44	0.27	0.32	毛里塔尼亚	188
南非	0.11	0.53	0.38	0.32	0.47	0.37	圣马力诺	189
刚果（金）	0.09	0.47	0.50	0.34	0.13	0.32	马绍尔群岛	190
赞比亚	0.15	0.46	0.62	0.31	0.14	0.33	图瓦卢	191
津巴布韦	0.10	0.48	0.61	0.54	0.33	0.42	南苏丹	192

第七章
可持续发展能力资产负债表

第一节　可持续发展能力的资产负债理论与方法

一、可持续发展能力资产负债表的制定原理

可持续发展能力"资产负债"的构筑是建立在对可持续能力的系统解析之中的，即可持续发展能力水平是建立在具有内部逻辑自洽和统一解释的"生存支持指数"、"发展支持指数"、"环境支持指数"、"社会支持指数"和"智力支持指数"共同作用基础之上的，借鉴"比较优势理论"的基本思想，寻求每一指数系统内部指标要素的比较优势，并进而将此比较优势定量化、规范化，然后置于统一基础上加以对比，形成了所谓可持续发展能力水平的"资产"（比较优势）和"负债"（比较劣势）。

在认识资产负债表是表达可持续发展能力水平的前提下，利用表达上述指数系统的 29 项源指标对可持续发展能力的本质进行剖析和刻画，寻求每一要素在空间分布[192 个国家（地区）]中的比较优势，在此基础上，形成相对意义上的可持续发展能力水平资产负债评估。

二、可持续发展能力的资产负债矩阵的构建

在可持续发展能力资产负债原理的指导下，依据可持续发展能力水平的 29 项"源指标"与 192 个国家（地区），作为二维数据的矩阵构成，逐项统计每一属性源指标在 192 个国家（地区）中的"资产"分布和"负债"分布；同时形成每一个国家（地区）在 29 项源指标中的有效性"资产、负债"统计，共制定出 29×192＝5568 的基层位次矩阵（表7-1），作为计算可持续发展能力五大指数系统中每一项的"分项资产负债"，以及作为可持续发展能力总水平的"总资产负债"的基础。

表 7-1　可持续发展能力资产负债矩阵

国家(地区)	生存支持系统					发展支持系统							环境支持系统					社会支持系统							智力支持系统				
	011	012	013	014	015	021	022	023	024	025	026	027	031	032	033	034	035	041	042	043	044	045	046	047	051	052	053	054	055
安道尔	170	71	–	–	53	–	–	5	–	–	–	–	106	140	–	–	–	–	–	23	–	–	–	–	–	126	42	–	–
阿富汗	52	111	46	–	130	164	–	165	100	–	–	–	156	30	–	82	–	152	104	160	5	8	146	63	–	–	166	–	–
安哥拉	62	63	2	23	160	88	89	127	9	–	16	–	20	77	134	160	24	175	76	106	143	85	–	8	90	113	145	–	54
阿尔巴尼亚	70	49	25	85	77	98	114	57	121	–	62	–	91	73	87	101	59	40	151	114	48	38	42	8	90	121	71	108	–
阿联酋	185	174	186	7	73	19	52	13	8	–	118	58	162	181	51	–	123	42	27	35	–	–	41	–	121	–	74	29	–
阿根廷	4	61	66	42	167	48	–	58	61	8	71	20	52	119	98	107	95	52	94	42	98	94	72	19	52	41	58	41	20
亚美尼亚	90	96	52	108	78	112	48	80	45	–	57	–	145	71	–	74	47	71	153	123	30	21	58	4	71	123	37	63	9
安提瓜和巴布达	156	144	119	119	43	56	–	51	114	–	–	51	136	133	111	–	–	53	–	63	–	–	–	–	–	140	78	49	14
澳大利亚	1	31	58	11	189	5	50	21	74	54	122	44	5	177	14	116	105	8	58	8	38	12	18	–	13	68	3	6	–
奥地利	87	64	156	56	79	13	96	25	63	27	115	–	76	155	–	34	49	21	45	11	25	–	5	–	10	34	35	16	–
阿塞拜疆	75	135	83	19	70	73	101	61	6	2	53	–	139	126	–	158	113	110	55	84	1	34	60	15	73	131	30	91	2
布隆迪	115	131	55	–	16	179	–	186	115	–	–	–	173	2	–	122	–	172	77	179	19	29	102	78	–	32	172	–	–
比利时	143	126	158	49	20	17	55	23	94	–	113	–	150	165	8	13	53	25	114	12	13	26	9	–	16	23	34	48	–
贝宁	47	130	24	119	86	159	11	169	126	–	–	–	81	46	–	40	26	156	–	170	83	65	132	74	–	57	164	–	–
布基纳法索	32	138	36	–	119	160	–	172	56	–	–	–	89	14	–	119	–	164	15	161	85	72	131	82	84	115	181	–	–
孟加拉国	151	140	41	123	5	154	112	159	65	3	18	2	176	38	83	85	51	109	39	173	101	22	114	56	–	145	142	107	58
保加利亚	19	86	60	47	112	75	34	68	64	45	92	18	67	134	33	86	50	72	138	72	54	9	36	51	51	101	40	68	–
巴林	188	175	71	10	3	31	26	11	–	–	120	–	187	180	56	144	127	47	92	44	–	–	44	–	–	127	65	36	–
巴哈马	173	171	30	–	138	34	–	37	113	–	–	–	35	144	120	15	–	63	143	34	87	–	51	–	33	–	33	–	–

续表

国家（地区）	生存支持系统					发展支持系统							环境支持系统					社会支持系统							智力支持系统				
	011	012	013	014	015	021	022	023	024	025	026	027	031	032	033	034	035	041	042	043	044	045	046	047	051	052	053	054	055
波黑	50	50	111	58	102	97	20	43	68	–	72	–	66	156	2	–	–	50	168	81	–	–	–	–	–	–	–	96	19
白俄罗斯	10	72	155	92	131	74	23	66	18	1	79	24	43	139	–	71	99	96	61	79	9	5	27	2	42	60	24	24	–
伯利兹	60	16	133	–	168	94	–	111	111	–	–	–	12	69	37	12	–	84	146	110	131	120	82	26	42	24	72	45	–
玻利维亚	25	22	48	48	177	123	47	94	27	13	26	19	8	76	–	137	57	129	11	120	128	124	95	39	88	13	73	–	–
巴西	31	23	39	57	150	60	86	71	85	13	65	19	21	91	30	99	38	86	63	41	133	121	83	16	29	37	114	26	32
巴巴多斯	160	156	174	–	8	–	–	32	–	–	–	–	165	129	133	–	–	58	134	47	–	–	65	–	–	14	68	31	38
文莱	182	32	131	3	97	24	54	49	4	–	117	–	44	184	102	154	125	36	27	50	–	–	–	–	–	120	83	80	29
不丹	100	5	151	–	156	125	–	113	14	–	–	–	11	53	–	96	–	122	9	144	–	–	–	–	–	9	175	95	–
博茨瓦纳	94	119	154	90	185	77	110	141	30	–	50	–	7	99	–	94	67	183	158	91	89	61	100	43	55	9	81	101	42
中非	27	20	75	–	179	178	–	174	–	–	–	–	10	7	–	26	–	179	98	185	144	–	98	–	–	154	159	–	–
加拿大	3	7	34	13	183	11	30	16	–	38	129	56	4	175	103	93	55	16	86	9	26	125	–	77	17	50	10	7	–
瑞士	150	68	168	53	42	4	128	14	79	6	112	42	124	125	1	1	33	3	40	2	19	33	22	23	7	55	11	18	–
智利	140	12	89	80	152	45	85	46	34	28	78	30	42	115	64	133	64	31	65	40	125	19	66	–	66	99	59	23	–
中国	137	102	47	45	56	81	19	84	15	11	74	11	121	136	97	113	85	57	42	93	105	116	66	23	20	–	106	10	–
科特迪瓦	92	75	70	78	115	140	16	176	95	–	15	–	73	34	92	105	12	177	32	146	98	83	35	–	–	85	153	–	62
喀麦隆	38	42	15	100	129	143	66	162	54	–	17	–	47	36	57	112	16	168	32	152	80	82	140	60	–	122	127	–	–
刚果（布）	106	13	61	27	172	118	121	158	2	16	12	–	9	42	13	164	31	159	70	128	108	66	136	49	66	29	126	–	–
哥伦比亚	167	14	121	36	136	72	127	70	29	–	39	7	36	79	31	128	63	83	125	74	134	104	133	29	89	87	116	65	–
科摩罗	105	109	105	–	17	158	–	159	129	–	–	–	179	26	77	65	–	153	70	158	123	132	91	–	–	12	170	–	51

续表

国家（地区）	生存支持系统					发展支持系统							环境支持系统					社会支持系统							智力支持系统				
	011	012	013	014	015	021	022	023	024	025	026	027	031	032	033	034	035	041	042	043	044	045	046	047	051	052	053	054	055
佛得角	127	143	143	–	66	108	–	101	–	–	–	–	115	55	139	23	–	65	81	122	97	110	–	–	–	49	160	–	44
哥斯达黎加	149	30	76	88	83	65	115	82	83	–	59	–	69	81	35	27	29	30	98	48	118	111	61	–	53	28	92	38	–
古巴	39	79	167	87	76	–	129	117	–	–	44	–	93	107	54	95	82	33	18	69	–	–	64	–	48	2	47	93	1
塞浦路斯	135	139	183	128	67	30	92	48	–	51	87	31	126	147	105	10	103	32	150	33	33	–	23	–	56	16	21	105	–
捷克	35	118	140	34	59	39	38	33	32	43	101	–	95	168	–	54	60	37	77	39	10	–	12	–	25	94	8	44	–
德国	91	113	149	52	35	18	94	20	50	–	109	41	129	161	5	33	71	18	53	13	32	10	3	–	9	69	1	8	–
吉布提	187	152	42	–	139	136	–	153	–	–	–	–	178	52	117	39	–	147	–	127	70	73	–	42	–	6	158	102	–
多米尼克	132	–	108	–	82	78	–	60	125	35	–	–	58	85	130	18	–	–	89	–	89	–	–	–	6	112	101	–	–
丹麦	23	127	130	28	60	7	116	4	93	–	100	45	141	158	20	81	58	27	81	6	21	–	6	–	–	4	14	17	39
多米尼加	138	103	27	129	37	87	124	83	72	–	35	–	110	90	21	43	89	90	147	98	104	102	104	24	99	146	109	81	–
阿尔及利亚	78	155	9	29	164	91	99	131	12	–	38	14	160	106	121	145	122	106	118	99	–	–	79	–	72	90	103	86	–
厄瓜多尔	141	25	132	44	116	86	104	93	23	–	40	26	63	93	4	140	84	48	36	–	114	109	80	–	82	61	104	–	52
埃及	163	173	103	62	93	115	91	76	22	5	56	16	183	98	38	121	109	103	137	126	28	16	128	31	–	107	123	83	55
厄立特里亚	111	149	164	127	118	170	70	189	–	–	2	–	99	12	–	21	14	144	89	182	–	–	–	–	26	147	161	–	21
西班牙	48	94	99	76	85	27	107	38	90	29	98	48	82	132	50	19	62	4	166	25	74	40	15	–	23	73	62	53	–
爱沙尼亚	16	47	26	26	145	40	28	26	58	–	103	–	32	174	23	75	78	49	115	43	41	49	28	84	75	44	15	75	–
埃塞俄比亚	84	114	18	105	84	172	10	181	131	37	3	–	131	9	–	110	3	139	58	178	2	31	119	–	2	80	174	–	–
芬兰	24	33	142	32	159	15	36	9	73	–	126	52	13	171	34	32	36	22	110	15	5	6	10	–	–	21	45	13	–
斐济	81	19	181	–	125	100	–	103	106	–	–	–	38	74	59	51	–	114	108	119	75	87	–	–	–	97	53	–	–

续表

国家（地区）	生存支持系统					发展支持系统							环境支持系统					社会支持系统							智力支持系统				
	011	012	013	014	015	021	022	023	024	025	026	027	031	032	033	034	035	041	042	043	044	045	046	047	051	052	053	054	055
法国	42	83	162	37	68	20	76	24	107	18	110	40	98	130	7	17	27	10	123	14	28	—	11	—	14	36	31	20	—
密克罗尼西亚	176	—	141	—	54	120	—	115	—	—	—	—	57	64	135	—	—	117	—	90	145	129	—	—	—	—	80	—	—
加蓬	76	6	72	16	180	59	120	154	—	—	36	—	3	80	52	159	23	140	159	83	66	81	106	36	43	—	110	11	48
英国	125	98	165	38	31	22	108	12	105	33	96	37	155	154	29	70	80	20	94	21	54	48	34	—	19	48	9	50	—
格鲁吉亚	131	41	144	114	114	111	61	90	89	—	60	—	61	70	109	47	52	80	145	95	91	84	—	14	86	135	13	—	4
加纳	82	121	32	98	71	132	63	146	59	—	19	—	112	37	94	132	22	151	42	140	95	86	121	45	77	8	117	—	—
几内亚	51	35	79	—	126	171	—	184	28	—	—	—	68	16	67	135	—	165	7	177	112	69	—	85	—	124	178	—	—
冈比亚	58	110	153	—	51	173	—	142	—	—	—	—	92	29	89	57	—	158	81	174	93	103	137	66	105	105	171	—	60
几内亚比绍	83	48	33	—	120	169	—	175	128	—	—	—	37	20	10	49	—	171	86	172	115	45	—	80	80	—	176	54	59
赤道几内亚	85	18	94	—	149	38	—	133	—	—	—	—	26	143	80	162	—	173	104	60	—	—	—	—	—	—	136	—	31
希腊	66	67	173	70	90	35	95	59	127	40	95	49	85	152	58	42	97	24	167	27	37	36	26	—	50	103	49	88	24
格林纳达	172	—	166	—	25	71	—	108	122	—	—	—	118	96	132	—	—	93	—	76	—	—	—	—	—	—	86	—	—
危地马拉	123	60	22	91	57	113	82	126	57	—	24	—	101	56	39	83	21	99	13	115	135	122	110	—	101	130	132	79	50
圭亚那	12	2	57	—	182	109	—	110	42	—	—	—	2	92	—	130	—	133	130	112	86	—	111	28	—	111	88	58	—
洪都拉斯	103	45	65	109	107	126	41	129	66	—	30	—	59	66	82	56	34	87	36	117	139	126	97	40	41	—	135	—	43
克罗地亚	71	53	148	69	101	54	87	45	67	—	84	—	79	122	73	60	90	43	157	49	42	32	32	—	—	92	32	—	—
海地	124	117	77	115	18	157	18	151	—	25	1	21	175	27	—	55	15	143	81	147	141	128	130	59	30	—	143	—	—
匈牙利	20	142	171	60	74	55	72	36	51	19	83	8	104	127	61	46	61	59	120	45	17	20	43	—	97	74	27	52	11
印度尼西亚	126	56	43	50	58	114	79	136	13	—	28	—	84	84	61	118	46	108	67	137	44	62	101	22	—	133	108	77	—

续表

国家（地区）	生存支持系统					发展支持系统							环境支持系统					社会支持系统							智力支持系统				
	011	012	013	014	015	021	022	023	024	025	026	027	031	032	033	034	035	041	042	043	044	045	046	047	051	052	053	054	055
印度	104	124	35	93	15	141	58	140	49	22	29	4	152	82	100	108	56	131	24	153	35	35	126	62	39	116	150	72	–
爱尔兰	54	46	159	99	113	14	125	28	87	26	99	50	117	159	47	30	98	18	139	16	21	37	19	–	18	26	22	47	–
伊朗	64	108	93	22	127	96	31	112	–	4	68	35	127	151	91	146	121	81	140	86	138	64	107	–	38	81	98	30	46
伊拉克	120	128	50	24	100	80	88	154	–	–	45	–	167	111	141	163	120	116	151	103	35	18	118	35	–	–	133	–	49
冰岛	29	1	177	9	188	16	3	1	–	–	131	1	140	135	71	1	8	2	56	17	12	–	13	–	11	11	41	32	–
以色列	162	166	126	79	19	25	83	39	–	44	107	–	172	163	119	35	104	9	67	24	58	67	17	–	1	35	5	9	–
意大利	107	84	169	83	41	26	113	62	91	24	97	38	123	145	26	28	81	7	134	22	60	50	7	–	28	86	50	28	13
牙买加	157	78	122	120	33	92	49	100	–	–	48	–	132	100	65	63	74	89	148	104	107	97	86	–	–	27	61	64	41
约旦	165	164	53	131	105	93	80	85	55	–	63	–	174	108	19	77	114	85	136	97	69	44	99	5	60	–	54	57	22
日本	166	80	161	96	21	23	75	15	–	41	111	47	107	162	62	14	102	1	32	19	23	–	24	–	5	106	25	2	–
哈萨克斯坦	2	76	29	14	181	53	12	67	31	53	93	28	109	176	–	151	119	111	51	71	16	11	57	6	78	125	43	35	–
肯尼亚	102	147	62	102	99	146	25	96	108	–	10	–	147	33	45	68	11	148	116	163	126	105	120	54	63	22	124	97	–
吉尔吉斯斯坦	67	54	109	110	146	145	22	119	75	–	52	52	114	67	–	124	41	112	104	145	84	30	63	17	87	38	70	89	–
柬埔寨	44	57	3	113	89	153	45	164	80	50	11	–	55	31	118	25	17	100	1	145	65	50	103	52	–	137	130	100	–
基里巴斯	175	–	82	–	62	138	–	148	1	–	–	–	134	51	–	–	–	118	–	121	141	–	–	–	–	–	99	22	–
圣基茨和尼维斯	129	148	187	39	–	51	–	27	81	–	–	–	105	123	116	–	–	13	15	56	–	–	16	–	93	96	91	–	28
韩国	171	115	163	11	39	28	35	18	24	50	121	60	133	170	69	16	75	74	15	32	51	–	16	3	3	70	18	1	–
科威特	186	176	13	2	48	10	51	30	1	–	128	–	182	185	128	153	127	13	15	36	–	–	48	–	93	108	113	–	–
老挝	69	24	12	148	148	137	–	145	41	–	–	–	23	32	–	129	–	123	6	171	39	56	116	47	47	117	147	–	–

续表

国家（地区）	生存支持系统					发展支持系统							环境支持系统					社会支持系统							智力支持系统				
	011	012	013	014	015	021	022	023	024	025	026	027	031	032	033	034	035	041	042	043	044	045	046	047	051	052	053	054	055
黎巴嫩	153	125	145	130	14	66	97	40	109	—	76	—	164	121	125	1	111	29	70	65	106	—	78	—	—	151	97	—	—
利比里亚	108	15	157	—	134	176	—	170	—	—	—	—	40	25	93	106	—	154	26	164	57	63	142	79	—	150	156	—	—
利比亚	41	162	114	21	186	57	21	131	—	—	85	—	161	164	136	152	118	56	159	85	—	—	38	—	—	—	107	—	40
圣卢西亚	178	—	176	—	27	76	—	107	124	—	—	—	94	94	129	—	—	67	—	67	—	—	—	—	—	89	94	—	—
列支敦士登	134	—	95	—	36	—	—	7	—	—	—	—	111	—	—	—	—	5	—	—	—	—	—	—	—	148	46	—	—
斯里兰卡	144	90	44	111	24	116	126	123	43	—	22	—	143	49	104	36	30	77	36	138	58	53	73	—	92	149	36	82	—
莱索托	99	92	107	—	110	147	—	168	—	—	—	—	171	1	—	62	—	181	164	129	140	118	124	55	104	1	128	—	—
立陶宛	7	66	20	84	128	46	74	42	—	11	77	29	51	117	16	59	79	79	133	51	53	58	20	—	37	53	7	61	—
卢森堡	110	104	172	117	38	1	98	8	130	—	125	—	119	183	—	24	108	11	63	4	17	15	29	—	22	—	29	15	12
拉脱维亚	11	55	68	64	144	47	73	31	—	—	73	—	31	109	43	52	45	82	130	55	60	41	40	—	49	71	26	40	—
摩洛哥	57	133	56	133	103	119	111	64	60	—	33	—	122	78	84	87	106	107	116	118	78	79	90	—	44	54	152	71	33
摩纳哥	—	—	—	157	1	—	—	10	—	—	—	—	188	—	1	—	—	—	—	5	—	—	—	—	103	152	—	34	—
摩尔多瓦	14	157	137	132	75	127	14	78	117	—	46	—	135	68	112	31	110	119	48	109	56	28	49	9	54	5	60	78	12
马达加斯加	88	39	91	—	137	175	—	179	118	—	—	—	70	13	74	89	—	136	24	180	127	91	—	76	91	132	140	106	—
马尔代夫	183	167	185	—	6	82	—	86	—	—	—	—	180	105	—	1	38	38	132	59	81	57	47	13	—	18	129	—	—
墨西哥	79	82	90	41	117	64	84	89	35	14	61	27	72	112	27	117	93	41	45	64	121	101	71	20	65	59	89	37	33
马绍尔群岛	161	—	134	—	28	110	—	147	—	—	—	—	100	87	112	—	—	—	—	66	—	—	—	—	—	—	—	—	—
马其顿	77	91	100	71	92	95	53	55	77	—	82	—	75	128	—	103	91	60	169	—	71	89	30	11	79	—	96	85	23
马里	17	73	40	—	173	161	—	177	—	—	—	—	49	4	112	125	—	170	110	157	27	27	145	83	74	77	177	—	—

续表

国家（地区)	生存支持系统					发展支持系统							环境支持系统					社会支持系统							智力支持系统				
	011	012	013	014	015	021	022	023	024	025	026	027	031	032	033	034	035	041	042	043	044	045	046	047	051	052	053	054	055
马耳他	174	161	147	126	4	33	119	41	–	–	90	–	184	137	113	–	100	23	70	31	27	–	39	–	47	52	55	69	–
缅甸	74	36	78	95	95	–	–	187	–	–	7	–	65	23	126	–	13	135	21	184	–	–	81	–	–	155	155	–	36
蒙古	63	43	1	17	191	104	32	130	38	–	49	–	16	116	–	157	107	126	45	113	13	54	52	37	76	51	93	46	–
莫桑比克	68	74	11	89	143	168	6	166	103	–	20	–	34	18	88	91	4	178	112	166	103	99	143	72	83	72	163	–	–
毛里塔尼亚	119	165	10	–	184	148	–	163	19	–	–	–	151	48	15	–	–	149	170	–	–	–	–	–	–	–	–	–	–
毛里求斯	145	99	175	–	9	69	–	96	86	–	–	–	166	104	124	11	–	75	112	80	60	–	70	–	67	109	87	92	–
马拉维	61	132	5	35	52	180	–	166	112	–	–	–	108	10	–	76	–	167	98	176	88	90	129	67	–	56	154	–	–
马来西亚	168	34	87	124	87	63	60	44	21	34	86	32	53	150	90	114	101	64	18	87	–	100	37	–	45	67	63	21	–
纳米比亚	33	89	124	124	190	90	106	143	37	–	47	–	18	72	22	61	69	137	155	88	146	131	85	51	–	7	–	–	64
尼日尔	5	159	16	–	169	177	–	182	110	–	–	–	149	11	–	78	–	160	48	175	46	39	148	86	–	88	180	–	–
尼日利亚	73	116	117	54	47	122	44	99	97	17	9	–	154	43	127	149	9	174	94	133	119	108	58	–	80	–	139	98	–
尼加拉瓜	55	29	37	112	124	133	64	137	48	–	23	–	74	57	12	69	32	68	89	125	111	77	88	38	131	82	131	87	–
荷兰	146	141	118	25	12	12	81	6	96	–	108	–	170	169	6	–	–	17	75	7	–	–	–	–	–	88	–	25	–
挪威	86	9	178	4	170	2	93	2	20	17	130	54	27	172	79	131	35	14	22	1	4	3	8	–	21	20	4	12	–
尼泊尔	139	59	54	107	45	162	24	144	119	–	6	–	130	19	–	84	7	121	12	167	50	25	96	50	–	78	165	109	–
新西兰	101	10	85	30	162	21	57	22	–	30	119	46	29	148	41	64	43	15	66	18	–	–	33	–	27	17	6	5	–
阿曼	181	150	64	8	174	36	27	47	5	–	102	–	185	182	106	156	127	45	102	62	–	–	62	–	–	91	118	–	–
巴基斯坦	109	154	125	103	34	144	71	150	101	7	21	3	177	62	60	88	42	130	48	169	8	14	125	57	59	144	144	99	–
巴拿马	96	17	150	118	123	61	122	91	–	–	58	–	48	97	55	50	72	39	35	58	123	115	105	–	85	102	67	84	–

续表

国家（地区）	生存支持系统					发展支持系统							环境支持系统					社会支持系统							智力支持系统				
	011	012	013	014	015	021	022	023	024	025	026	027	031	032	033	034	035	041	042	043	044	045	046	047	051	052	053	054	055
秘鲁	98	11	38	73	151	83	123	95	—	9	42	10	25	88	70	127	65	66	31	94	109	106	75	34	—	139	77	66	34
菲律宾	147	69	86	116	22	124	117	104	46	15	27	5	146	61	85	90	40	120	86	131	90	88	76	32	94	136	79	73	—
帕劳	152	—	—	—	133	58	—	—	135	—	—	—	28	167	18	—	—	—	—	46	78	—	—	—	—	—	12	—	—
巴布亚新几内亚	159	4	81	—	165	128	—	159	—	—	—	—	15	41	122	148	—	145	9	142	—	—	134	—	—	—	157	94	57
波兰	40	112	127	46	63	52	67	52	39	48	81	23	97	157	9	73	94	46	123	54	46	24	25	—	40	63	17	42	3
朝鲜	128	88	135	66	40	—	—	—	—	—	31	53	102	103	131	—	86	115	42	—	—	—	—	—	—	—	—	—	—
葡萄牙	121	77	129	86	69	37	109	53	102	23	91	36	88	124	68	29	68	26	154	30	63	—	21	—	24	39	95	55	25
巴拉圭	9	38	8	61	161	102	77	106	62	—	41	—	22	58	—	1	1	98	51	92	120	117	87	100	100	98	100	—	—
卡塔尔	184	172	138	1	50	3	56	17	3	—	127	57	188	187	99	—	127	35	2	29	—	80	112	—	143	143	75	27	—
罗马尼亚	21	100	136	55	88	68	78	75	16	31	67	15	87	113	11	80	66	73	91	75	40	7	53	—	58	93	39	59	—
俄罗斯	6	21	98	15	178	49	13	54	33	39	105	33	6	173	42	136	96	104	56	53	77	75	50	31	31	100	20	14	—
卢旺达	122	137	6	—	13	166	—	156	123	—	—	—	159	6	—	92	—	138	3	150	132	112	77	69	—	75	162	—	—
沙特阿拉伯	114	169	170	6	171	29	46	56	7	—	114	59	163	178	75	161	126	55	58	57	—	—	54	—	96	47	82	74	—
苏丹	22	170	73	68	166	135	69	122	99	—	8	—	188	35	—	126	19	146	149	134	—	42	138	—	—	—	167	—	53
塞内加尔	59	105	67	125	104	150	65	124	88	—	13	61	64	45	36	72	37	141	122	162	76	76	117	71	68	45	149	—	—
新加坡	189	163	51	122	2	8	102	34	84	—	116	61	186	101	101	1	112	6	13	26	—	—	14	—	12	118	48	4	26
所罗门群岛	164	8	84	—	155	129	—	157	—	—	—	—	14	40	108	138	—	125	27	139	92	—	—	—	—	15	148	—	—
塞拉利昂	37	28	7	—	91	163	—	182	136	—	—	—	80	17	53	79	—	184	18	141	110	43	139	75	98	134	169	—	61
萨尔瓦多	113	93	106	104	26	107	90	120	70	—	34	—	157	65	48	45	28	97	67	107	116	107	84	—	—	114	120	—	—

续表

国家（地区）	生存支持系统					发展支持系统							环境支持系统					社会支持系统							智力支持系统				
	011	012	013	014	015	021	022	023	024	025	026	027	031	032	033	034	035	041	042	043	044	045	046	047	051	052	053	054	055
圣马力诺	169	–	–	–	10	–	–	73	–	–	–	–	188	–	–	–	–	–	–	20	–	–	–	–	–	–	–	–	–
索马里	116	145	69	–	163	–	–	185	–	–	–	–	56	8	140	–	–	169	77	–	–	–	–	81	–	–	–	–	–
塞尔维亚	18	120	128	51	94	85	29	72	–	36	88	–	83	138	–	–	88	62	161	78	23	13	–	1	34	79	64	76	18
南苏丹	–	97	–	–	192	151	–	–	–	–	–	–	188	–	–	–	–	166	–	181	–	98	–	–	–	–	–	–	–
圣普	154	44	110	31	44	139	–	121	–	–	–	–	128	47	138	58	–	132	–	136	137	112	–	53	–	–	146	67	–
苏里南	112	3	21	–	187	67	–	102	11	–	–	–	1	120	24	120	–	105	101	82	129	119	93	30	–	–	102	–	–
斯洛伐克	53	95	152	59	72	42	59	29	40	36	94	22	86	142	–	41	48	51	144	37	11	4	31	–	46	95	23	70	7
斯洛文尼亚	133	51	182	43	80	32	62	35	44	–	106	–	60	149	3	38	44	28	120	28	3	19	1	–	15	43	16	–	–
瑞典	45	37	139	31	153	6	68	3	78	21	124	43	19	131	46	44	18	12	108	10	15	1	4	–	4	19	19	19	–
斯威士兰	95	101	112	–	106	121	–	118	–	–	–	–	77	59	–	22	–	182	162	111	130	114	115	41	–	10	115	19	37
塞舌尔	179	–	146	–	46	44	44	74	132	–	55	–	78	153	110	1	–	78	–	73	–	133	–	–	70	76	66	–	45
叙利亚	72	153	180	63	65	–	–	116	–	–	–	–	169	102	114	134	117	69	129	165	48	47	123	21	–	66	119	–	63
乍得	28	122	97	–	176	149	–	177	120	–	–	–	46	3	–	150	–	176	81	168	68	71	147	–	–	138	179	–	–
多哥	26	107	92	106	64	167	8	171	–	–	66	–	158	28	–	100	10	163	77	156	82	68	127	61	81	84	138	–	–
泰国	56	81	59	65	61	89	42	114	17	20	64	25	90	118	63	98	73	76	4	108	116	70	69	7	95	40	111	43	–
塔吉克斯坦	117	58	23	121	121	152	43	135	98	–	54	–	153	39	–	66	25	128	127	151	34	17	74	27	–	104	57	110	5
土库曼斯坦	30	158	179	12	175	70	5	152	–	–	66	34	50	166	127	–	127	134	126	124	–	–	–	–	–	–	56	–	8
东帝汶	97	62	104	–	96	–	–	188	–	–	–	–	62	22	72	–	–	127	40	155	45	–	–	65	–	3	151	–	–
汤加	89	–	45	–	55	99	–	108	–	–	–	–	144	75	49	20	–	94	–	116	–	–	89	–	–	–	68	–	–

续表

国家（地区）	生存支持系统					发展支持系统							环境支持系统					社会支持系统							智力支持系统				
	011	012	013	014	015	021	022	023	024	025	026	027	031	032	033	034	035	041	042	043	044	045	046	047	051	052	053	054	055
特立尼达和多巴哥	177	87	184	5	32	41	1	50	10	—	104	—	116	186	78	155	124	113	61	52	73	—	55	12	102	—	38	—	16
突尼斯	49	151	88	75	109	101	100	88	52	—	43	—	142	95	86	111	77	88	141	102	—	52	46	10	32	30	122	60	—
土耳其	43	85	102	94	81	62	103	81	69	32	69	13	125	114	81	48	92	61	119	68	71	74	67	—	36	129	105	56	30
图瓦卢	—	—	115	—	23	106	—	104	134	—	—	—	138	—	123	—	—	—	—	61	—	—	—	—	—	—	—	—	—
坦桑尼亚	34	106	19	97	122	156	17	172	92	—	4	—	54	21	28	104	6	150	22	159	67	59	122	68	61	31	141	—	—
乌干达	80	129	123	—	49	165	—	134	104	—	—	—	148	15	—	109	—	157	27	154	96	92	113	70	64	119	136	111	—
乌克兰	8	123	14	40	98	105	9	92	71	42	80	9	103	141	44	102	70	102	102	100	7	2	59	3	35	58	28	39	6
乌拉圭	13	26	4	81	158	43	118	63	82	—	70	—	71	89	96	53	39	44	74	38	94	96	68	—	62	128	90	—	17
美国	15	52	116	20	141	9	39	19	—	49	123	55	41	179	17	67	76	34	92	3	122	78	45	—	8	46	2	3	—
乌兹别克斯坦	93	146	31	39	108	131	7	98	76	10	51	6	137	110	—	141	115	124	127	132	64	55	—	18	—	—	51	90	10
圣文森特和格林纳丁斯	155	—	80	—	30	84	—	69	116	—	—	—	96	86	115	1	—	95	—	96	—	—	—	—	65	65	85	51	—
委内瑞拉	130	27	63	18	142	50	40	65	—	12	75	39	33	146	32	147	87	70	94	77	102	95	94	25	—	110	84	—	—
越南	142	70	49	74	29	130	37	87	25	46	37	—	120	83	95	123	54	54	8	135	31	46	56	44	—	25	134	62	47
瓦努阿图	136	—	28	—	154	117	—	149	133	—	—	—	30	44	137	1	—	101	163	130	52	—	—	—	62	62	76	—	27
约旦河西岸和加沙	180	160	159	—	7	—	—	79	—	—	—	—	181	50	—	—	—	92	—	—	—	—	—	—	—	—	—	—	15
萨摩亚	158	—	113	—	111	103	—	139	—	—	—	—	45	60	107	37	—	91	—	105	—	—	109	—	—	42	44	—	—
也门	148	168	74	72	132	142	105	125	53	52	14	—	168	63	76	139	116	142	156	149	42	60	149	48	33	64	173	103	56
南非	65	136	101	33	135	79	15	77	53	52	89	17	113	160	40	115	83	162	165	70	—	130	92	33	33	33	52	33	35

续表

国家（地区）	生存支持系统					发展支持系统							环境支持系统					社会支持系统							智力支持系统				
	011	012	013	014	015	021	022	023	024	025	026	027	031	032	033	034	035	041	042	043	044	045	046	047	051	052	053	054	055
刚果（金）	118	40	96	101	147	174	2	179	26	–	5	–	24	5	66	143	2	180	104	183	113	93	144	73	57	141	168	–	–
赞比亚	46	65	17	82	134	134	33	138	36	–	25	–	17	24	–	142	5	161	141	143	136	127	135	64	69	153	121	104	–
津巴布韦	36	134	120	77	140	155	4	128	47	32	–	–	39	54	97	–	20	155	54	–	123	–	108	46	–	142	112	–	–

注:011 表示人均耕地,012 表示人均可再生内陆淡水资源,013 表示作物生产指数,014 表示人均 GDP,021 表示人口密度,015 表示人均能源产量,022 表示单位 GDP 能耗,023 表示互联网用户(每百人),024 表示工业增加值(GDP 占比),025 表示人均油耗,026 表示人均煤耗,027 表示人均电耗,031 表示人均森林面积,032 表示人均二氧化碳排放量,033 表示海洋保护区(领海占比),034 表示人均自然资源消耗,035 表示人均可再生能源,041 表示人均预期寿命,042 表示总劳动力占比,043 表示人均医疗卫生支出,044 表示基尼系数,045 表示 Atkinson 指数,046 表示多维贫困指数,047 表示性别不平等指数,051 表示研究与开发支出,052 表示教育开支,053 表示平均受教育年限,054 表示万人专利申请量,055 表示识字率。

三、可持续发展能力的资产负债算法基础

（一）资产负债赋分规定

在每一项要素的空间分布范围中，即在 192 个国家（地区）的要素指标中，按照相对比较优势，对每一项要素进行排序，形成 1，2，3，…，192 的序列，位次为 1，2，3，…，192，对应的资产得分为 192，191，190，…，1，组成可持续发展能力"资产"。位次为 1，2，3，…，192，对应负债得分为 -1，-2，-3，…，-192，组成可持续发展能力的"负债"。

（二）资产负债分值的确定

各指数系统资产要素的总分值 x 利用下式计算，即

$$x = \frac{192 \times n_1 + 191 \times n_2 + 190 \times n_3 \cdots + 1 \times n_i}{N}$$

式中，n_i 分别对应该指数系统中位次为 1，2，3，…，192 的资产要素个数；N 为要素个数。

各指数系统负债要素的总分值 y 利用下式计算，即

$$y = \frac{(-1 \times n_1) + (-2 \times n_2) + (-3 \times n_3) \cdots + (-192 \times n_i)}{N}$$

式中，n_i 分别对应该指数系统中位次为 1，2，3，…，192 的资产要素个数；N 为要素个数。

（三）相对资产与相对负债的计算

相对资产与相对负债主要用来进行不同地理单元同类指数系统和统一地理单元内部不同指数系统资产或负债相对质量的横向和纵向比较。

相对资产计算公式为

$$X = \frac{x \times 100}{x + |y|} \times 100\%$$

相对负债计算公式为

$$Y = 100\% - X$$

（四）资产负债评估系数

资产评估系数：用各指数系统资产要素总分值 x 与最高资产 192 之比定义为该指

数系统资产评估系数。

负债评估系数：用各指数系统负债要素总分值 y 与最高负债的绝对值 192 之比定义为该指数系统的负债评估系数。

（五）资产的比较优势（净资产）的计算

把各指数系统相对资产与该指数系统相对负债之和作为该指数系统"比较优势能力"，即

$$Z = X + Y$$

式中，X 为相对资产，Y 为相对负债。

四、可持续发展能力的总体资产负债分析

利用可持续发展能力资产负债表可对全球各国的可持续发展能力作出相应的定量判别，其基本思想是用对应项的相对资产和相对负债相互抵消的净结果，作为各国可持续发展能力水平的"质"的表征。本报告对可持续发展能力总水平资产负债进行了定量评估（表7-2），并绘制了相对资产、相对负债总图（图7-1）和相对净资产图（图7-2）。应用相同的资产负债计算方法，也可对可持续发展能力指标体系的五大子系统的分项资产负债进行定量评估，这里不再赘述，将在下一节选取的代表性国家资产负债分析中做简要介绍。

表 7-2 可持续发展能力总水平资产负债表

国家（地区）	资产	负债	相对资产（%）	相对负债（%）	相对净资产（%）	资产评估系数	负债评估系数
安道尔	115.33	−77.67	59.76	−40.24	19.52	0.60	−0.40
阿富汗	91.11	−101.89	47.21	−52.79	−5.58	0.47	−0.53
安哥拉	109.48	−83.52	56.72	−43.28	13.45	0.57	−0.44
阿尔巴尼亚	112.77	−80.23	58.43	−41.57	16.86	0.59	−0.42
阿联酋	107.14	−85.86	55.51	−44.49	11.03	0.56	−0.45
阿根廷	119.54	−73.46	61.94	−38.06	23.87	0.62	−0.38
亚美尼亚	123.73	−69.27	64.11	−35.89	28.22	0.64	−0.36
安提瓜和巴布达	90.75	−102.25	47.02	−52.98	−5.96	0.47	−0.53
澳大利亚	130.73	−62.27	67.74	−32.26	35.47	0.68	−0.32
奥地利	133.88	−59.12	69.37	−30.63	38.74	0.70	−0.31
阿塞拜疆	115.89	−77.11	60.05	−39.95	20.10	0.60	−0.40

续表

国家（地区）	资产	负债	相对资产（%）	相对负债（%）	相对净资产（%）	资产评估系数	负债评估系数
布隆迪	85.05	-107.95	44.07	-55.93	-11.86	0.44	-0.56
比利时	128.48	-64.52	66.57	-33.43	33.14	0.67	-0.34
贝宁	98.82	-94.18	51.20	-48.80	2.40	0.51	-0.49
布基纳法索	86.05	-106.95	44.59	-55.41	-10.83	0.45	-0.56
孟加拉国	102.89	-90.11	53.31	-46.69	6.62	0.54	-0.47
保加利亚	124.04	-68.96	64.27	-35.73	28.54	0.65	-0.36
巴林	99.67	-93.33	51.64	-48.36	3.28	0.52	-0.49
巴哈马	106.53	-86.47	55.20	-44.80	10.39	0.55	-0.45
波黑	131.78	-61.22	68.28	-31.72	36.56	0.69	-0.32
白俄罗斯	137.37	-55.63	71.18	-28.82	42.35	0.72	-0.29
伯利兹	109.05	-83.95	56.50	-43.50	13.00	0.57	-0.44
玻利维亚	116.56	-76.44	60.39	-39.61	20.79	0.61	-0.40
巴西	128.83	-64.17	66.75	-33.25	33.50	0.67	-0.33
巴巴多斯	91.07	-101.93	47.18	-52.82	-5.63	0.47	-0.53
文莱	98.68	-94.32	51.13	-48.87	2.26	0.51	-0.49
不丹	107.45	-85.55	55.67	-44.33	11.35	0.56	-0.45
博茨瓦纳	103.92	-89.08	53.84	-46.16	7.69	0.54	-0.46
中非	78.17	-114.83	40.50	-59.50	-19.00	0.41	-0.60
加拿大	144.77	-48.23	75.01	-24.99	50.02	0.75	-0.25
瑞士	128.35	-64.65	66.50	-33.50	33.00	0.67	-0.34
智利	104.85	-88.15	54.33	-45.67	8.65	0.55	-0.46
中国	124.74	-68.26	64.63	-35.37	29.27	0.65	-0.36
科特迪瓦	93.13	-99.88	48.25	-51.75	-3.50	0.49	-0.52
喀麦隆	97.42	-95.58	50.47	-49.53	0.95	0.51	-0.50
刚果（布）	107.50	-85.50	55.70	-44.30	11.40	0.56	-0.45
哥伦比亚	113.43	-79.57	58.77	-41.23	17.54	0.59	-0.41
科摩罗	97.72	-95.28	50.63	-49.37	1.27	0.51	-0.50
佛得角	108.78	-84.22	56.36	-43.64	12.72	0.57	-0.44
哥斯达黎加	110.52	-82.48	57.26	-42.74	14.53	0.58	-0.43
古巴	114.45	-78.55	59.30	-40.70	18.61	0.60	-0.41
塞浦路斯	105.17	-87.83	54.49	-45.51	8.99	0.55	-0.46
捷克	118.88	-74.12	61.60	-38.40	23.19	0.62	-0.39

续表

国家（地区）	资产	负债	相对资产（%）	相对负债（%）	相对净资产（%）	资产评估系数	负债评估系数
德国	142.89	-50.11	74.04	-25.96	48.07	0.74	-0.26
吉布提	92.44	-100.56	47.90	-52.10	-4.20	0.48	-0.52
多米尼克	101.15	-91.85	52.41	-47.59	4.82	0.53	-0.48
丹麦	124.08	-68.92	64.29	-35.71	28.58	0.65	-0.36
多米尼加	90.85	-102.15	47.07	-52.93	-5.86	0.47	-0.53
阿尔及利亚	109.50	-83.50	56.74	-43.26	13.47	0.57	-0.43
厄瓜多尔	107.17	-85.83	55.53	-44.47	11.05	0.56	-0.45
埃及	101.03	-91.97	52.35	-47.65	4.70	0.53	-0.48
厄立特里亚	83.47	-109.53	43.25	-56.75	-13.50	0.43	-0.57
西班牙	127.46	-65.54	66.04	-33.96	32.09	0.66	-0.34
爱沙尼亚	134.08	-58.92	69.47	-30.53	38.94	0.70	-0.31
埃塞俄比亚	92.21	-100.79	47.78	-52.22	-4.45	0.48	-0.52
芬兰	133.59	-59.41	69.22	-30.78	38.44	0.70	-0.31
斐济	113.44	-79.56	58.78	-41.22	17.56	0.59	-0.41
法国	130.19	-62.81	67.46	-32.54	34.91	0.68	-0.33
密克罗尼西亚	69.00	-124.00	35.75	-64.25	-28.50	0.36	-0.65
加蓬	107.71	-85.29	55.81	-44.19	11.61	0.56	-0.44
英国	129.22	-63.78	66.95	-33.05	33.91	0.67	-0.33
格鲁吉亚	97.12	-95.88	50.32	-49.68	0.64	0.51	-0.50
加纳	94.44	-98.56	48.93	-51.07	-2.13	0.49	-0.51
几内亚	97.00	-96.00	50.26	-49.74	0.52	0.51	-0.50
冈比亚	76.14	-116.86	39.45	-60.55	-21.10	0.40	-0.61
几内亚比绍	84.00	-109.00	43.52	-56.48	-12.95	0.44	-0.57
赤道几内亚	104.73	-88.27	54.27	-45.73	8.53	0.55	-0.46
希腊	116.25	-76.75	60.23	-39.77	20.47	0.61	-0.40
格林纳达	98.17	-94.83	50.86	-49.14	1.73	0.51	-0.49
危地马拉	102.92	-90.08	53.33	-46.67	6.66	0.54	-0.47
圭亚那	98.61	-94.39	51.09	-48.91	2.19	0.51	-0.49
洪都拉斯	102.96	-90.04	53.35	-46.65	6.69	0.54	-0.47
克罗地亚	125.00	-68.00	64.77	-35.23	29.53	0.65	-0.35
海地	89.38	-103.62	46.31	-53.69	-7.38	0.47	-0.54
匈牙利	124.74	-68.26	64.63	-35.37	29.27	0.65	-0.36

续表

国家（地区）	资产	负债	相对资产（%）	相对负债（%）	相对净资产（%）	资产评估系数	负债评估系数
印度尼西亚	106.21	-86.79	55.03	-44.97	10.07	0.55	-0.45
印度	102.57	-90.43	53.15	-46.85	6.29	0.53	-0.47
爱尔兰	112.48	-80.52	58.28	-41.72	16.56	0.59	-0.42
伊朗	108.74	-84.26	56.34	-43.66	12.68	0.57	-0.44
伊拉克	87.87	-105.13	45.53	-54.47	-8.94	0.46	-0.55
冰岛	140.67	-52.33	72.88	-27.12	45.77	0.73	-0.27
以色列	111.60	-81.40	57.82	-42.18	15.65	0.58	-0.42
意大利	122.21	-70.79	63.32	-36.68	26.65	0.64	-0.37
牙买加	104.75	-88.25	54.27	-45.73	8.55	0.55	-0.46
约旦	113.42	-79.58	58.77	-41.23	17.54	0.59	-0.41
日本	117.20	-75.80	60.73	-39.27	21.45	0.61	-0.39
哈萨克斯坦	112.96	-80.04	58.53	-41.47	17.06	0.59	-0.42
肯尼亚	94.54	-98.46	48.98	-51.02	-2.03	0.49	-0.51
吉尔吉斯斯坦	101.20	-91.80	52.44	-47.56	4.87	0.53	-0.48
柬埔寨	109.80	-83.20	56.89	-43.11	13.78	0.57	-0.43
基里巴斯	89.92	-103.08	46.59	-53.41	-6.82	0.47	-0.54
圣基茨和尼维斯	92.92	-100.08	48.15	-51.85	-3.71	0.48	-0.52
韩国	119.80	-73.20	62.07	-37.93	24.15	0.62	-0.38
科威特	104.29	-88.71	54.04	-45.96	8.07	0.54	-0.46
老挝	108.84	-84.16	56.39	-43.61	12.79	0.57	-0.44
黎巴嫩	96.00	-97.00	49.74	-50.26	-0.52	0.50	-0.51
利比里亚	76.32	-116.68	39.54	-60.46	-20.92	0.40	-0.61
利比亚	86.80	-106.20	44.97	-55.03	-10.05	0.45	-0.55
圣卢西亚	103.69	-89.31	53.73	-46.27	7.45	0.54	-0.47
列支敦士登	114.00	-79.00	59.07	-40.93	18.13	0.59	-0.41
斯里兰卡	93.52	-99.48	48.46	-51.54	-3.09	0.49	-0.52
莱索托	90.11	-102.89	46.69	-53.31	-6.63	0.47	-0.54
立陶宛	135.46	-57.54	70.19	-29.81	40.37	0.71	-0.30
卢森堡	110.04	-82.96	57.02	-42.98	14.03	0.57	-0.43
拉脱维亚	139.92	-53.08	72.50	-27.50	44.99	0.73	-0.28
摩洛哥	93.08	-99.92	48.23	-51.77	-3.54	0.48	-0.52
摩纳哥	111.88	-81.13	57.97	-42.03	15.93	0.58	-0.42

续表

国家（地区）	资产	负债	相对资产（%）	相对负债（%）	相对净资产（%）	资产评估系数	负债评估系数
摩尔多瓦	109.27	−83.73	56.62	−43.38	13.23	0.57	−0.44
马达加斯加	84.95	−108.05	44.02	−55.98	−11.97	0.44	−0.56
马尔代夫	127.50	−65.50	66.06	−33.94	32.12	0.66	−0.34
墨西哥	120.21	−72.79	62.28	−37.72	24.57	0.63	−0.38
马绍尔群岛	114.44	−78.56	59.30	−40.70	18.60	0.60	−0.41
马其顿	117.68	−75.32	60.97	−39.03	21.95	0.61	−0.39
马里	85.67	−107.33	44.39	−55.61	−11.23	0.45	−0.56
马耳他	98.14	−94.86	50.85	−49.15	1.70	0.51	−0.49
缅甸	113.28	−79.72	58.69	−41.31	17.39	0.59	−0.42
蒙古	113.80	−79.20	58.96	−41.04	17.93	0.59	−0.41
莫桑比克	102.92	−90.08	53.33	−46.67	6.65	0.54	−0.47
毛里塔尼亚	91.83	−101.17	47.58	−52.42	−4.84	0.48	−0.53
毛里求斯	116.45	−76.55	60.34	−39.66	20.67	0.61	−0.40
马拉维	90.58	−102.42	46.93	−53.07	−6.14	0.47	−0.53
马来西亚	116.00	−77.00	60.10	−39.90	20.21	0.60	−0.40
纳米比亚	114.21	−78.79	59.18	−40.82	18.35	0.59	−0.41
尼日尔	70.40	−122.60	36.48	−63.52	−27.05	0.37	−0.64
尼日利亚	95.17	−97.83	49.31	−50.69	−1.38	0.50	−0.51
尼加拉瓜	116.92	−76.08	60.58	−39.42	21.16	0.61	−0.40
荷兰	109.35	−83.65	56.66	−43.34	13.32	0.57	−0.44
挪威	144.04	−48.96	74.63	−25.37	49.26	0.75	−0.26
尼泊尔	94.79	−98.21	49.11	−50.89	−1.77	0.49	−0.51
新西兰	137.42	−55.58	71.20	−28.80	42.40	0.72	−0.29
阿曼	91.95	−101.05	47.64	−52.36	−4.71	0.48	−0.53
巴基斯坦	95.50	−97.50	49.48	−50.52	−1.04	0.50	−0.51
巴拿马	100.33	−92.67	51.99	−48.01	3.97	0.52	−0.48
秘鲁	111.63	−81.37	57.84	−42.16	15.68	0.58	−0.42
菲律宾	106.11	−86.89	54.98	−45.02	9.96	0.55	−0.45
帕劳	108.90	−84.10	56.42	−43.58	12.85	0.57	−0.44
巴布亚新几内亚	69.47	−123.53	36.00	−64.00	−28.01	0.36	−0.64
波兰	122.07	−70.93	63.25	−36.75	26.50	0.64	−0.37
朝鲜	109.92	−83.08	56.95	−43.05	13.91	0.57	−0.43

续表

国家（地区）	资产	负债	相对资产（%）	相对负债（%）	相对净资产（%）	资产评估系数	负债评估系数
葡萄牙	114.12	-78.88	59.13	-40.87	18.25	0.59	-0.41
巴拉圭	124.96	-68.04	64.74	-35.26	29.49	0.65	-0.35
卡塔尔	101.71	-91.29	52.70	-47.30	5.40	0.53	-0.48
罗马尼亚	137.59	-55.41	71.29	-28.71	42.58	0.72	-0.29
俄罗斯	134.74	-58.26	69.81	-30.19	39.63	0.70	-0.30
卢旺达	92.00	-101.00	47.67	-52.33	-4.66	0.48	-0.53
沙特阿拉伯	88.92	-104.08	46.07	-53.93	-7.86	0.46	-0.54
苏丹	89.52	-103.48	46.39	-53.61	-7.23	0.47	-0.54
塞内加尔	107.92	-85.08	55.92	-44.08	11.83	0.56	-0.44
新加坡	119.28	-73.72	61.80	-38.20	23.61	0.62	-0.38
所罗门群岛	96.56	-96.44	50.03	-49.97	0.06	0.50	-0.50
塞拉利昂	92.71	-100.29	48.04	-51.96	-3.92	0.48	-0.52
萨尔瓦多	109.54	-83.46	56.76	-43.24	13.51	0.57	-0.43
圣马力诺	100.80	-92.20	52.23	-47.77	4.46	0.53	-0.48
索马里	65.55	-127.45	33.96	-66.04	-32.08	0.34	-0.66
塞尔维亚	108.43	-84.57	56.18	-43.82	12.37	0.56	-0.44
南苏丹	40.71	-152.29	21.10	-78.90	-57.81	0.21	-0.79
圣普	70.47	-122.53	36.51	-63.49	-26.97	0.37	-0.64
苏里南	128.37	-64.63	66.51	-33.49	33.02	0.67	-0.34
斯洛伐克	122.42	-70.58	63.43	-36.57	26.86	0.64	-0.37
斯洛文尼亚	134.56	-58.44	69.72	-30.28	39.44	0.70	-0.30
瑞典	138.30	-54.70	71.66	-28.34	43.31	0.72	-0.28
斯威士兰	106.33	-86.67	55.09	-44.91	10.19	0.55	-0.45
塞舌尔	105.29	-87.71	54.56	-45.44	9.11	0.55	-0.46
叙利亚	77.95	-115.05	40.39	-59.61	-19.22	0.41	-0.60
乍得	107.11	-85.89	55.49	-44.51	10.99	0.56	-0.45
多哥	90.76	-102.24	47.03	-52.97	-5.95	0.47	-0.53
泰国	115.36	-77.64	59.77	-40.23	19.54	0.60	-0.40
塔吉克斯坦	94.50	-98.50	48.96	-51.04	-2.07	0.49	-0.51
土库曼斯坦	100.50	-92.50	52.07	-47.93	4.15	0.52	-0.48
东帝汶	105.40	-87.60	54.61	-45.39	9.22	0.55	-0.46
汤加	120.31	-72.69	62.34	-37.66	24.67	0.63	-0.38

续表

国家（地区）	资产	负债	相对资产（％）	相对负债（％）	相对净资产（％）	资产评估系数	负债评估系数
特立尼达和多巴哥	109.04	−83.96	56.50	−43.50	13.00	0.57	−0.44
突尼斯	134.68	−58.32	69.78	−30.22	39.56	0.70	−0.30
土耳其	116.79	−76.21	60.51	−39.49	21.02	0.61	−0.40
图瓦卢	110.00	−83.00	56.99	−43.01	13.99	0.57	−0.43
坦桑尼亚	111.32	−81.68	57.68	−42.32	15.36	0.58	−0.43
乌干达	72.43	−120.57	37.53	−62.47	−24.94	0.38	−0.63
乌克兰	146.00	−47.00	75.65	−24.35	51.30	0.76	−0.24
乌拉圭	110.56	−82.44	57.28	−42.72	14.57	0.58	−0.43
美国	125.38	−67.62	64.97	−35.03	29.93	0.65	−0.35
乌兹别克斯坦	132.96	−60.04	68.89	−31.11	37.78	0.69	−0.31
圣文森特和格林纳丁斯	119.80	−73.20	62.07	−37.93	24.15	0.62	−0.38
委内瑞拉	121.71	−71.29	63.06	−36.94	26.12	0.63	−0.37
越南	118.62	−74.38	61.46	−38.54	22.92	0.62	−0.39
瓦努阿图	94.71	−98.29	49.07	−50.93	−1.86	0.49	−0.51
约旦河西岸和加沙	72.10	−120.90	37.36	−62.64	−25.28	0.38	−0.63
萨摩亚	110.33	−82.67	57.17	−42.83	14.34	0.57	−0.43
也门	73.92	−119.08	38.30	−61.70	−23.40	0.39	−0.62
南非	102.61	−90.39	53.16	−46.84	6.33	0.53	−0.47
刚果（金）	96.88	−96.12	50.20	−49.80	0.39	0.50	−0.50
赞比亚	100.48	−92.52	52.06	−47.94	4.12	0.52	−0.48
津巴布韦	109.05	−83.95	56.50	−43.50	13.00	0.57	−0.44

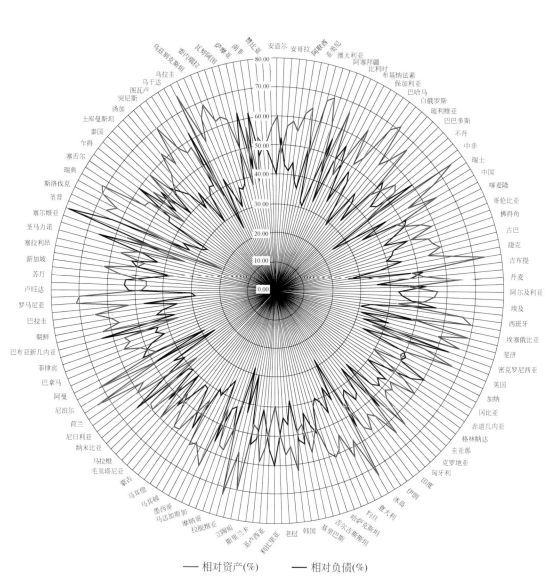

—— 相对资产(%)   —— 相对负债(%)

图 7-1   可持续发展能力总水平资产负债图

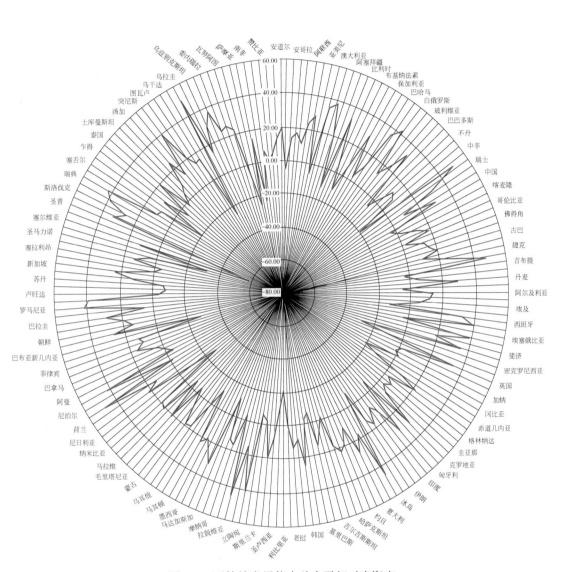

图 7-2　可持续发展能力总水平相对净资产

第二节　代表性国家可持续发展能力的资产负债分析

本报告对世界 192 个国家（地区）进行了详细的资产负债分析，本节将选取出其中的 50 个代表性国家对资产负债分析结果进行简要展示。在对 50 个国家的筛选过程中，综合考虑了国家综合发展水平（发达、中等发达、发展中）和地域分布（洲际分布）情况，另外，这 50 个国家包含了贯穿整个报告进行分析的"五类 25 个国家"，方便针对某一具体国家进行综合考察和分析。具体的国家如表 7-3 所示。

表 7-3　50 个代表性国家列表

序号	国家	所属洲	序号	国家	所属洲
1	奥地利		26	肯尼亚	
2	德国		27	利比亚	
3	俄罗斯		28	毛里求斯	
4	法国		29	摩洛哥	
5	芬兰	欧洲	30	莫桑比克	非洲
6	挪威		31	南非	
7	瑞士		32	尼日利亚	
8	意大利		33	苏丹	
9	英国		34	中非	
10	阿富汗		35	洪都拉斯	
11	不丹		36	加拿大	
12	菲律宾		37	美国	北美洲
13	韩国		38	墨西哥	
14	马尔代夫		39	牙买加	
15	孟加拉国	亚洲	40	阿根廷	
16	日本		41	巴西	
17	土耳其		42	哥伦比亚	
18	伊朗		43	秘鲁	南美洲
19	印度		44	委内瑞拉	
20	印度尼西亚		45	智利	
21	中国		46	澳大利亚	
22	阿尔及利亚		47	斐济	
23	埃及	非洲	48	萨摩亚	大洋洲
24	埃塞俄比亚		49	汤加	
25	喀麦隆		50	新西兰	

注：洲际内部国家按拼音字母顺序排序。

一、奥地利资产负债分析

（一）国家概况

奥地利（中文全称：奥地利共和国，英文名称：The Republic of Austria），所属洲为欧洲，首都维也纳。土地面积约为 8.24 万平方公里，人口数量约为 0.08 亿人，GDP总计 0.43 万亿美元，人均 GDP 约为 50 510.71 美元，人类发展指数为 0.88[①]。

（二）可持续发展能力的资产负债分析

对奥地利可持续发展能力的总资产负债水平进行分析，总资产累计得分为 133.88，相对资产为 69.37%，资产评估系数为 0.70。同时，负债累计得分为 -59.12，相对负债为 -30.63%，负债评估系数为 -0.31。总的相对净资产为 38.74%（表 7-2）。五大子系统的分项资产负债分析结果如下（图 7-3）：

（1）生存支持系统：资产累计得分为 109.60，相对资产为 56.79%；负债累计得分为 -83.40，相对负债为 -43.21%；该项相对净资产得分为 13.58%。

（2）发展支持系统：资产累计得分为 96.43，相对资产为 49.96%；负债累计得分为 -96.57，相对负债为 -50.04%；该项相对净资产得分为 -0.07%。

（3）环境支持系统：资产累计得分为 149.75，相对资产为 77.59%；负债累计得分为 -43.25，相对负债为 -22.41%；该项相对净资产得分为 55.18%。

（4）社会支持系统：资产累计得分为 169.17，相对资产为 87.65%；负债累计得分为 -23.83，相对负债为 -12.35%；该项相对净资产得分为 75.30%。

（5）智力支持系统：资产累计得分为 161.00，相对资产为 83.42%；负债累计得分为 -32.00，相对负债为 -16.58%；该项相对净资产得分为 66.84%。

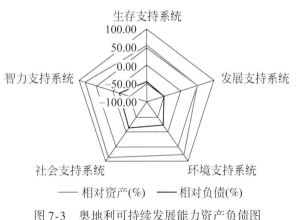

图 7-3　奥地利可持续发展能力资产负债图

---

① 国家概况数据来源：土地面积［《世界银行》（2014）］、人口数量（《世界银行》（2013））、GDP总计和人均 GDP（《世界银行》（2013））、人类发展指数（《人类发展报告》（2014）），以下来源同此。

二、德国资产负债分析

（一）国家概况

德国（中文全称：德意志联邦共和国，英文名称：The Federal Republic of Germany），所属洲为欧洲，首都柏林。土地面积约为 34.85 万平方公里，人口数量约为 0.81 亿人，GDP 总计 3.73 万亿美元，人均 GDP 约为 46 251.38 美元，人类发展指数为 0.91。

（二）可持续发展能力的资产负债分析

对德国可持续发展能力的总资产负债水平进行分析，总资产累计得分为 142.89，相对资产为 74.04%，资产评估系数为 0.74。同时，负债累计得分为 -50.11，相对负债为 -25.96%，负债评估系数为 -0.26。总的相对净资产为 48.07%（表 7-2）。五大子系统的分项资产负债分析结果如下（图 7-4）：

（1）生存支持系统：资产累计得分为 96.80，相对资产为 50.16%；负债累计得分为 -96.20，相对负债为 -49.84%；该项相对净资产得分为 0.31%。

（2）发展支持系统：资产累计得分为 151.57，相对资产为 78.53%；负债累计得分为 -41.43，相对负债为 -21.47%；该项相对净资产得分为 57.07%。

（3）环境支持系统：资产累计得分为 120.60，相对资产为 62.49%；负债累计得分为 -72.40，相对负债为 -37.51%；该项相对净资产得分为 24.97%。

（4）社会支持系统：资产累计得分为 176.17，相对资产为 91.28%；负债累计得分为 -16.83，相对负债为 -8.72%；该项相对净资产得分为 82.56%。

（5）智力支持系统：资产累计得分为 163.25，相对资产为 84.59%；负债累计得分为 -29.75，相对负债为 -15.41%；该项相对净资产得分为 69.17%。

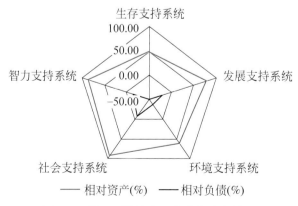

图 7-4 德国可持续发展能力资产负债图

三、俄罗斯资产负债分析

(一) 国家概况

俄罗斯（中文全称：俄罗斯联邦，英文名称：Russian Federation），所属洲为欧洲，首都莫斯科。土地面积约为 1637.69 万平方公里，人口数量约为 1.43 亿人，GDP 总计 2.10 万亿美元，人均 GDP 约为 14 611.70 美元，人类发展指数为 0.78。

(二) 可持续发展能力的资产负债分析

对俄罗斯可持续发展能力的总资产负债水平进行分析，总资产累计得分为 134.74，相对资产为 69.81%，资产评估系数为 0.70。同时，负债累计得分为 -58.26，相对负债为 -30.19%，负债评估系数为 -0.30。总的相对净资产为 39.63%（表 7-2）。五大子系统的分项资产负债分析结果如下（图 7-5）：

(1) 生存支持系统：资产累计得分为 144.80，相对资产为 75.03%；负债累计得分为 -48.20，相对负债为 -24.97%；该项相对净资产得分为 50.05%。

(2) 发展支持系统：资产累计得分为 126.71，相对资产为 65.66%；负债累计得分为 -66.29，相对负债为 -34.34%；该项相对净资产得分为 31.31%。

(3) 环境支持系统：资产累计得分为 112.00，相对资产为 58.03%；负债累计得分为 -81.00，相对负债为 -41.97%；该项相对净资产得分为 16.06%。

(4) 社会支持系统：资产累计得分为 153.83，相对资产为 79.71%；负债累计得分为 -39.17，相对负债为 -20.29%；该项相对净资产得分为 59.41%。

(5) 智力支持系统：资产累计得分为 136.00，相对资产为 70.47%；负债累计得分为 -57.00，相对负债为 -29.53%；该项相对净资产得分为 40.93%。

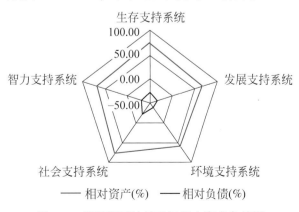

图 7-5 俄罗斯可持续发展能力资产负债图

四、法国资产负债分析

（一）国家概况

法国（中文全称：法兰西共和国，英文名称：The French Republic），所属洲为欧洲，首都巴黎。土地面积约为54.76万平方公里，人口数量约为0.66亿人，GDP总计2.81万亿美元，人均GDP约为42 560.41美元，人类发展指数为0.88。

（二）可持续发展能力的资产负债分析

对法国可持续发展能力的总资产负债水平进行分析，总资产累计得分为130.19，相对资产为67.46%，资产评估系数为0.68。同时，负债累计得分为-62.81，相对负债为-32.54%，负债评估系数为-0.33。总的相对净资产为34.91%（表7-2）。五大子系统的分项资产负债分析结果如下（图7-6）：

（1）生存支持系统：资产累计得分为108.40，相对资产为56.17%；负债累计得分为-84.60，相对负债为-43.83%；该项相对净资产得分为12.33%。

（2）发展支持系统：资产累计得分为98.00，相对资产为50.78%；负债累计得分为-95.00，相对负债为-49.22%；该项相对净资产得分为1.55%。

（3）环境支持系统：资产累计得分为155.20，相对资产为80.41%；负债累计得分为-37.80，相对负债为-19.59%；该项相对净资产得分为60.83%。

（4）社会支持系统：资产累计得分为149.60，相对资产为77.51%；负债累计得分为-43.40，相对负债为-22.49%；该项相对净资产得分为55.03%。

（5）智力支持系统：资产累计得分为158.25，相对资产为81.99%；负债累计得分为-34.75，相对负债为-18.01%；该项相对净资产得分为63.99%。

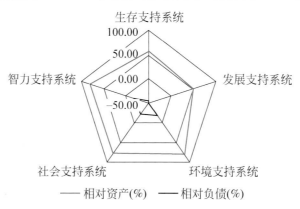

图7-6　法国可持续发展能力资产负债图

五、芬兰资产负债分析

（一）国家概况

芬兰（中文全称：芬兰共和国，英文名称：The Republic of Finland），所属洲为欧洲，首都赫尔辛基。土地面积约为30.39万平方公里，人口数量约为0.05亿人，GDP总计0.27万亿美元，人均GDP约为49 150.58美元，人类发展指数为0.88。

（二）可持续发展能力的资产负债分析

对芬兰可持续发展能力的总资产负债水平进行分析，总资产累计得分为133.59，相对资产为69.22%，资产评估系数为0.70。同时，负债累计得分为-59.41，相对负债为-30.78%，负债评估系数为-0.31。总的相对净资产为38.44%（表7-2）。五大子系统的分项资产负债分析结果如下（图7-7）：

（1）生存支持系统：资产累计得分为110.40，相对资产为57.20%；负债累计得分为-82.60，相对负债为-42.80%；该项相对净资产得分为14.40%。

（2）发展支持系统：资产累计得分为112.14，相对资产为58.11%；负债累计得分为-80.86，相对负债为-41.89%；该项相对净资产得分为16.21%。

（3）环境支持系统：资产累计得分为127.00，相对资产为65.80%；负债累计得分为-66.00，相对负债为-34.20%；该项相对净资产得分为31.61%。

（4）社会支持系统：资产累计得分为160.83，相对资产为83.33%；负债累计得分为-32.17，相对负债为-16.67%；该项相对净资产得分为66.67%。

（5）智力支持系统：资产累计得分为167.50，相对资产为86.79%；负债累计得分为-25.50，相对负债为-13.21%；该项相对净资产得分为73.58%。

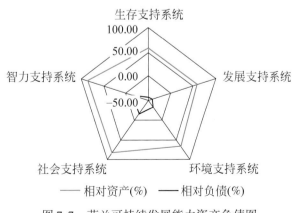

图7-7　芬兰可持续发展能力资产负债图

六、挪威资产负债分析

(一) 国家概况

挪威（中文全称：挪威王国，英文名称：The Kingdom of Norway），所属洲为欧洲，首都奥斯陆。土地面积约为 36.53 万平方公里，人口数量约为 0.05 亿人，GDP 总计 0.51 万亿美元，人均 GDP 约为 100 898.36 美元，人类发展指数为 0.94。

(二) 可持续发展能力的资产负债分析

对挪威可持续发展能力的总资产负债水平进行分析，总资产累计得分为 144.04，相对资产为 74.63%，资产评估系数为 0.75。同时，负债累计得分为 -48.96，相对负债为 -25.37%，负债评估系数为 -0.26。总的相对净资产为 49.26%（表 7-2）。五大子系统的分项资产负债分析结果如下（图 7-8）：

（1）生存支持系统：资产累计得分为 134.00，相对资产为 69.43%；负债累计得分为 -59.00，相对负债为 -30.57%；该项相对净资产得分为 38.86%。

（2）发展支持系统：资产累计得分为 129.71，相对资产为 67.21%；负债累计得分为 -63.29，相对负债为 -32.79%；该项相对净资产得分为 34.42%。

（3）环境支持系统：资产累计得分为 107.00，相对资产为 55.44%；负债累计得分为 -86.00，相对负债为 -44.56%；该项相对净资产得分为 10.88%。

（4）社会支持系统：资产累计得分为 182.33，相对资产为 94.47%；负债累计得分为 -10.67，相对负债为 -5.53%；该项相对净资产得分为 88.95%。

（5）智力支持系统：资产累计得分为 170.50，相对资产为 88.34%；负债累计得分为 -22.50，相对负债为 -11.66%；该项相对净资产得分为 76.68%。

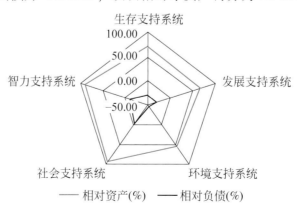

图 7-8　挪威可持续发展能力资产负债图

七、瑞士资产负债分析

(一) 国家概况

瑞士（中文全称：瑞士联邦，英文名称：Swiss Confederation），所属洲为欧洲，首都伯尔尼。土地面积约为 3.95 万平方公里，人口数量约为 0.08 亿人，GDP 总计 0.69 万亿美元，人均 GDP 约为 84 748.37 美元，人类发展指数为 0.92。

(二) 可持续发展能力的资产负债分析

对瑞士可持续发展能力的总资产负债水平进行分析，总资产累计得分为 128.35，相对资产为 66.50%，资产评估系数为 0.67。同时，负债累计得分为 –64.65，相对负债为 –33.50%，负债评估系数为 –0.34。总的相对净资产为 33.00%（表7-2）。五大子系统的分项资产负债分析结果如下（图7-9）：

（1）生存支持系统：资产累计得分为 89.00，相对资产为 46.11%；负债累计得分为 –104.00，相对负债为 –53.89%；该项相对净资产得分为 –7.77%。

（2）发展支持系统：资产累计得分为 101.14，相对资产为 52.41%；负债累计得分为 –91.86，相对负债为 –47.59%；该项相对净资产得分为 4.81%。

（3）环境支持系统：资产累计得分为 127.25，相对资产为 65.93%；负债累计得分为 –65.75，相对负债为 –34.07%；该项相对净资产得分为 31.87%。

（4）社会支持系统：资产累计得分为 171.50，相对资产为 88.86%；负债累计得分为 –21.50，相对负债为 –11.14%；该项相对净资产得分为 77.72%。

（5）智力支持系统：资产累计得分为 161.50，相对资产为 83.68%；负债累计得分为 –31.50，相对负债为 –16.32%；该项相对净资产得分为 67.36%。

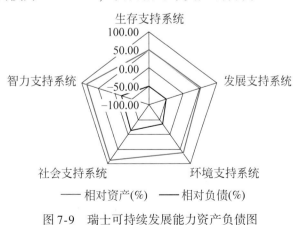

图 7-9　瑞士可持续发展能力资产负债图

八、意大利资产负债分析

(一) 国家概况

意大利（中文全称：意大利共和国，英文名称：The Republic of Italy），所属洲为欧洲，首都罗马。土地面积约为 29.41 万平方公里，人口数量约为 0.60 亿人，GDP 总计 2.15 万亿美元，人均 GDP 约为 35 685.60 美元，人类发展指数为 0.87。

(二) 可持续发展能力的资产负债分析

对意大利可持续发展能力的总资产负债水平进行分析，总资产累计得分为 122.21，相对资产为 63.32%，资产评估系数为 0.64。同时，负债累计得分为 -70.79，相对负债为 -36.68%，负债评估系数为 -0.37。总的相对净资产为 26.65%（表 7-2）。五大子系统的分项资产负债分析结果如下（图 7-10）：

（1）生存支持系统：资产累计得分为 125.40，相对资产为 64.97%；负债累计得分为 -67.60，相对负债为 -35.03%；该项相对净资产得分为 29.95%。

（2）发展支持系统：资产累计得分为 103.00，相对资产为 53.37%；负债累计得分为 -90.00，相对负债为 -46.63%；该项相对净资产得分为 6.74%。

（3）环境支持系统：资产累计得分为 99.60，相对资产为 51.61%；负债累计得分为 -93.40，相对负债为 -48.39%；该项相对净资产得分为 3.21%。

（4）社会支持系统：资产累计得分为 137.00，相对资产为 70.98%；负债累计得分为 -56.00，相对负债为 -29.02%；该项相对净资产得分为 41.97%。

（5）智力支持系统：资产累计得分为 150.80，相对资产为 78.13%；负债累计得分为 -42.20，相对负债为 -21.87%；该项相对净资产得分为 56.27%。

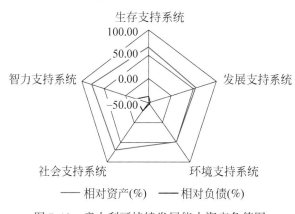

图 7-10 意大利可持续发展能力资产负债图

九、英国资产负债分析

（一）国家概况

英国（中文全称：大不列颠及北爱尔兰联合王国，英文名称：The United Kingdom of Great Britain and Northern Ireland），所属洲为欧洲，首都伦敦。土地面积约为 24.19 万平方公里，人口数量约为 0.64 亿人，GDP 总计 2.68 万亿美元，人均 GDP 约为 41 781.15 美元，人类发展指数为 0.89。

（二）可持续发展能力的资产负债分析

对英国可持续发展能力的总资产负债水平进行分析，总资产累计得分为 129.22，相对资产为 66.95%，资产评估系数为 0.67。同时，负债累计得分为 -63.78，相对负债为 -33.05%，负债评估系数为 -0.33。总的相对净资产为 33.91%（表 7-2）。五大子系统的分项资产负债分析结果如下（图 7-11）：

（1）生存支持系统：资产累计得分为 143.60，相对资产为 74.40%；负债累计得分为 -49.40，相对负债为 -25.60%；该项相对净资产得分为 48.81%。

（2）发展支持系统：资产累计得分为 89.71，相对资产为 46.48%；负债累计得分为 -103.29，相对负债为 -53.52%；该项相对净资产得分为 -7.03%。

（3）环境支持系统：资产累计得分为 88.00，相对资产为 45.60%；负债累计得分为 -105.00，相对负债为 -54.40%；该项相对净资产得分为 -8.81%。

（4）社会支持系统：资产累计得分为 162.50，相对资产为 84.20%；负债累计得分为 -30.50，相对负债为 -15.80%；该项相对净资产得分为 68.39%。

（5）智力支持系统：资产累计得分为 182.00，相对资产为 94.30%；负债累计得分为 -11.00，相对负债为 -5.70%；该项相对净资产得分为 88.60%。

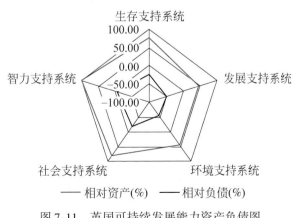

图 7-11　英国可持续发展能力资产负债图

十、阿富汗资产负债分析

（一）国家概况

阿富汗（中文全称：阿富汗斯坦伊斯兰共和国，英文名称：Islamic Republic of Afghanistan），所属洲为亚洲，首都喀布尔。土地面积约为 65.29 万平方公里，人口数量约为 0.31 亿人，GDP 总计 0.02 万亿美元，人均 GDP 约为 664.76 美元，人类发展指数为 0.47。

（二）可持续发展能力的资产负债分析

对阿富汗可持续发展能力的总资产负债水平进行分析，总资产累计得分为 91.11，相对资产为 47.21%，资产评估系数为 0.47。同时，负债累计得分为 -101.89，相对负债为 -52.79%，负债评估系数为 -0.53。总的相对净资产为 -5.58%（表 7-2）。五大子系统的分项资产负债分析结果如下（图 7-12）：

（1）生存支持系统：资产累计得分为 134.00，相对资产为 69.43%；负债累计得分为 -59.00，相对负债为 -30.57%；该项相对净资产得分为 38.86%。

（2）发展支持系统：资产累计得分为 31.33，相对资产为 16.23%；负债累计得分为 -161.67，相对负债为 -83.77%；该项相对净资产得分为 -67.53%。

（3）环境支持系统：资产累计得分为 145.33，相对资产为 75.30%；负债累计得分为 -47.67，相对负债为 -24.70%；该项相对净资产得分为 50.60%。

（4）社会支持系统：资产累计得分为 79.71，相对资产为 41.30%；负债累计得分为 -113.29，相对负债为 -58.70%；该项相对净资产得分为 -17.39%。

（5）智力支持系统：资产累计得分为 16.00，相对资产为 8.29%；负债累计得分为 -177.00，相对负债为 -91.71%；该项相对净资产得分为 -83.42%。

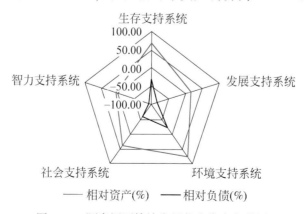

图 7-12　阿富汗可持续发展能力资产负债图

十一、不丹资产负债分析

（一） 国家概况

不丹（中文全称：不丹王国，英文名称：Kingdom of Bhutan），所属洲为亚洲，首都廷布。土地面积约为 3.81 万平方公里，人口数量约为 75.39 万人，GDP 总计 17.81亿美元，人均 GDP 约为 2362.58 美元，人类发展指数为 0.58。

（二） 可持续发展能力的资产负债分析

对不丹可持续发展能力的总资产负债水平进行分析，总资产累计得分为 107.45，相对资产为 55.67%，资产评估系数为 0.56。同时，负债累计得分为-85.55，相对负债为-44.33%，负债评估系数为-0.45。总的相对净资产为 11.35%（表7-2）。五大子系统的分项资产负债分析结果如下（图7-13）：

（1）生存支持系统：资产累计得分为 110.50，相对资产为 57.25%；负债累计得分为-82.50，相对负债为-42.75%；该项相对净资产得分为 14.51%。

（2）发展支持系统：资产累计得分为 109.33，相对资产为 56.65%；负债累计得分为-83.67，相对负债为-43.35%；该项相对净资产得分为 13.30%。

（3）环境支持系统：资产累计得分为 133.00，相对资产为 68.91%；负债累计得分为-60.00，相对负债为-31.09%；该项相对净资产得分为 37.82%。

（4）社会支持系统：资产累计得分为 109.29，相对资产为 56.62%；负债累计得分为-83.71，相对负债为-43.38%；该项相对净资产得分为 13.25%。

（5）智力支持系统：资产累计得分为 71.67，相对资产为 37.13%；负债累计得分为-121.33，相对负债为-62.87%；该项相对净资产得分为-25.73%。

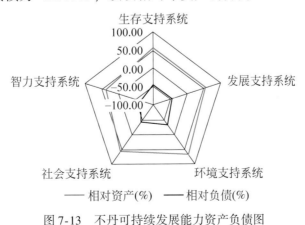

图 7-13 不丹可持续发展能力资产负债图

十二、菲律宾资产负债分析

（一）国家概况

菲律宾（中文全称：菲律宾共和国，英文名称：Republic of the Philippines），所属洲为亚洲，首都马尼拉。土地面积约为29.82万平方公里，人口数量约为0.98亿人，GDP总计0.27万亿美元，人均GDP约为2765.08美元，人类发展指数为0.66。

（二）可持续发展能力的资产负债分析

对菲律宾可持续发展能力的总资产负债水平进行分析，总资产累计得分为106.11，相对资产为54.98%，资产评估系数为0.55。同时，负债累计得分为-86.89，相对负债为-45.02%，负债评估系数为-0.45。总的相对净资产为9.96%（表7-2）。五大子系统的分项资产负债分析结果如下（图7-14）：

（1）生存支持系统：资产累计得分为119.00，相对资产为61.66%；负债累计得分为-74.00，相对负债为-38.34%；该项相对净资产得分为23.32%。

（2）发展支持系统：资产累计得分为126.86，相对资产为65.73%；负债累计得分为-66.14，相对负债为-34.27%；该项相对净资产得分为31.46%。

（3）环境支持系统：资产累计得分为138.80，相对资产为71.92%；负债累计得分为-54.20，相对负债为-28.08%；该项相对净资产得分为43.83%。

（4）社会支持系统：资产累计得分为82.00，相对资产为42.49%；负债累计得分为-111.00，相对负债为-57.51%；该项相对净资产得分为-15.03%。

（5）智力支持系统：资产累计得分为55.00，相对资产为28.50%；负债累计得分为-138.00，相对负债为-71.50%；该项相对净资产得分为-43.01%。

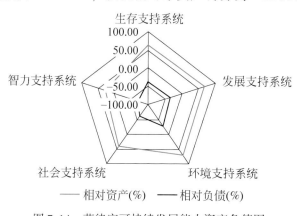

图7-14　菲律宾可持续发展能力资产负债图

十三、韩国资产负债分析

(一) 国家概况

韩国 (中文全称：大韩民国，英文名称：Republic of Korea)，所属洲为亚洲，首都首尔。土地面积约为 9.74 万平方公里，人口数量约为 0.50 亿人，GDP 总计 1.30 万亿美元，人均 GDP 约为 25 976.95 美元，人类发展指数为 0.89。

(二) 可持续发展能力的资产负债分析

对韩国可持续发展能力的总资产负债水平进行分析，总资产累计得分为 119.80，相对资产为 62.07%，资产评估系数为 0.62。同时，负债累计得分为 -73.20，相对负债为 -37.93%，负债评估系数为 -0.38。总的相对净资产为 24.15% (表7-2)。五大子系统的分项资产负债分析结果如下 (图 7-15)：

(1) 生存支持系统：资产累计得分为 77.80，相对资产为 40.31%；负债累计得分为 -115.20，相对负债为 -59.69%；该项相对净资产得分为 -19.38%。

(2) 发展支持系统：资产累计得分为 115.50，相对资产为 59.84%；负债累计得分为 -77.50，相对负债为 -40.16%；该项相对净资产得分为 19.69%。

(3) 环境支持系统：资产累计得分为 85.40，相对资产为 44.25%；负债累计得分为 -107.60，相对负债为 -55.75%；该项相对净资产得分为 -11.50%。

(4) 社会支持系统：资产累计得分为 162.20，相对资产为 84.04%；负债累计得分为 -30.80，相对负债为 -15.96%；该项相对净资产得分为 68.08%。

(5) 智力支持系统：资产累计得分为 168.75，相对资产为 87.44%；负债累计得分为 -24.25，相对负债为 -12.56%；该项相对净资产得分为 74.87%。

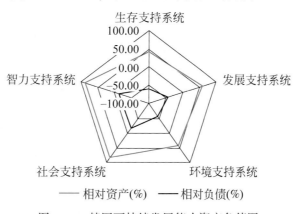

图 7-15　韩国可持续发展能力资产负债图

十四、马尔代夫资产负债分析

（一）国家概况

马尔代夫（中文全称：马尔代夫共和国，英文名称：The Republic of Maldives），所属洲为亚洲，首都马累。土地面积约为 0.03 万平方公里，人口数量约为 34.50 万人，GDP 总计 23.00 亿美元，人均 GDP 约为 6665.77 美元，人类发展指数为 0.70。

（二）可持续发展能力的资产负债分析

对马尔代夫可持续发展能力的总资产负债水平进行分析，总资产累计得分为 127.50，相对资产为 66.06%，资产评估系数为 0.66。同时，负债累计得分为 -65.50，相对负债为 -33.94%，负债评估系数为 -0.34。总的相对净资产为 32.12%（表 7-2）。五大子系统的分项资产负债分析结果如下（图 7-16）：

（1）生存支持系统：资产累计得分为 94.50，相对资产为 48.96%；负债累计得分为 -98.50，相对负债为 -51.04%；该项相对净资产得分为 -2.07%。

（2）发展支持系统：资产累计得分为 105.00，相对资产为 54.40%；负债累计得分为 -88.00，相对负债为 -45.60%；该项相对净资产得分为 8.81%。

（3）环境支持系统：资产累计得分为 125.00，相对资产为 64.77%；负债累计得分为 -68.00，相对负债为 -35.23%；该项相对净资产得分为 29.53%。

（4）社会支持系统：资产累计得分为 158.00，相对资产为 81.87%；负债累计得分为 -35.00，相对负债为 -18.13%；该项相对净资产得分为 63.73%。

（5）智力支持系统：资产累计得分为 113.00，相对资产为 58.55%；负债累计得分为 -80.00，相对负债为 -41.45%；该项相对净资产得分为 17.10%。

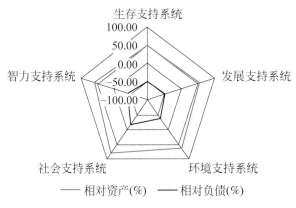

图 7-16　马尔代夫可持续发展能力资产负债图

十五、孟加拉国资产负债分析

（一）国家概况

孟加拉国（中文全称：孟加拉人民共和国，英文名称：People's Republic of Bangladesh），所属洲为亚洲，首都达卡。土地面积约为13.02万平方公里，人口数量约为1.57亿人，GDP总计0.15万亿美元，人均GDP约为957.82美元，人类发展指数为0.56。

（二）可持续发展能力的资产负债分析

对孟加拉国可持续发展能力的总资产负债水平进行分析，总资产累计得分为102.89，相对资产为53.31%，资产评估系数为0.54。同时，负债累计得分为-90.11，相对负债为-46.69%，负债评估系数为-0.47。总的相对净资产为6.62%（表7-2）。五大子系统的分项资产负债分析结果如下（图7-17）：

（1）生存支持系统：资产累计得分为86.40，相对资产为44.77%；负债累计得分为-106.60，相对负债为-55.23%；该项相对净资产得分为-10.47%。

（2）发展支持系统：资产累计得分为102.86，相对资产为53.29%；负债累计得分为-90.14，相对负债为-46.71%；该项相对净资产得分为6.59%。

（3）环境支持系统：资产累计得分为150.00，相对资产为77.72%；负债累计得分为-43.00，相对负债为-22.28%；该项相对净资产得分为55.44%。

（4）社会支持系统：资产累计得分为105.14，相对资产为54.48%；负债累计得分为-87.86，相对负债为-45.52%；该项相对净资产得分为8.96%。

（5）智力支持系统：资产累计得分为60.75，相对资产为31.48%；负债累计得分为-132.25，相对负债为-68.52%；该项相对净资产得分为-37.05%。

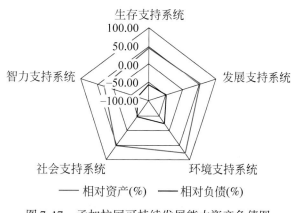

图7-17 孟加拉国可持续发展能力资产负债图

十六、日本资产负债分析

(一) 国家概况

日本（中文全称：日本国，英文名称：Japan），所属洲为亚洲，首都东京都。土地面积约为 36.46 万平方公里，人口数量约为 1.27 亿人，GDP 总计 4.92 万亿美元，人均 GDP 约为 38 633.71 美元，人类发展指数为 0.89。

(二) 可持续发展能力的资产负债分析

对日本可持续发展能力的总资产负债水平进行分析，总资产累计得分为 117.20，相对资产为 60.73%，资产评估系数为 0.61。同时，负债累计得分为 –75.80，相对负债为 –39.27%，负债评估系数为 –0.39。总的相对净资产为 21.45%（表 7-2）。五大子系统的分项资产负债分析结果如下（图 7-18）：

（1）生存支持系统：资产累计得分为 76.40，相对资产为 39.59%；负债累计得分为 –116.60，相对负债为 –60.41%；该项相对净资产得分为 –20.83%。

（2）发展支持系统：资产累计得分为 91.33，相对资产为 47.32%；负债累计得分为 –101.67，相对负债为 –52.68%；该项相对净资产得分为 –5.35%。

（3）环境支持系统：资产累计得分为 106.00，相对资产为 54.92%；负债累计得分为 –87.00，相对负债为 –45.08%；该项相对净资产得分为 9.84%。

（4）社会支持系统：资产累计得分为 172.40，相对资产为 89.33%；负债累计得分为 –20.60，相对负债为 –10.67%；该项相对净资产得分为 78.65%。

（5）智力支持系统：资产累计得分为 152.00，相对资产为 78.76%；负债累计得分为 –41.00，相对负债为 –21.24%；该项相对净资产得分为 57.51%。

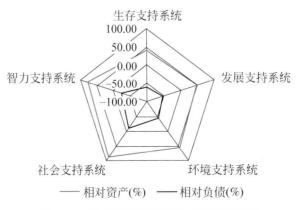

图 7-18　日本可持续发展能力资产负债图

十七、土耳其资产负债分析

（一）国家概况

土耳其（中文全称：土耳其共和国，英文名称：The Republic of Turkey），所属洲为亚洲，首都安卡拉。土地面积约为 76.96 万平方公里，人口数量约为 0.75 亿人，GDP 总计 0.82 万亿美元，人均 GDP 约为 10 971.66 美元，人类发展指数为 0.76。

（二）可持续发展能力的资产负债分析

对土耳其可持续发展能力的总资产负债水平进行分析，总资产累计得分为 116.79，相对资产为 60.51%，资产评估系数为 0.61。同时，负债累计得分为 −76.21，相对负债为 −39.49%，负债评估系数为 −0.40。总的相对净资产为 21.02%（表7-2）。五大子系统的分项资产负债分析结果如下（图7-19）：

（1）生存支持系统：资产累计得分为 119.20，相对资产为 61.76%；负债累计得分为 −73.80，相对负债为 −38.24%；该项相对净资产得分为 23.52%。

（2）发展支持系统：资产累计得分为 111.71，相对资产为 57.88%；负债累计得分为 −81.29，相对负债为 −42.12%；该项相对净资产得分为 15.77%。

（3）环境支持系统：资产累计得分为 107.40，相对资产为 55.65%；负债累计得分为 −85.60，相对负债为 −44.35%；该项相对净资产得分为 11.30%。

（4）社会支持系统：资产累计得分为 115.00，相对资产为 59.59%；负债累计得分为 −78.00，相对负债为 −40.41%；该项相对净资产得分为 19.17%。

（5）智力支持系统：资产累计得分为 133.00，相对资产为 68.91%；负债累计得分为 −60.00，相对负债为 −31.09%；该项相对净资产得分为 37.82%。

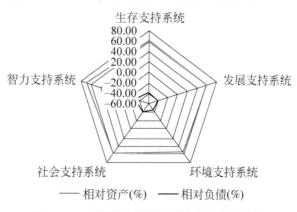

图 7-19　土耳其可持续发展能力资产负债图

十八、伊朗资产负债分析

(一) 国家概况

伊朗（中文全称：伊朗伊斯兰共和国，英文名称：The Islamic Republic of Iran），所属洲为亚洲，首都德黑兰。土地面积约为 162.86 万平方公里，人口数量约为 0.77 亿人，GDP 总计 0.37 万亿美元，人均 GDP 约为 4763.30 美元，人类发展指数为 0.75。

(二) 可持续发展能力的资产负债分析

对伊朗可持续发展能力的总资产负债水平进行分析，总资产累计得分为 108.74，相对资产为 56.34%，资产评估系数为 0.57。同时，负债累计得分为 -84.26，相对负债为 -43.66%，负债评估系数为 -0.44。总的相对净资产为 12.68%（表 7-2）。五大子系统的分项资产负债分析结果如下（图 7-20）：

（1）生存支持系统：资产累计得分为 105.20，相对资产为 54.51%；负债累计得分为 -87.80，相对负债为 -45.49%；该项相对净资产得分为 9.02%。

（2）发展支持系统：资产累计得分为 142.83，相对资产为 74.01%；负债累计得分为 -50.17，相对负债为 -25.99%；该项相对净资产得分为 48.01%。

（3）环境支持系统：资产累计得分为 63.60，相对资产为 32.95%；负债累计得分为 -129.40，相对负债为 -67.05%；该项相对净资产得分为 -34.09%。

（4）社会支持系统：资产累计得分为 82.00，相对资产为 42.49%；负债累计得分为 -111.00，相对负债为 -57.51%；该项相对净资产得分为 -15.03%。

（5）智力支持系统：资产累计得分为 148.60，相对资产为 76.99%；负债累计得分为 -44.40，相对负债为 -23.01%；该项相对净资产得分为 53.99%。

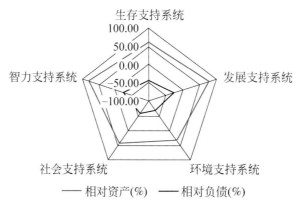

图 7-20　伊朗可持续发展能力资产负债图

十九、印度资产负债分析

（一）国家概况

印度（中文全称：印度共和国，英文名称：The Republic of India），所属洲为亚洲，首都新德里。土地面积约为297.32万平方公里，人口数量约为12.52亿人，GDP总计1.88万亿美元，人均GDP约为1497.55美元，人类发展指数为0.59。

（二）可持续发展能力的资产负债分析

对印度可持续发展能力的总资产负债水平进行分析，总资产累计得分为102.57，相对资产为53.15%，资产评估系数为0.53。同时，负债累计得分为-90.43，相对负债为-46.85%，负债评估系数为-0.47。总的相对净资产为6.29%（表7-2）。五大子系统的分项资产负债分析结果如下（图7-21）：

（1）生存支持系统：资产累计得分为125.40，相对资产为64.97%；负债累计得分为-67.60，相对负债为-35.03%；该项相对净资产得分为29.95%。

（2）发展支持系统：资产累计得分为118.29，相对资产为61.29%；负债累计得分为-74.71，相对负债为-38.71%；该项相对净资产得分为22.58%。

（3）环境支持系统：资产累计得分为75.00，相对资产为38.86%；负债累计得分为-118.00，相对负债为-61.14%；该项相对净资产得分为-22.28%。

（4）社会支持系统：资产累计得分为89.57，相对资产为46.41%；负债累计得分为-103.43，相对负债为-53.59%；该项相对净资产得分为-7.18%。

（5）智力支持系统：资产累计得分为103.75，相对资产为53.76%；负债累计得分为-89.25，相对负债为-46.24%；该项相对净资产得分为7.51%。

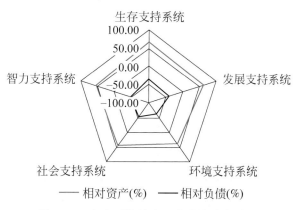

图 7-21 印度可持续发展能力资产负债图

二十、印度尼西亚资产负债分析

(一) 国家概况

印度尼西亚（中文全称：印度尼西亚共和国，英文名称：The Republic of Indonesia），所属洲为亚洲，首都印度尼西亚共和国。土地面积约为181.16万平方公里，人口数量约为2.50亿人，GDP总计0.87万亿美元，人均GDP约为3475.25美元，人类发展指数为0.68。

(二) 可持续发展能力的资产负债分析

对印度尼西亚可持续发展能力的总资产负债水平进行分析，总资产累计得分为106.21，相对资产为55.03%，资产评估系数为0.55。同时，负债累计得分为-86.79，相对负债为-44.97%，负债评估系数为-0.45。总的相对净资产为10.07%（表7-2）。五大子系统的分项资产负债分析结果如下（图7-22）：

（1）生存支持系统：资产累计得分为119.80，相对资产为62.07%；负债累计得分为-73.20，相对负债为-37.93%；该项相对净资产得分为24.15%。

（2）发展支持系统：资产累计得分为116.71，相对资产为60.47%；负债累计得分为-76.29，相对负债为-39.53%；该项相对净资产得分为20.95%。

（3）环境支持系统：资产累计得分为112.40，相对资产为58.24%；负债累计得分为-80.60，相对负债为-41.76%；该项相对净资产得分为16.48%。

（4）社会支持系统：资产累计得分为116.57，相对资产为60.40%；负债累计得分为-76.43，相对负债为-39.60%；该项相对净资产得分为20.80%。

（5）智力支持系统：资产累计得分为45.00，相对资产为23.32%；负债累计得分为-148.00，相对负债为-76.68%；该项相对净资产得分为-53.37%。

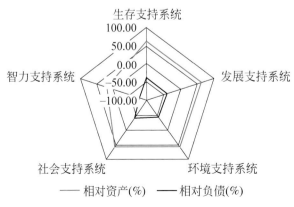

图7-22　印度尼西亚可持续发展能力资产负债图

二十一、中国资产负债分析

(一) 国家概况

中国 (中文全称：中华人民共和国，英文名称：The People's Republic of China)，所属洲为亚洲，首都北京。土地面积约为 960 万平方公里，人口数量约为 13.67 亿人，GDP 总计 10.25 万亿美元，人均 GDP 约为 7510.98 美元，人类发展指数为 0.72。

(二) 可持续发展能力的资产负债分析

对中国可持续发展能力的总资产负债水平进行分析，总资产累计得分为 124.74，相对资产为 64.63%，资产评估系数为 0.65。同时，负债累计得分为 -68.26，相对负债为 -35.37%，负债评估系数为 -0.36。总的相对净资产为 29.27% (表 7-2)。五大子系统的分项资产负债分析结果如下 (图 7-23)：

(1) 生存支持系统：资产累计得分为 133.80，相对资产为 69.33%；负债累计得分为 -59.20，相对负债为 -30.67%；该项相对净资产得分为 38.65%。

(2) 发展支持系统：资产累计得分为 129.29，相对资产为 66.99%；负债累计得分为 -63.71，相对负债为 -33.01%；该项相对净资产得分为 33.97%。

(3) 环境支持系统：资产累计得分为 86.40，相对资产为 44.77%；负债累计得分为 -106.60，相对负债为 -55.23%；该项相对净资产得分为 -10.47%。

(4) 社会支持系统：资产累计得分为 135.86，相对资产为 70.39%；负债累计得分为 -57.14，相对负债为 -29.61%；该项相对净资产得分为 40.78%。

(5) 智力支持系统：资产累计得分为 137.00，相对资产为 70.98%；负债累计得分为 -56.00，相对负债为 -29.02%；该项相对净资产得分为 41.97%。

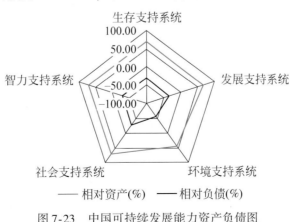

图 7-23　中国可持续发展能力资产负债图

二十二、阿尔及利亚资产负债分析

（一）国家概况

阿尔及利亚（中文全称：阿尔及利亚民主人民共和国，英文名称：People´s Democratic Republic of Algeria），所属洲为非洲，首都阿尔及尔。土地面积约为 238.17 万平方公里，人口数量约为 0.39 亿人，GDP 总计 0.21 万亿美元，人均 GDP 约为 5360.70 美元，人类发展指数为 0.72。

（二）可持续发展能力的资产负债分析

对阿尔及利亚可持续发展能力的总资产负债水平进行分析，总资产累计得分为 109.50，相对资产为 56.74%，资产评估系数为 0.57。同时，负债累计得分为 –83.50，相对负债为 –43.26%，负债评估系数为 –0.43。总的相对净资产为 13.47%（表 7-2）。五大子系统的分项资产负债分析结果如下（图 7-24）：

（1）生存支持系统：资产累计得分为 146.60，相对资产为 75.96%；负债累计得分为 –46.40，相对负债为 –24.04%；该项相对净资产得分为 51.92%。

（2）发展支持系统：资产累计得分为 110.00，相对资产为 56.99%；负债累计得分为 –83.00，相对负债为 –43.01%；该项相对净资产得分为 13.99%。

（3）环境支持系统：资产累计得分为 83.00，相对资产为 43.01%；负债累计得分为 –110.00，相对负债为 –56.99%；该项相对净资产得分为 –13.99%。

（4）社会支持系统：资产累计得分为 125.50，相对资产为 65.03%；负债累计得分为 –67.50，相对负债为 –34.97%；该项相对净资产得分为 30.05%。

（5）智力支持系统：资产累计得分为 79.50，相对资产为 41.19%；负债累计得分为 –113.50，相对负债为 –58.81%；该项相对净资产得分为 –17.62%。

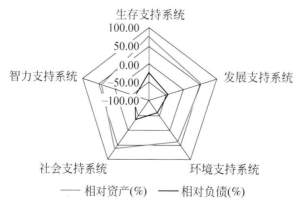

图 7-24　阿尔及利亚可持续发展能力资产负债图

二十三、埃及资产负债分析

（一）国家概况

埃及（中文全称：阿拉伯埃及共和国，英文名称：The Arab Republic of Egypt），所属洲为非洲，首都开罗。土地面积约为 99.55 万平方公里，人口数量约为 0.82 亿人，GDP 总计 0.27 万亿美元，人均 GDP 约为 3314.46 美元，人类发展指数为 0.68。

（二）可持续发展能力的资产负债分析

对埃及可持续发展能力的总资产负债水平进行分析，总资产累计得分为 101.03，相对资产为 52.35%，资产评估系数为 0.53。同时，负债累计得分为 -91.97，相对负债为 -47.65%，负债评估系数为 -0.48。总的相对净资产为 4.70%（表 7-2）。五大子系统的分项资产负债分析结果如下（图 7-25）：

（1）生存支持系统：资产累计得分为 98.40，相对资产为 50.98%；负债累计得分为 -94.60，相对负债为 -49.02%；该项相对净资产得分为 1.97%。

（2）发展支持系统：资产累计得分为 118.57，相对资产为 61.44%；负债累计得分为 -74.43，相对负债为 -38.56%；该项相对净资产得分为 22.87%。

（3）环境支持系统：资产累计得分为 81.60，相对资产为 42.28%；负债累计得分为 -111.40，相对负债为 -57.72%；该项相对净资产得分为 -15.44%。

（4）社会支持系统：资产累计得分为 116.29，相对资产为 60.25%；负债累计得分为 -76.71，相对负债为 -39.75%；该项相对净资产得分为 20.50%。

（5）智力支持系统：资产累计得分为 77.20，相对资产为 40.00%；负债累计得分为 -115.80，相对负债为 -60.00%；该项相对净资产得分为 -20.00%。

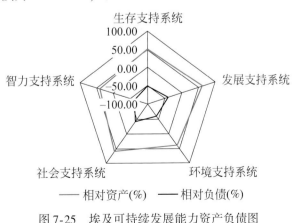

图 7-25 埃及可持续发展能力资产负债图

二十四、埃塞俄比亚资产负债分析

（一）国家概况

埃塞俄比亚（中文全称：埃塞俄比亚联邦民主共和国，英文名称：The Federal Democratic Republic of Ethiopia），所属洲为非洲，首都亚的斯亚贝巴。土地面积约为 100.00 万平方公里，人口数量约为 0.94 亿人，GDP 总计 0.05 万亿美元，人均 GDP 约为 505.05 美元，人类发展指数为 0.44。

（二）可持续发展能力的资产负债分析

对埃塞俄比亚可持续发展能力的总资产负债水平进行分析，总资产累计得分为 92.21，相对资产为 47.78%，资产评估系数为 0.48。同时，负债累计得分为 –100.79，相对负债为 –52.22%，负债评估系数为 –0.52。总的相对净资产为 –4.45%（表 7-2）。五大子系统的分项资产负债分析结果如下（图 7-26）：

（1）生存支持系统：资产累计得分为 99.80，相对资产为 51.71%；负债累计得分为 –93.20，相对负债为 –48.29%；该项相对净资产得分为 3.42%。

（2）发展支持系统：资产累计得分为 78.40，相对资产为 40.62%；负债累计得分为 –114.60，相对负债为 –59.38%；该项相对净资产得分为 –18.76%。

（3）环境支持系统：资产累计得分为 125.75，相对资产为 65.16%；负债累计得分为 –67.25，相对负债为 –34.84%；该项相对净资产得分为 30.31%。

（4）社会支持系统：资产累计得分为 80.57，相对资产为 41.75%；负债累计得分为 –112.43，相对负债为 –58.25%；该项相对净资产得分为 –16.51%。

（5）智力支持系统：资产累计得分为 85.00，相对资产为 44.04%；负债累计得分为 –108.00，相对负债为 –55.96%；该项相对净资产得分为 –11.92%。

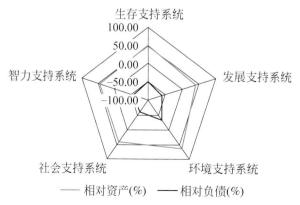

图 7-26　埃塞俄比亚可持续发展能力资产负债图

二十五、喀麦隆资产负债分析

（一）国家概况

喀麦隆（中文全称：喀麦隆共和国，英文名称：Republic of Cameroon），所属洲为非洲，首都雅温得。土地面积约为47.27万平方公里，人口数量约为0.22亿人，GDP总计0.03万亿美元，人均GDP约为1328.64美元，人类发展指数为0.50。

（二）可持续发展能力的资产负债分析

对喀麦隆可持续发展能力的总资产负债水平进行分析，总资产累计得分为97.42，相对资产为50.47%，资产评估系数为0.51。同时，负债累计得分为-95.58，相对负债为-49.53%，负债评估系数为-0.50。总的相对净资产为0.95%（表7-2）。五大子系统的分项资产负债分析结果如下（图7-27）：

（1）生存支持系统：资产累计得分为118.00，相对资产为61.14%；负债累计得分为-75.00，相对负债为-38.86%；该项相对净资产得分为22.28%。

（2）发展支持系统：资产累计得分为89.20，相对资产为46.22%；负债累计得分为-103.80，相对负债为-53.78%；该项相对净资产得分为-7.56%。

（3）环境支持系统：资产累计得分为129.00，相对资产为66.84%；负债累计得分为-64.00，相对负债为-33.16%；该项相对净资产得分为33.68%。

（4）社会支持系统：资产累计得分为79.71，相对资产为41.30%；负债累计得分为-113.29，相对负债为-58.70%；该项相对净资产得分为-17.39%。

（5）智力支持系统：资产累计得分为49.50，相对资产为25.65%；负债累计得分为-143.50，相对负债为-74.35%；该项相对净资产得分为-48.70%。

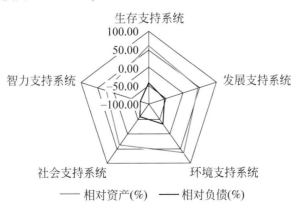

图7-27　喀麦隆可持续发展能力资产负债图

二十六、肯尼亚资产负债分析

（一）国家概况

肯尼亚（中文全称：肯尼亚共和国，英文名称：The Republic of Kenya），所属洲为非洲，首都内罗毕。土地面积约为 56.91 万平方公里，人口数量约为 0.44 亿人，GDP 总计 0.06 万亿美元，人均 GDP 约为 1245.51 美元，人类发展指数为 0.54。

（二）可持续发展能力的资产负债分析

对肯尼亚可持续发展能力的总资产负债水平进行分析，总资产累计得分为 94.54，相对资产为 48.98%，资产评估系数为 0.49。同时，负债累计得分为 -98.46，相对负债为 -51.02%，负债评估系数为 -0.51。总的相对净资产为 -2.03%（表 7-2）。五大子系统的分项资产负债分析结果如下（图 7-28）：

（1）生存支持系统：资产累计得分为 95.80，相对资产为 49.64%；负债累计得分为 -97.20，相对负债为 -50.36%；该项相对净资产得分为 -0.73%。

（2）发展支持系统：资产累计得分为 101.00，相对资产为 52.33%；负债累计得分为 -92.00，相对负债为 -47.67%；该项相对净资产得分为 4.66%。

（3）环境支持系统：资产累计得分为 138.60，相对资产为 71.81%；负债累计得分为 -54.40，相对负债为 -28.19%；该项相对净资产得分为 43.63%。

（4）社会支持系统：资产累计得分为 64.71，相对资产为 33.53%；负债累计得分为 -128.29，相对负债为 -66.47%；该项相对净资产得分为 -32.94%。

（5）智力支持系统：资产累计得分为 82.00，相对资产为 42.49%；负债累计得分为 -111.00，相对负债为 -57.51%；该项相对净资产得分为 -15.03%。

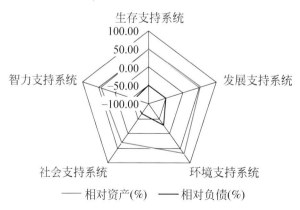

图 7-28　肯尼亚可持续发展能力资产负债图

二十七、利比亚资产负债分析

（一）国家概况

利比亚（中文全称：利比亚国，英文名称：State of Libya），所属洲为非洲，首都的黎波里。土地面积约为 175.95 万平方公里，人口数量约为 0.06 亿人，GDP 总计 0.07 万亿美元，人均 GDP 约为 11 964.73 美元，人类发展指数为 0.78。

（二）可持续发展能力的资产负债分析

对利比亚可持续发展能力的总资产负债水平进行分析，总资产累计得分为 86.80，相对资产为 44.97%，资产评估系数为 0.45。同时，负债累计得分为 -106.20，相对负债为 -55.03%，负债评估系数为 -0.55。总的相对净资产为 -10.05%（表 7-2）。五大子系统的分项资产负债分析结果如下（图 7-29）：

（1）生存支持系统：资产累计得分为 82.20，相对资产为 42.59%；负债累计得分为 -110.80，相对负债为 -57.41%；该项相对净资产得分为 -14.82%。

（2）发展支持系统：资产累计得分为 105.00，相对资产为 54.40%；负债累计得分为 -88.00，相对负债为 -45.60%；该项相对净资产得分为 8.81%。

（3）环境支持系统：资产累计得分为 17.60，相对资产为 9.12%；负债累计得分为 -175.40，相对负债为 -90.88%；该项相对净资产得分为 -81.76%。

（4）社会支持系统：资产累计得分为 139.25，相对资产为 72.15%；负债累计得分为 -53.75，相对负债为 -27.85%；该项相对净资产得分为 44.30%。

（5）智力支持系统：资产累计得分为 130.00，相对资产为 67.36%；负债累计得分为 -63.00，相对负债为 -32.64%；该项相对净资产得分为 34.72%。

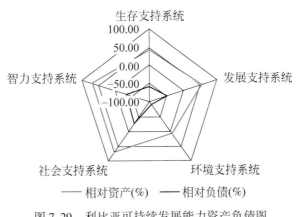

图 7-29 利比亚可持续发展能力资产负债图

二十八、毛里求斯资产负债分析

（一）国家概况

毛里求斯（中文全称：毛里求斯共和国，英文名称：The Republic of Mauritius），所属洲为非洲，首都路易港。土地面积约为 0.20 万平方公里，人口数量约为 0.01 亿人，GDP 总计 0.01 万亿美元，人均 GDP 约为 9477.79 美元，人类发展指数为 0.77。

（二）可持续发展能力的资产负债分析

对毛里求斯可持续发展能力的总资产负债水平进行分析，总资产累计得分为 116.45，相对资产为 60.34%，资产评估系数为 0.61。同时，负债累计得分为 -76.55，相对负债为 -39.66%，负债评估系数为 -0.40。总的相对净资产为 20.67%（表 7-2）。五大子系统的分项资产负债分析结果如下（图 7-30）：

（1）生存支持系统：资产累计得分为 144.75，相对资产为 75.00%；负债累计得分为 -48.25，相对负债为 -25.00%；该项相对净资产得分为 50.00%。

（2）发展支持系统：资产累计得分为 95.00，相对资产为 49.22%；负债累计得分为 -98.00，相对负债为 -50.78%；该项相对净资产得分为 -1.55%。

（3）环境支持系统：资产累计得分为 139.00，相对资产为 72.02%；负债累计得分为 -54.00，相对负债为 -27.98%；该项相对净资产得分为 44.04%。

（4）社会支持系统：资产累计得分为 101.00，相对资产为 52.33%；负债累计得分为 -92.00，相对负债为 -47.67%；该项相对净资产得分为 4.66%。

（5）智力支持系统：资产累计得分为 101.00，相对资产为 52.33%；负债累计得分为 -92.00，相对负债为 -47.67%；该项相对净资产得分为 4.66%。

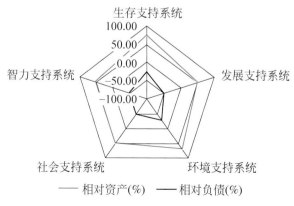

图 7-30　毛里求斯可持续发展能力资产负债图

二十九、摩洛哥资产负债分析

（一） 国家概况

摩洛哥（中文全称：摩洛哥王国，英文名称：The Kingdom of Morocco），所属洲为非洲，首都拉巴特。土地面积约为 44.63 万平方公里，人口数量约为 0.33 亿人，GDP 总计 0.10 万亿美元，人均 GDP 约为 3092.61 美元，人类发展指数为 0.62。

（二） 可持续发展能力的资产负债分析

对摩洛哥可持续发展能力的总资产负债水平进行分析，总资产累计得分为 93.08，相对资产为 48.23%，资产评估系数为 0.48。同时，负债累计得分为 -99.92，相对负债为 -51.77%，负债评估系数为 -0.52。总的相对净资产为 -3.54%（表7-2）。五大子系统的分项资产负债分析结果如下（图7-31）：

（1） 生存支持系统：资产累计得分为 99.60，相对资产为 51.61%；负债累计得分为 -93.40，相对负债为 -48.39%；该项相对净资产得分为 3.21%。

（2） 发展支持系统：资产累计得分为 94.40，相对资产为 48.91%；负债累计得分为 -98.60，相对负债为 -51.09%；该项相对净资产得分为 -2.18%。

（3） 环境支持系统：资产累计得分为 94.20，相对资产为 48.81%；负债累计得分为 -98.80，相对负债为 -51.19%；该项相对净资产得分为 -2.38%。

（4） 社会支持系统：资产累计得分为 91.17，相对资产为 47.24%；负债累计得分为 -101.83，相对负债为 -52.76%；该项相对净资产得分为 -5.53%。

（5） 智力支持系统：资产累计得分为 84.75，相对资产为 43.91%；负债累计得分为 -108.25，相对负债为 -56.09%；该项相对净资产得分为 -12.18%。

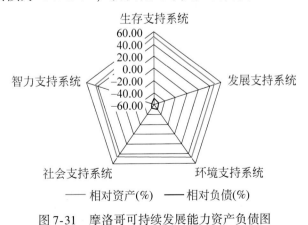

图 7-31 摩洛哥可持续发展能力资产负债图

三十、莫桑比克资产负债分析

（一）国家概况

莫桑比克（中文全称：莫桑比克共和国，英文名称：The Republic of Mozambique），所属洲为非洲，首都马普托。土地面积约为 78.64 万平方公里，人口数量约为 0.26 亿人，GDP 总计 0.02 万亿美元，人均 GDP 约为 605.03 美元，人类发展指数为 0.39。

（二）可持续发展能力的资产负债分析

对莫桑比克可持续发展能力的总资产负债水平进行分析，总资产累计得分为 102.92，相对资产为 53.33%，资产评估系数为 0.54。同时，负债累计得分为 -90.08，相对负债为 -46.67%，负债评估系数为 -0.47。总的相对净资产为 6.65%（表 7-2）。五大子系统的分项资产负债分析结果如下（图 7-32）：

（1）生存支持系统：资产累计得分为 118.60，相对资产为 61.45%；负债累计得分为 -74.40，相对负债为 -38.55%；该项相对净资产得分为 22.90%。

（2）发展支持系统：资产累计得分为 124.00，相对资产为 64.25%；负债累计得分为 -69.00，相对负债为 -35.75%；该项相对净资产得分为 28.50%。

（3）环境支持系统：资产累计得分为 175.00，相对资产为 90.67%；负债累计得分为 -18.00，相对负债为 -9.33%；该项相对净资产得分为 81.35%。

（4）社会支持系统：资产累计得分为 34.29，相对资产为 17.76%；负债累计得分为 -158.71，相对负债为 -82.24%；该项相对净资产得分为 -64.47%。

（5）智力支持系统：资产累计得分为 81.67，相对资产为 42.31%；负债累计得分为 -111.33，相对负债为 -57.69%；该项相对净资产得分为 -15.37%。

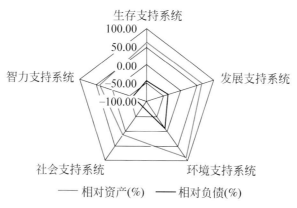

图 7-32　莫桑比克可持续发展能力资产负债图

三十一、南非资产负债分析

(一) 国家概况

南非 (中文全称: 南非共和国, 英文名称: The Republic of South Africa), 所属洲为非洲, 首都茨瓦内。土地面积约为 121.31 万平方公里, 人口数量约为 0.53 亿人, GDP 总计 0.37 万亿美元, 人均 GDP 约为 6886.29 美元, 人类发展指数为 0.66。

(二) 可持续发展能力的资产负债分析

对南非可持续发展能力的总资产负债水平进行分析, 总资产累计得分为 102.61, 相对资产为 53.16%, 资产评估系数为 0.53。同时, 负债累计得分为 -90.39, 相对负债为 -46.84%, 负债评估系数为 -0.47。总的相对净资产为 6.33% (表 7-2)。五大子系统的分项资产负债分析结果如下 (图 7-33):

(1) 生存支持系统: 资产累计得分为 110.40, 相对资产为 57.20%; 负债累计得分为 -82.60, 相对负债为 -42.80%; 该项相对净资产得分为 14.40%。

(2) 发展支持系统: 资产累计得分为 102.71, 相对资产为 53.22%; 负债累计得分为 -90.29, 相对负债为 -46.78%; 该项相对净资产得分为 6.44%。

(3) 环境支持系统: 资产累计得分为 73.60, 相对资产为 38.13%; 负债累计得分为 -119.40, 相对负债为 -61.87%; 该项相对净资产得分为 -23.73%。

(4) 社会支持系统: 资产累计得分为 83.33, 相对资产为 43.18%; 负债累计得分为 -109.67, 相对负债为 -56.82%; 该项相对净资产得分为 -13.64%。

(5) 智力支持系统: 资产累计得分为 146.80, 相对资产为 76.06%; 负债累计得分为 -46.20, 相对负债为 -23.94%; 该项相对净资产得分为 52.12%。

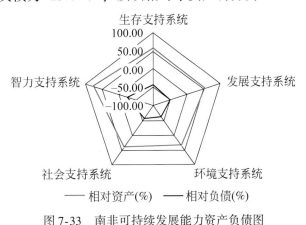

图 7-33　南非可持续发展能力资产负债图

三十二、尼日利亚资产负债分析

（一）国家概况

尼日利亚（中文全称：尼日利亚联邦共和国，英文名称：Federal Republic of Nigeria），所属洲为非洲，首都阿布贾。土地面积约为 91.08 万平方公里，人口数量约为 1.74 亿人，GDP 总计 0.52 万亿美元，人均 GDP 约为 3005.51 美元，人类发展指数为 0.50。

（二）可持续发展能力的资产负债分析

对尼日利亚可持续发展能力的总资产负债水平进行分析，总资产累计得分为 95.17，相对资产为 49.31%，资产评估系数为 0.50。同时，负债累计得分为 -97.83，相对负债为 -50.69%，负债评估系数为 -0.51。总的相对净资产为 -1.38%（表 7-2）。五大子系统的分项资产负债分析结果如下（图 7-34）：

（1）生存支持系统：资产累计得分为 103.40，相对资产为 53.58%；负债累计得分为 -89.60，相对负债为 -46.42%；该项相对净资产得分为 7.15%。

（2）发展支持系统：资产累计得分为 121.20，相对资产为 62.80%；负债累计得分为 -71.80，相对负债为 -37.20%；该项相对净资产得分为 25.60%。

（3）环境支持系统：资产累计得分为 80.00，相对资产为 41.45%；负债累计得分为 -113.00，相对负债为 -58.55%；该项相对净资产得分为 -17.10%。

（4）社会支持系统：资产累计得分为 82.33，相对资产为 42.66%；负债累计得分为 -110.67，相对负债为 -57.34%；该项相对净资产得分为 -14.68%。

（5）智力支持系统：资产累计得分为 89.00，相对资产为 46.11%；负债累计得分为 -104.00，相对负债为 -53.89%；该项相对净资产得分为 -7.77%。

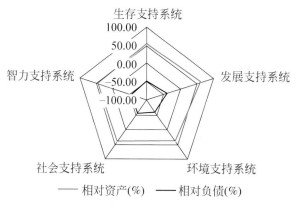

图 7-34　尼日利亚可持续发展能力资产负债图

三十三、苏丹资产负债分析

（一）国家概况

苏丹（中文全称：苏丹共和国，英文名称：The Republic of Sudan），所属洲为非洲，首都喀土穆。土地面积约为 237.60 万平方公里，人口数量约为 0.38 亿人，GDP总计 0.07 万亿美元，人均 GDP 约为 1753.38 美元，人类发展指数为 0.47。

（二）可持续发展能力的资产负债分析

对苏丹可持续发展能力的总资产负债水平进行分析，总资产累计得分为 89.52，相对资产为 46.39%，资产评估系数为 0.47。同时，负债累计得分为 -103.48，相对负债为 -53.61%，负债评估系数为 -0.54。总的相对净资产为 -7.23%（表7-2）。五大子系统的分项资产负债分析结果如下（图7-35）：

（1）生存支持系统：资产累计得分为 83.20，相对资产为 43.11%；负债累计得分为 -109.80，相对负债为 -56.89%；该项相对净资产得分为 -13.78%。

（2）发展支持系统：资产累计得分为 131.60，相对资产为 68.19%；负债累计得分为 -61.40，相对负债为 -31.81%；该项相对净资产得分为 36.37%。

（3）环境支持系统：资产累计得分为 91.75，相对资产为 47.54%；负债累计得分为 -101.25，相对负债为 -52.46%；该项相对净资产得分为 -4.92%。

（4）社会支持系统：资产累计得分为 78.00，相对资产为 40.41%；负债累计得分为 -115.00，相对负债为 -59.59%；该项相对净资产得分为 -19.17%。

（5）智力支持系统：资产累计得分为 24.50，相对资产为 12.69%；负债累计得分为 -168.50，相对负债为 -87.31%；该项相对净资产得分为 -74.61%。

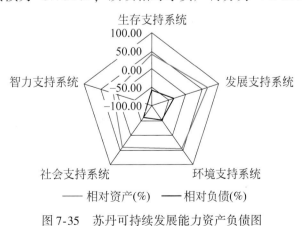

图 7-35　苏丹可持续发展能力资产负债图

三十四、中非资产负债分析

（一）国家概况

中非（中文全称：中非共和国，英文名称：The Central African Republic），所属洲为非洲，首都班吉。土地面积约为 62.30 万平方公里，人口数量约为 461.64 万人，GDP 总计 15.38 亿美元，人均 GDP 约为 333.20 美元，人类发展指数为 0.34。

（二）可持续发展能力的资产负债分析

对中非可持续发展能力的总资产负债水平进行分析，总资产累计得分为 78.17，相对资产为 40.50%，资产评估系数为 0.41。同时，负债累计得分为 -114.83，相对负债为 -59.50%，负债评估系数为 -0.60。总的相对净资产为 -19.00%（表 7-2）。五大子系统的分项资产负债分析结果如下（图 7-36）：

（1）生存支持系统：资产累计得分为 116.25，相对资产为 60.23%；负债累计得分为 -76.75，相对负债为 -39.77%；该项相对净资产得分为 20.47%。

（2）发展支持系统：资产累计得分为 95.00，相对资产为 49.22%；负债累计得分为 -98.00，相对负债为 -50.78%；该项相对净资产得分为 -1.55%。

（3）环境支持系统：资产累计得分为 176.33，相对资产为 91.36%；负债累计得分为 -16.67，相对负债为 -8.64%；该项相对净资产得分为 82.73%。

（4）社会支持系统：资产累计得分为 28.14，相对资产为 14.58%；负债累计得分为 -164.86，相对负债为 -85.42%；该项相对净资产得分为 -70.84%。

（5）智力支持系统：资产累计得分为 13.00，相对资产为 6.74%；负债累计得分为 -180.00，相对负债为 -93.26%；该项相对净资产得分为 -86.53%。

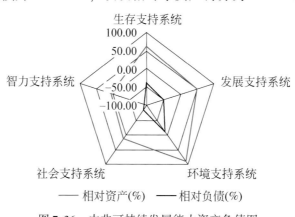

图 7-36　中非可持续发展能力资产负债图

三十五、洪都拉斯资产负债分析

（一）国家概况

洪都拉斯（中文全称：洪都拉斯共和国，英文名称：Republic of Honduras），所属洲为北美洲，首都特古西加尔巴。土地面积约为 11.19 万平方公里，人口数量约为 0.08 亿人，GDP 总计 0.02 万亿美元，人均 GDP 约为 2290.78 美元，人类发展指数为 0.62。

（二）可持续发展能力的资产负债分析

对洪都拉斯可持续发展能力的总资产负债水平进行分析，总资产累计得分为 102.96，相对资产为 53.35%，资产评估系数为 0.54。同时，负债累计得分为-90.04，相对负债为-46.65%，负债评估系数为-0.47。总的相对净资产为 6.69%（表7-2）。五大子系统的分项资产负债分析结果如下（图7-37）：

（1）生存支持系统：资产累计得分为 140.60，相对资产为 72.85%；负债累计得分为-52.40，相对负债为-27.15%；该项相对净资产得分为 45.70%。

（2）发展支持系统：资产累计得分为 99.60，相对资产为 51.61%；负债累计得分为-93.40，相对负债为-48.39%；该项相对净资产得分为 3.21%。

（3）环境支持系统：资产累计得分为 121.20，相对资产为 62.80%；负债累计得分为-71.80，相对负债为-37.20%；该项相对净资产得分为 25.60%。

（4）社会支持系统：资产累计得分为 85.43，相对资产为 44.26%；负债累计得分为-107.57，相对负债为-55.74%；该项相对净资产得分为-11.47%。

（5）智力支持系统：资产累计得分为 56.33，相对资产为 29.19%；负债累计得分为-136.67，相对负债为-70.81%；该项相对净资产得分为-41.62%。

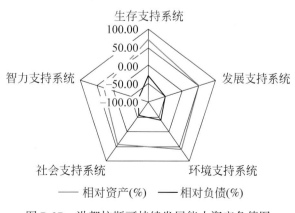

图 7-37　洪都拉斯可持续发展能力资产负债图

三十六、加拿大资产负债分析

(一) 国家概况

加拿大（中文全称：加拿大，英文名称：Canada），所属洲为北美洲，首都渥太华。土地面积约为909.35万平方公里，人口数量约为0.35亿人，GDP总计1.83万亿美元，人均GDP约为51 964.33美元，人类发展指数为0.90。

(二) 可持续发展能力的资产负债分析

对加拿大可持续发展能力的总资产负债水平进行分析，总资产累计得分为144.77，相对资产为75.01%，资产评估系数为0.75。同时，负债累计得分为-48.23，相对负债为-24.99%，负债评估系数为-0.25。总的相对净资产为50.02%（表7-2）。五大子系统的分项资产负债分析结果如下（图7-38）：

（1）生存支持系统：资产累计得分为143.20，相对资产为74.20%；负债累计得分为-49.80，相对负债为-25.80%；该项相对净资产得分为48.39%。

（2）发展支持系统：资产累计得分为125.33，相对资产为64.94%；负债累计得分为-67.67，相对负债为-35.06%；该项相对净资产得分为29.88%。

（3）环境支持系统：资产累计得分为139.60，相对资产为72.33%；负债累计得分为-53.40，相对负债为-27.67%；该项相对净资产得分为44.66%。

（4）社会支持系统：资产累计得分为157.33，相对资产为81.52%；负债累计得分为-35.67，相对负债为-18.48%；该项相对净资产得分为63.04%。

（5）智力支持系统：资产累计得分为163.50，相对资产为84.72%；负债累计得分为-29.50，相对负债为-15.28%；该项相对净资产得分为69.43%。

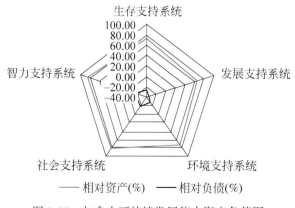

图 7-38　加拿大可持续发展能力资产负债图

三十七、美国资产负债分析

（一）国家概况

美国（中文全称：美利坚合众国，英文名称：The United States of America），所属洲为北美洲，首都华盛顿。土地面积约为 914.74 万平方公里，人口数量约为 3.16 亿人，GDP 总计 16.77 万亿美元，人均 GDP 约为 53 041.98 美元，人类发展指数为 0.91。

（二）可持续发展能力的资产负债分析

对美国可持续发展能力的总资产负债水平进行分析，总资产累计得分为 125.38，相对资产为 64.97%，资产评估系数为 0.65。同时，负债累计得分为 -67.62，相对负债为 -35.03%，负债评估系数为 -0.35。总的相对净资产为 29.93%（表7-2）。五大子系统的分项资产负债分析结果如下（图7-39）：

（1）生存支持系统：资产累计得分为 142.00，相对资产为 73.58%；负债累计得分为 -51.00，相对负债为 -26.42%；该项相对净资产得分为 47.15%。

（2）发展支持系统：资产累计得分为 94.33，相对资产为 48.88%；负债累计得分为 -98.67，相对负债为 -51.12%；该项相对净资产得分为 -2.25%。

（3）环境支持系统：资产累计得分为 104.20，相对资产为 53.99%；负债累计得分为 -88.80，相对负债为 -46.01%；该项相对净资产得分为 7.98%。

（4）社会支持系统：资产累计得分为 128.67，相对资产为 66.67%；负债累计得分为 -64.33，相对负债为 -33.33%；该项相对净资产得分为 33.33%。

（5）智力支持系统：资产累计得分为 172.75，相对资产为 89.51%；负债累计得分为 -20.25，相对负债为 -10.49%；该项相对净资产得分为 79.02%。

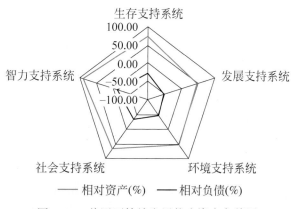

图 7-39　美国可持续发展能力资产负债图

三十八、墨西哥资产负债分析

(一) 国家概况

墨西哥（中文全称：墨西哥合众国，英文名称：The United States of Mexico），所属洲为北美洲，首都墨西哥城。土地面积约为 194.40 万平方公里，人口数量约为 1.22 亿人，GDP 总计 1.26 万亿美元，人均 GDP 约为 10 307.28 美元，人类发展指数为 0.76。

(二) 可持续发展能力的资产负债分析

对墨西哥可持续发展能力的总资产负债水平进行分析，总资产累计得分为 120.21，相对资产为 62.28%，资产评估系数为 0.63。同时，负债累计得分为 -72.79，相对负债为 -37.72%，负债评估系数为 -0.38。总的相对净资产为 24.57%（表 7-2）。五大子系统的分项资产负债分析结果如下（图 7-40）：

（1）生存支持系统：资产累计得分为 131.80，相对资产为 68.29%；负债累计得分为 -61.20，相对负债为 -31.71%；该项相对净资产得分为 36.58%。

（2）发展支持系统：资产累计得分为 137.29，相对资产为 71.13%；负债累计得分为 -55.71，相对负债为 -28.87%；该项相对净资产得分为 42.26%。

（3）环境支持系统：资产累计得分为 92.20，相对资产为 47.77%；负债累计得分为 -100.80，相对负债为 -52.23%；该项相对净资产得分为 -4.46%。

（4）社会支持系统：资产累计得分为 127.29，相对资产为 65.95%；负债累计得分为 -65.71，相对负债为 -34.05%；该项相对净资产得分为 31.90%。

（5）智力支持系统：资产累计得分为 102.80，相对资产为 53.26%；负债累计得分为 -90.20，相对负债为 -46.74%；该项相对净资产得分为 6.53%。

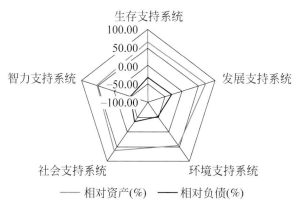

图 7-40　墨西哥可持续发展能力资产负债图

三十九、牙买加资产负债分析

（一）国家概况

牙买加（中文全称：牙买加，英文名称：Jamaica），所属洲为北美洲，首都金斯敦。土地面积约为 1.08 万平方公里，人口数量约为 0.03 亿人，GDP 总计 0.01 万亿美元，人均 GDP 约为 5290.49 美元，人类发展指数为 0.72。

（二）可持续发展能力的资产负债分析

对牙买加可持续发展能力的总资产负债水平进行分析，总资产累计得分为 104.75，相对资产为 54.27%，资产评估系数为 0.55。同时，负债累计得分为 -88.25，相对负债为 -45.73%，负债评估系数为 -0.46。总的相对净资产为 8.55%（表 7-2）。五大子系统的分项资产负债分析结果如下（图 7-41）：

（1）生存支持系统：资产累计得分为 106.00，相对资产为 54.92%；负债累计得分为 -87.00，相对负债为 -45.08%；该项相对净资产得分为 9.84%。

（2）发展支持系统：资产累计得分为 129.25，相对资产为 66.97%；负债累计得分为 -63.75，相对负债为 -33.03%；该项相对净资产得分为 33.94%。

（3）环境支持系统：资产累计得分为 108.40，相对资产为 56.17%；负债累计得分为 -84.60，相对负债为 -43.83%；该项相对净资产得分为 12.33%。

（4）社会支持系统：资产累计得分为 81.00，相对资产为 41.97%；负债累计得分为 -112.00，相对负债为 -58.03%；该项相对净资产得分为 -16.06%。

（5）智力支持系统：资产累计得分为 109.75，相对资产为 56.87%；负债累计得分为 -83.25，相对负债为 -43.13%；该项相对净资产得分为 13.73%。

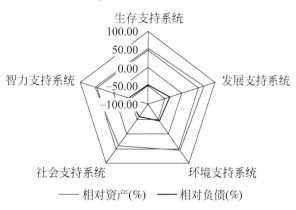

图 7-41 牙买加可持续发展能力资产负债图

四十、阿根廷资产负债分析

（一）国家概况

阿根廷（中文全称：阿根廷共和国，英文名称：The Republic of Argentina），所属洲为南美洲，首都布宜诺斯艾利斯。土地面积约为273.67万平方公里，人口数量约为0.41亿人，GDP总计0.61万亿美元，人均GDP约为14 715.18美元，人类发展指数为0.81。

（二）可持续发展能力的资产负债分析

对阿根廷可持续发展能力的总资产负债水平进行分析，总资产累计得分为119.54，相对资产为61.94%，资产评估系数为0.62。同时，负债累计得分为-73.46，相对负债为-38.06%，负债评估系数为-0.38。总的相对净资产为23.87%（表7-2）。五大子系统的分项资产负债分析结果如下（图7-42）：

（1）生存支持系统：资产累计得分为119.40，相对资产为61.87%；负债累计得分为-73.60，相对负债为-38.13%；该项相对净资产得分为23.73%。

（2）发展支持系统：资产累计得分为142.17，相对资产为73.66%；负债累计得分为-50.83，相对负债为-26.34%；该项相对净资产得分为47.32%。

（3）环境支持系统：资产累计得分为76.80，相对资产为39.79%；负债累计得分为-116.20，相对负债为-60.21%；该项相对净资产得分为-20.41%。

（4）社会支持系统：资产累计得分为119.14，相对资产为61.73%；负债累计得分为-73.86，相对负债为-38.27%；该项相对净资产得分为23.46%。

（5）智力支持系统：资产累计得分为135.80，相对资产为70.36%；负债累计得分为-57.20，相对负债为-29.64%；该项相对净资产得分为40.73%。

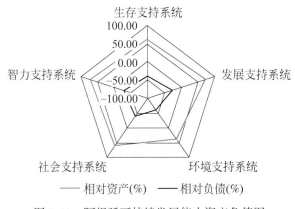

图7-42 阿根廷可持续发展能力资产负债图

四十一、巴西资产负债分析

（一）国家概况

巴西（中文全称：巴西联邦共和国，英文名称：The Federative Republic of Brazil），所属洲为南美洲，首都巴西利亚。土地面积约为835.81万平方公里，人口数量约为2.00亿人，GDP总计2.25万亿美元，人均GDP约为11 208.08美元，人类发展指数为0.74。

（二）可持续发展能力的资产负债分析

对巴西可持续发展能力的总资产负债水平进行分析，总资产累计得分为128.83，相对资产为66.75%，资产评估系数为0.67。同时，负债累计得分为-64.17，相对负债为-33.25%，负债评估系数为-0.33。总的相对净资产为33.50%（表7-2）。五大子系统的分项资产负债分析结果如下（图7-43）：

（1）生存支持系统：资产累计得分为153.60，相对资产为79.59%；负债累计得分为-39.40，相对负债为-20.41%；该项相对净资产得分为59.17%。

（2）发展支持系统：资产累计得分为132.14，相对资产为68.47%；负债累计得分为-60.86，相对负债为-31.53%；该项相对净资产得分为36.94%。

（3）环境支持系统：资产累计得分为126.80，相对资产为65.70%；负债累计得分为-66.20，相对负债为-34.30%；该项相对净资产得分为31.40%。

（4）社会支持系统：资产累计得分为117.71，相对资产为60.99%；负债累计得分为-75.29，相对负债为-39.01%；该项相对净资产得分为21.98%。

（5）智力支持系统：资产累计得分为117.00，相对资产为60.62%；负债累计得分为-76.00，相对负债为-39.38%；该项相对净资产得分为21.24%。

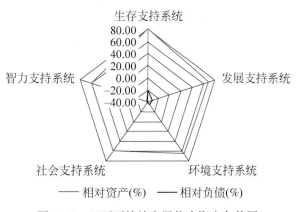

图7-43 巴西可持续发展能力资产负债图

四十二、哥伦比亚资产负债分析

（一）国家概况

哥伦比亚（中文全称：哥伦比亚共和国，英文名称：The Republic of Colombia），所属洲为南美洲，首都圣菲波哥大。土地面积约为 110.95 万平方公里，人口数量约为 0.48 亿人，GDP 总计 0.38 万亿美元，人均 GDP 约为 7831.22 美元，人类发展指数为 0.71。

（二）可持续发展能力的资产负债分析

对哥伦比亚可持续发展能力的总资产负债水平进行分析，总资产累计得分为 113.43，相对资产为 58.77%，资产评估系数为 0.59。同时，负债累计得分为 -79.57，相对负债为 -41.23%，负债评估系数为 -0.41。总的相对净资产为 17.54%（表 7-2）。五大子系统的分项资产负债分析结果如下（图 7-44）：

（1）生存支持系统：资产累计得分为 123.80，相对资产为 64.15%；负债累计得分为 -69.20，相对负债为 -35.85%；该项相对净资产得分为 28.29%。

（2）发展支持系统：资产累计得分为 143.43，相对资产为 74.32%；负债累计得分为 -49.57，相对负债为 -25.68%；该项相对净资产得分为 48.63%。

（3）环境支持系统：资产累计得分为 138.40，相对资产为 71.71%；负债累计得分为 -54.60，相对负债为 -28.29%；该项相对净资产得分为 43.42%。

（4）社会支持系统：资产累计得分为 72.43，相对资产为 37.53%；负债累计得分为 -120.57，相对负债为 -62.47%；该项相对净资产得分为 -24.94%。

（5）智力支持系统：资产累计得分为 88.50，相对资产为 45.85%；负债累计得分为 -104.50，相对负债为 -54.15%；该项相对净资产得分为 -8.29%。

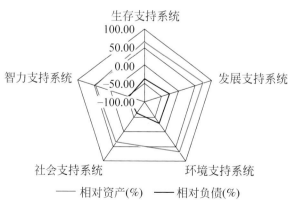

图 7-44　哥伦比亚可持续发展能力资产负债图

四十三、秘鲁资产负债分析

（一）国家概况

秘鲁（中文全称：秘鲁共和国，英文名称：The Republic of Peru），所属洲为南美洲，首都利马。土地面积约为 128.00 万平方公里，人口数量约为 0.30 亿人，GDP 总计 0.20 万亿美元，人均 GDP 约为 6661.59 美元，人类发展指数为 0.74。

（二）可持续发展能力的资产负债分析

对秘鲁可持续发展能力的总资产负债水平进行分析，总资产累计得分为 111.63，相对资产为 57.84%，资产评估系数为 0.58。同时，负债累计得分为 -81.37，相对负债为 -42.16%，负债评估系数为 -0.42。总的相对净资产为 15.68%（表 7-2）。五大子系统的分项资产负债分析结果如下（图 7-45）：

（1）生存支持系统：资产累计得分为 156.20，相对资产为 80.93%；负债累计得分为 -36.80，相对负债为 -19.07%；该项相对净资产得分为 61.87%。

（2）发展支持系统：资产累计得分为 110.33，相对资产为 57.17%；负债累计得分为 -82.67，相对负债为 -42.83%；该项相对净资产得分为 14.34%。

（3）环境支持系统：资产累计得分为 100.80，相对资产为 52.23%；负债累计得分为 -92.20，相对负债为 -47.77%；该项相对净资产得分为 4.46%。

（4）社会支持系统：资产累计得分为 96.71，相对资产为 50.11%；负债累计得分为 -96.29，相对负债为 -49.89%；该项相对净资产得分为 0.22%。

（5）智力支持系统：资产累计得分为 97.50，相对资产为 50.52%；负债累计得分为 -95.50，相对负债为 -49.48%；该项相对净资产得分为 1.04%。

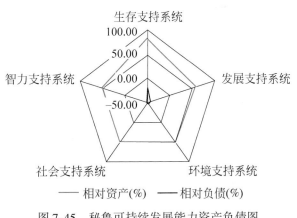

图 7-45　秘鲁可持续发展能力资产负债图

四十四、委内瑞拉资产负债分析

(一) 国家概况

委内瑞拉（中文全称：委内瑞拉玻利瓦尔共和国，英文名称：Bolivarian Republic of Venezuela），所属洲为南美洲，首都加拉加斯。土地面积约为 88.21 万平方公里，人口数量约为 0.30 亿人，GDP 总计 0.44 万亿美元，人均 GDP 约为 14 414.75 美元，人类发展指数为 0.76。

(二) 可持续发展能力的资产负债分析

对委内瑞拉可持续发展能力的总资产负债水平进行分析，总资产累计得分为 121.71，相对资产为 63.06%，资产评估系数为 0.63。同时，负债累计得分为 -71.29，相对负债为 -36.94%，负债评估系数为 -0.37。总的相对净资产为 26.12%（表 7-2）。五大子系统的分项资产负债分析结果如下（图 7-46）：

（1）生存支持系统：资产累计得分为 119.20，相对资产为 61.76%；负债累计得分为 -73.80，相对负债为 -38.24%；该项相对净资产得分为 23.52%。

（2）发展支持系统：资产累计得分为 142.33，相对资产为 73.75%；负债累计得分为 -50.67，相对负债为 -26.25%；该项相对净资产得分为 47.50%。

（3）环境支持系统：资产累计得分为 113.40，相对资产为 58.76%；负债累计得分为 -79.60，相对负债为 -41.24%；该项相对净资产得分为 17.51%。

（4）社会支持系统：资产累计得分为 110.67，相对资产为 57.34%；负债累计得分为 -82.33，相对负债为 -42.66%；该项相对净资产得分为 14.68%。

（5）智力支持系统：资产累计得分为 120.00，相对资产为 62.18%；负债累计得分为 -73.00，相对负债为 -37.82%；该项相对净资产得分为 24.35%。

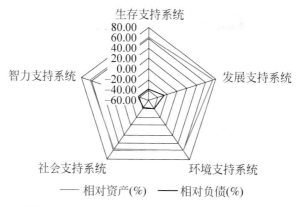

图 7-46　委内瑞拉可持续发展能力资产负债图

四十五、智利资产负债分析

(一) 国家概况

智利（中文全称：智利共和国，英文名称：Republic of Chile），所属洲为南美洲，首都圣地亚哥。土地面积约为 74.35 万平方公里，人口数量约为 0.18 亿人，GDP 总计 0.28 万亿美元，人均 GDP 约为 15 732.31 美元，人类发展指数为 0.82。

(二) 可持续发展能力的资产负债分析

对智利可持续发展能力的总资产负债水平进行分析，总资产累计得分为 104.85，相对资产为 54.33%，资产评估系数为 0.55。同时，负债累计得分为 -88.15，相对负债为 -45.67%，负债评估系数为 -0.46。总的相对净资产为 8.65%（表 7-2）。五大子系统的分项资产负债分析结果如下（图 7-47）：

（1）生存支持系统：资产累计得分为 89.60，相对资产为 46.42%；负债累计得分为 -103.40，相对负债为 -53.58%；该项相对净资产得分为 -7.15%。

（2）发展支持系统：资产累计得分为 124.29，相对资产为 64.40%；负债累计得分为 -68.71，相对负债为 -35.60%；该项相对净资产得分为 28.79%。

（3）环境支持系统：资产累计得分为 92.40，相对资产为 47.88%；负债累计得分为 -100.60，相对负债为 -52.12%；该项相对净资产得分为 -4.25%。

（4）社会支持系统：资产累计得分为 98.33，相对资产为 50.95%；负债累计得分为 -94.67，相对负债为 -49.05%；该项相对净资产得分为 1.90%。

（5）智力支持系统：资产累计得分为 115.25，相对资产为 59.72%；负债累计得分为 -77.75，相对负债为 -40.28%；该项相对净资产得分为 19.43%。

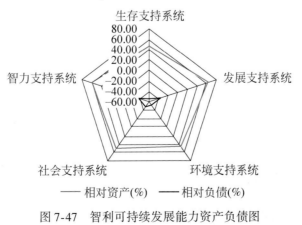

图 7-47 智利可持续发展能力资产负债图

四十六、澳大利亚资产负债分析

（一）国家概况

澳大利亚（中文全称：澳大利亚联邦，英文名称：The Commonwealth of Australia），所属洲为大洋洲，首都堪培拉。土地面积约为768.23万平方公里，人口数量约为0.23亿人，GDP总计1.56万亿美元，人均GDP约为67 463.02美元，人类发展指数为0.93。

（二）可持续发展能力的资产负债分析

对澳大利亚可持续发展能力的总资产负债水平进行分析，总资产累计得分为130.73，相对资产为67.74%，资产评估系数为0.68。同时，负债累计得分为-62.27，相对负债为-32.26%，负债评估系数为-0.32。总的相对净资产为35.47%（表7-2）。五大子系统的分项资产负债分析结果如下（图7-48）：

（1）生存支持系统：资产累计得分为143.60，相对资产为74.40%；负债累计得分为-49.40，相对负债为-25.60%；该项相对净资产得分为48.81%。

（2）发展支持系统：资产累计得分为100.14，相对资产为51.89%；负债累计得分为-92.86，相对负债为-48.11%；该项相对净资产得分为3.77%。

（3）环境支持系统：资产累计得分为96.00，相对资产为49.74%；负债累计得分为-97.00，相对负债为-50.26%；该项相对净资产得分为-0.52%。

（4）社会支持系统：资产累计得分为170.40，相对资产为88.29%；负债累计得分为-22.60，相对负债为-11.71%；该项相对净资产得分为76.58%。

（5）智力支持系统：资产累计得分为162.00，相对资产为83.94%；负债累计得分为-31.00，相对负债为-16.06%；该项相对净资产得分为67.88%。

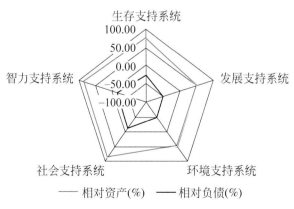

图7-48　澳大利亚可持续发展能力资产负债图

四十七、斐济资产负债分析

（一）国家概况

斐济（中文全称：斐济共和国，英文名称：The Republic of Fiji），所属洲为大洋洲，首都苏瓦。土地面积约为 1.83 万平方公里，人口数量约为 88.11 万人，GDP 总计 38.55 亿美元，人均 GDP 约为 4375.41 美元，人类发展指数为 0.72。

（二）可持续发展能力的资产负债分析

对斐济可持续发展能力的总资产负债水平进行分析，总资产累计得分为 113.44，相对资产为 58.78%，资产评估系数为 0.59。同时，负债累计得分为 -79.56，相对负债为 -41.22%，负债评估系数为 -0.41。总的相对净资产为 17.56%（表 7-2）。五大子系统的分项资产负债分析结果如下（图 7-49）：

（1）生存支持系统：资产累计得分为 89.25，相对资产为 46.24%；负债累计得分为 -103.75，相对负债为 -53.76%；该项相对净资产得分为 -7.51%。

（2）发展支持系统：资产累计得分为 177.33，相对资产为 91.88%；负债累计得分为 -15.67，相对负债为 -8.12%；该项相对净资产得分为 83.77%。

（3）环境支持系统：资产累计得分为 142.50，相对资产为 73.83%；负债累计得分为 -50.50，相对负债为 -26.17%；该项相对净资产得分为 47.67%。

（4）社会支持系统：资产累计得分为 75.00，相对资产为 38.86%；负债累计得分为 -118.00，相对负债为 -61.14%；该项相对净资产得分为 -22.28%。

（5）智力支持系统：资产累计得分为 104.00，相对资产为 53.89%；负债累计得分为 -89.00，相对负债为 -46.11%；该项相对净资产得分为 7.77%。

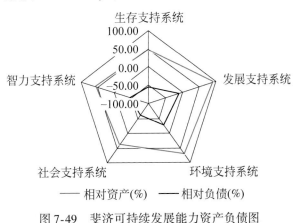

图 7-49 斐济可持续发展能力资产负债图

四十八、萨摩亚资产负债分析

（一）国家概况

萨摩亚（中文全称：萨摩亚独立国，英文名称：The Independent State of Samoa），所属洲为大洋洲，首都阿皮亚。土地面积约为 0.28 万平方公里，人口数量约为 19.04 万人，GDP 总计 8.01 亿美元，人均 GDP 约为 4212.36 美元，人类发展指数为 0.69。

（二）可持续发展能力的资产负债分析

对萨摩亚可持续发展能力的总资产负债水平进行分析，总资产累计得分为 110.33，相对资产为 57.17%，资产评估系数为 0.57。同时，负债累计得分为 -82.67，相对负债为 -42.83%，负债评估系数为 -0.43。总的相对净资产为 14.34%（表 7-2）。五大子系统的分项资产负债分析结果如下（图 7-50）：

（1）生存支持系统：资产累计得分为 63.33，相对资产为 32.82%；负债累计得分为 -129.67，相对负债为 -67.18%；该项相对净资产得分为 -34.37%。

（2）发展支持系统：资产累计得分为 116.50，相对资产为 60.36%；负债累计得分为 -76.50，相对负债为 -39.64%；该项相对净资产得分为 20.73%。

（3）环境支持系统：资产累计得分为 118.50，相对资产为 61.40%；负债累计得分为 -74.50，相对负债为 -38.60%；该项相对净资产得分为 22.80%。

（4）社会支持系统：资产累计得分为 108.00，相对资产为 55.96%；负债累计得分为 -85.00，相对负债为 -44.04%；该项相对净资产得分为 11.92%。

（5）智力支持系统：资产累计得分为 144.67，相对资产为 74.96%；负债累计得分为 -48.33，相对负债为 -25.04%；该项相对净资产得分为 49.91%。

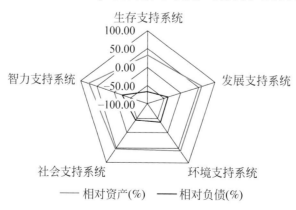

图 7-50　萨摩亚可持续发展能力资产负债图

四十九、汤加资产负债分析

（一）国家概况

汤加（中文全称：汤加王国，英文名称：The Kingdom of Tonga），所属洲为大洋洲，首都努库阿洛法。土地面积约为 0.07 万平方公里，人口数量约为 10.53 万人，GDP 总计 4.66 亿美元，人均 GDP 约为 4426.94 美元，人类发展指数为 0.70。

（二）可持续发展能力的资产负债分析

对汤加可持续发展能力的总资产负债水平进行分析，总资产累计得分为 120.31，相对资产为 62.34%，资产评估系数为 0.63。同时，负债累计得分为 -72.69，相对负债为 -37.66%，负债评估系数为 -0.38。总的相对净资产为 24.67%（表7-2）。五大子系统的分项资产负债分析结果如下（图7-51）：

（1）生存支持系统：资产累计得分为 128.67，相对资产为 66.67%；负债累计得分为 -64.33，相对负债为 -33.33%；该项相对净资产得分为 33.33%。

（2）发展支持系统：资产累计得分为 179.50，相对资产为 93.01%；负债累计得分为 -13.50，相对负债为 -6.99%；该项相对净资产得分为 86.01%。

（3）环境支持系统：资产累计得分为 113.75，相对资产为 58.94%；负债累计得分为 -79.25，相对负债为 -41.06%；该项相对净资产得分为 17.88%。

（4）社会支持系统：资产累计得分为 81.33，相对资产为 42.14%；负债累计得分为 -111.67，相对负债为 -57.86%；该项相对净资产得分为 -15.72%。

（5）智力支持系统：资产累计得分为 120.00，相对资产为 62.18%；负债累计得分为 -73.00，相对负债为 -37.82%；该项相对净资产得分为 24.35%。

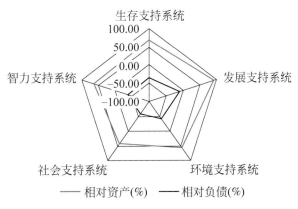

图 7-51　汤加可持续发展能力资产负债图

五十、新西兰资产负债分析

（一）国家概况

新西兰（中文全称：新西兰，英文名称：New Zealand），所属洲为大洋洲，首都惠灵顿。土地面积约为 26.33 万平方公里，人口数量约为 0.04 亿人，GDP 总计 0.19 万亿美元，人均 GDP 约为 41 824.32 美元，人类发展指数为 0.91。

（二）可持续发展能力的资产负债分析

对新西兰可持续发展能力的总资产负债水平进行分析，总资产累计得分为 137.42，相对资产为 71.20%，资产评估系数为 0.72。同时，负债累计得分为 -55.58，相对负债为 -28.80%，负债评估系数为 -0.29。总的相对净资产为 42.40%（表 7-2）。五大子系统的分项资产负债分析结果如下（图 7-52）：

（1）生存支持系统：资产累计得分为 129.40，相对资产为 67.05%；负债累计得分为 -63.60，相对负债为 -32.95%；该项相对净资产得分为 34.09%。

（2）发展支持系统：资产累计得分为 115.00，相对资产为 59.59%；负债累计得分为 -78.00，相对负债为 -40.41%；该项相对净资产得分为 19.17%。

（3）环境支持系统：资产累计得分为 122.60，相对资产为 63.52%；负债累计得分为 -70.40，相对负债为 -36.48%；该项相对净资产得分为 27.05%。

（4）社会支持系统：资产累计得分为 154.75，相对资产为 80.18%；负债累计得分为 -38.25，相对负债为 -19.82%；该项相对净资产得分为 60.36%。

（5）智力支持系统：资产累计得分为 182.25，相对资产为 94.43%；负债累计得分为 -10.75，相对负债为 -5.57%；该项相对净资产得分为 88.86%。

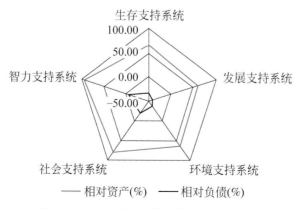

图 7-52　汤加可持续发展能力资产负债图

参 考 文 献

陈嘉茹,江河,陈建荣.2015.2014 年世界主要国家油气及相关能源政策分析.国际石油经济,23（2）：35-41.

陈顺清.2000.城市增长与土地增值.北京：科学出版社.

陈小沁.2014.俄罗斯能源政策及相关热点问题评析.俄罗斯东欧中亚研究,（3）：37-43.

陈长杰,马晓微,魏一鸣,等.2004.基于多目标规划的中国可持续发展模式优化研究.中国管理科学,12（5）：91-96.

傅泽强,蔡运龙,杨友孝,等.2001.中国粮食安全与耕地资源变化的相关分析.自然资源学报,16（4）：313-319.

郭日生.2011.全球实施《21 世纪议程》的主要进展与趋势.中国人口·资源与环境,21（10）：21-26.

国际能源署.2014.压力下的世界能源 2040 年展望——《世界能源展望 2014》摘要.国际石油经济,22（12）：79-83.

胡鞍钢.2013.生态文明建设与绿色发展.林业经济,（1）：9.

李伟,刘世锦,冯飞,等.2013.中国能源政策面临的问题与转型方向.中国经济报告,（11）：28-33.

联合国.2002.可持续发展问题世界首脑会议的报告.http：//unctad. org/ ch/ docs/ aconf199d20_ch. Pdf.

联合国.2012a.具有承受力的人类、具有复原能力的地球：值得选择的未来.http：//wenku. baidu. com/ link？url＝QZmwpMqnnRguN4vyv71IHmKTdazZckk175VcWpzUWjjYwjGJPhJasbDirbdrpisKcnp OpRj1Jcs1fpzXJ kp4_ J7AUPvXEUQtn0LoVKzjqOm.

联合国.2012b.我们期望的未来.http：//www. un. org/zh/documents/view. doc. asp？symbol＝A/RES/66/288.

联合国.2014a.2014 年千年发展目标报告.http：//www. un. org/zh/millenniumgoals/pdf/Chinese2014. pdf.

联合国.2014b.2030 年享有尊严之路消除贫穷,改变所有人的生活,保护地球.http：//www. un. org/en/ ga/.

联合国环境规划署.2014.联合国环境规划署年鉴：全球环境的新兴问题 2014.http：//www. unep. org/chinese/ publications/ pdf/ UNEP_ Year_ Book_ 2014. pdf.

林晖.2015-03-22.中国气象局局长：我国气候已发生显著变化.http：//www. gov. cn/ xinwen/2015-03/22/ content_ 2837141. htm.

林书友.2014-10-16.解读瑞信 2014 全球财富报告：最富的 10% 人口控制了各国多少财富？http：// www. guancha. cn/ LinShuYou/2014_ 10_ 16_ 276657. shtml.

刘乾.2014.俄罗斯能源战略与对外能源政策调整解析.国际石油经济,22（4）：30-38.

陆钟武,王鹤鸣,岳强.2011.脱钩指数：资源消耗、废物排放与经济增长的定量表达.资源科学,33（1）：2-9.

孟群.2013.世界卫生组织世界卫生统计指标集精选.北京：中国协和医科大学出版社.

牛文元.1994.持续发展导论.北京：科学出版社.

牛文元.2007.中国可持续发展总论.北京：科学出版社.

牛文元.2012.中国科学发展报告.北京：科学出版社.

牛文元.2014.中国发展质量报告.北京：科学出版社.

生态文明贵阳国际论坛秘书处.2014.生态文明贵阳国际论坛 2014 年会.

世界环境和发展委员会. 1992. 21 世纪议程. 北京：中国环境科学出版社.

《世界能源中国展望》课题组. 2013. 世界能源中国展望 2013-2014. 北京：社会科学文献出版社.

滕少华，张巍，肖翎，等. 2003. 区域可持续发展决策支持模拟系统研究. 工业工程，6（1）：67-71.

王衍行，汪海波，樊柳言，等. 2012. 中国能源政策的演变及趋势. 理论学刊，(9)：70-73.

魏一鸣，曾嵘，范英，等. 2002. 北京市人口、资源、环境与经济协调发展的多目标规划模型. 系统工程理论与实践，(2)：74-83.

吴述松. 2005. 可持续发展的目标函数和约束条件. 贵州大学学报（社会科学版），23（2）：41-46.

徐再荣. 2006. 1992 年联合国环境与发展大会评析. 史学月刊，6：62-68.

杨多贵，周志田，等. 2013. 国家健康报告第 1 号. 北京：科学出版社.

中国科学院可持续发展研究组. 1999. 1999 中国可持续发展战略研究报告. 北京：科学出版社.

中国科学院可持续发展研究组. 2000. 2000 中国可持续发展战略研究报告. 北京：科学出版社.

Gleick P H, Palaniappan M. 2010. Peak Water：Conceptual and practical limits to freshwater withdrawal and use. Proceedings of the National Academy of Sciences, 107（25）：11155-11162.

IEA. 2014. World Energy Outlook 2014. OECD/ IEA，Paris.

IFPRI（International Food Policy Research Institute）. 2014-10-13. 2014 Global Hunger Index，GHI. http：// www. ifpri. org/ sites/ default/ files/ publications/ ghi14. pdf.

IPCC. 2013. Climate Change 2013：The Physical Science Basis. New York：Cambridge University Press.

IPCC. 2014. Climate Change 2014：Synthesis Report. Geneva，Switzerland.

Jewell S, Kimball S M. 2015. Mineral commodity summaries 2015. US Geological Survey，Reston，VA.

Kates R W, Clark W C, Corell R, et al. 2001. Environment and development. Sustainability science. Science, 292（5517）：641-642.

Millenium Ecosystem Assessment. 2005a. Ecosystems and Human Well-being：Synthesis. Washington，DC：Island.

Millenium Ecosystem Assessment. 2005b. Ecosystems and Human Well-being：Wetlands and Water. Washington，DC：Island.

Miller T R, Wiek A, Sarewitz D. 2014. The future of sustainability science：a solutions-oriented research agenda. Sustainability Science, 9（2）：239-246.

Roush W. 1997. Putting a price tag on nature's bounty. Science，(276)：1029.

Schumpeter J A. 1934. The Theory of Economic Development：An Inquiry into Profits, Capital, Credit, Interest, and the Business Cycle. University of Illinois at Urbana-Champaign's Academy for Entrepreneurial Leadership Historical Research Reference in Entrepreneurship. http：//ssrn. com/abstract=1496199.

UNEP. 2012. Global Environment Outlook 5：Environment for the Future We Want. Malta：Progress Press Ltd.

WCED. 1987. Our Common Future. Oxford：Oxford University Press.

WHO. 2011. Health in the Green Economy：Health Co-benefits of Climate Change Mitigation-Housing.

WWAP. 2014. The United Nations World Water Development Report 2014. Water and Energy. Paris：UNESCO.

WWF. 2014. Living Planet Report 2014. http：//www. worldwildlife. org/pages/living-planet-report-2014.